計算機代数の
基礎理論

長坂耕作・岩根秀直 編著
北本卓也・讃岐　勝
照井　章・鍋島克輔 著

共立出版

『計算機代数の基礎理論』執筆に寄せて

　平成 28 年度に実施された京都大学数理解析研究所の RIMS 共同研究「数式処理の新たな発展—その最新研究と基礎理論の再構成—」（本書の筆者らが代表者などを務めた）では，次のような目的を掲げていた．

> 　グレブナー基底が提案されてから 50 年の間に，多くの発展が数式処理分野においてなされ，数学分野だけでなく，工学・産業分野への応用など，数式処理分野を取り巻く環境は大きく変容してきています．次の 50 年，どのような発展が数式処理において必要とされ，どのような未知の分野に数式処理が応用されうるのか，様々な分野から数式処理に携わる研究者（特に若手の研究者）が集まり，交流とともに次世代の数式処理の基礎理論を再構成する議論を行うことが重要です．本共同研究はそのためのものです．

　実際，計算機代数（数式処理）は，計算機の発達と普及，そして進化に伴って，様々な分野において必須なツールとなって来ている．しかしながら，計算機代数を主たる研究分野とする研究者が少ないこともあり，その理論をきちんと理解するものは少ない．本書が，少なからず，この状況を打開する糸口になることを期待する．

謝辞

　本書の執筆にあたり，その根幹をなす基礎理論の議論にご参加頂いた研究者の皆様，議論の機会を与えて頂いた京都大学数理解析研究所，そして，数式処理分野を取り巻く環境について多くの知見をご講演頂きました佐々木建昭先生と横山和弘先生に御礼申し上げます．また，本書の実現にご尽力頂いた大越隆道氏，草稿に関してご相談させて頂いた，高山信毅先生，白柳潔先生，Mark van Hoeij 先生，そして，筑波大学と神戸大学の大学院生の皆様に御礼申し上げます．

目 次

第 1 章　序章　　1
1.1　計算機代数とは　　1
  1.1.1　計算機代数，計算代数，数式処理の謎　　2
  1.1.2　計算機代数は計算機だけの学問ではない　　3
  1.1.3　計算機代数の学術コミュニティ　　3
1.2　数式処理システムと計算機代数　　4
1.3　読み進め方と記法について　　5
  1.3.1　本書での基本的な記法　　6
  1.3.2　多項式の表記について　　7
  1.3.3　方程式の解について　　7
  1.3.4　アルゴリズムの記法について　　7

第 2 章　アルゴリズムとその評価　　9
2.1　発見的方法からアルゴリズムへ　　9
2.2　計算量とアルゴリズムの評価　　13
2.3　確率的アルゴリズムとミラー・ラビン素数判定法　　26
2.4　多項式の加減乗除算と行列式の計算量　　31

第 3 章　最大公約因子　　34
3.1　最大公約元・最大公約因子　　34
3.2　ユークリッドの互除法と剰余列　　35
  3.2.1　最大公約数と最大公約因子　　36
  3.2.2　ユークリッド整域における最大公約元　　37
  3.2.3　一意分解整域上の多項式環における最大公約因子　　39
  3.2.4　多項式剰余列と係数膨張　　42
  3.2.5　整数係数多項式の最大公約因子計算の実際　　45
3.3　拡張ユークリッドの互除法　　46
3.4　モジュラー法による効率化　　49

3.4.1　十分に大きな素数の見積もり 50
　　3.4.2　ヘンゼルの補題を用いる方法（ヘンゼル構成）............ 52
　　3.4.3　中国剰余定理 60
　3.5　無平方分解 62
　　3.5.1　標数 0 の一意分解整域上の無平方分解 63
　　3.5.2　有限体上の無平方分解 66

第 4 章　終結式とその応用　　69

　4.1　はじめに 69
　4.2　終結式と共通零点 70
　　4.2.1　多項式の行列による表現 70
　　4.2.2　シルベスター写像と最大公約因子 73
　　4.2.3　終結式とその性質 74
　　4.2.4　終結式の応用：単純拡大表現の導出 79
　4.3　部分終結式と最大公約因子 82
　　4.3.1　部分終結式 82
　　4.3.2　部分終結式と共通因子 88
　　4.3.3　環準同型 92
　　4.3.4　部分終結式列の定理 97

第 5 章　有限体上の因数分解　　103

　5.1　有限体上の多項式 103
　5.2　バールカンプアルゴリズム 104
　　5.2.1　バールカンプアルゴリズムの流れとその理論的背景 105
　　5.2.2　f-簡約多項式の存在性 107
　　5.2.3　f-簡約多項式の計算 108
　　5.2.4　f-簡約多項式を用いた既約因子の計算方法 112
　　5.2.5　バールカンプアルゴリズムの効率化 113
　　5.2.6　バールカンプアルゴリズムの実際 115
　5.3　因子次数分離分解・同次因子分離分解と効率化 118
　　5.3.1　因子次数分離分解 (DDF) 119
　　5.3.2　同次因子分離分解 (EDF) の枠組み 121
　　5.3.3　奇標数の場合の分離多項式 122
　　5.3.4　偶標数の場合の分離多項式 123

5.3.5　同次因子分離分解のアルゴリズム 124

第6章　一意分解整域上の因数分解　128
6.1　ヘンゼル構成 128
6.1.1　3つ以上の既約因子に対するヘンゼル構成 129
6.2　試し割りに基づくアルゴリズム 131
6.2.1　整数係数多項式の因数分解の流れ 131
6.2.2　多項式ノルムと因子係数上界 133
6.2.3　ザッセンハウスアルゴリズム 134
6.2.4　偽因子の検出と効率化 137
6.2.5　整数係数多項式の因数分解の実際 140
6.3　多項式時間アルゴリズムと効率化 143
6.3.1　因数分解と多項式時間アルゴリズム 143
6.3.2　整数格子と最短ベクトル 144
6.3.3　L^3 アルゴリズム 150
6.3.4　ナップザックアルゴリズム 154
6.3.5　多項式時間アルゴリズムの実際 162

第7章　代数方程式の根とその計算法　167
7.1　実根と符号変化の数 167
7.2　スツルム列による実根の数え上げ 170
7.3　スツルム・ハビッチ列による実根の数え上げ 173
7.4　ブダン・フーリエの定理とデカルトの符号律 180

第8章　計算機代数の世界　184
8.1　基本演算 184
8.1.1　多項式の評価 184
8.1.2　多項式の乗算 185
8.1.3　行列の乗算 186
8.1.4　連立線形方程式 187
8.2　多変数多項式や拡大体への拡張 188
8.2.1　多変数多項式の最大公約因子 188
8.2.2　多変数多項式の因数分解 189
8.2.3　代数拡大体上の因数分解 191
8.3　グレブナー基底とその周辺 192

8.3.1 グレブナー基底	192
8.3.2 包括的グレブナー基底系	194
8.4 実閉体上の限量子消去	195
8.4.1 限量子消去の概要	195
8.4.2 Cylindrical Algebraic Decomposition	196
8.4.3 限量子消去の応用	198
8.5 数値・数式融合計算	199
8.5.1 近似GCD	200
8.5.2 近似因数分解	202
8.5.3 安定化理論	203
8.6 無限級数・冪級数演算とその応用例	204
8.6.1 超幾何級数の和	204
8.6.2 超幾何級数とその漸化式	205
8.6.3 打ち切り冪級数	207

付録　代数の基礎　210

A.1 群・環・体について	210
A.1.1 基本的な予備知識の確認	210
A.1.2 群・環・体の定義といくつかの性質	211
A.2 剰余環と有限体について	213
A.2.1 イデアルとその性質	214
A.2.2 イデアルによる剰余類と剰余環	214
A.2.3 準同型写像と準同型定理	215
A.2.4 直積と直和	216
A.2.5 有限体と商体	218
A.3 多項式環とその性質	219
A.3.1 多項式環の性質	220
A.3.2 ガウスの補題と多項式の既約性	222
A.3.3 代数的拡大と超越的拡大	222

参考文献　225

索　引　234

第1章

序章

「方程式を解きたい！」という構成的代数学と，人間の手では解けない，解きたくないから「計算機に解かせたい！」という計算機科学の融合により生まれた計算機代数を理解する第一歩は，計算機代数の成り立ちについて知ることである．本章では，本書を読み進めていく上での準備運動として，計算機代数の概論を述べる．

1.1 計算機代数とは

計算機代数の類義語，あるいは同義語として，「数式処理」と「計算代数」がある．これら3つの分野は異なるのか，それとも同じなのかは判断が難しいのだが，本書では，『平成28年度RIMS共同研究「数式処理の新たな発展」—その最新研究と基礎理論の再構成—』において，数式処理の各分野で活躍する研究者が，多面的な議論を行うことで得られた計算機代数とその基礎理論の定義をまずは紹介する．

定義 1-1（計算機代数） 数や式（数式）を用いて表現される問題およびそれに付随する課題に対し，構成的代数学や計算機科学を主に用いてアプローチする研究分野で，代数的算法の設計，解析，実装から応用までを行う． ◁

定義 1-2（計算機代数の基礎理論） アルゴリズムの有限停止性と計算量による評価の枠組み，代数的算法を下支えする1変数多項式環の基礎算法，高速化の基本となるモジュラー法や歴史的算法など． ◁

具体的には，多くの人が中等数学教育で習う，**数の計算**（整数，有理数，実数，複素数など），**多項式の計算**（展開，因数分解，式の簡単化など），**方程式の解を求める計算**を含む，未知数を伴うこともある多種多様な計算方法について研究する分野といえる．そのため，数理科学や自然科学を含む基礎から応用までの幅広い

分野での事象（例えば，車体設計や安全性評価など）の数理的な解明を厳密に行う際，計算機代数の理論が影ながら活用されることになる．

1.1.1 計算機代数，計算代数，数式処理の謎

計算機代数の概要について説明したが，では，計算代数と数式処理とはどのような分野なのか．まず，日本数式処理学会発行の学会誌『数式処理』第22巻第2号巻頭言「数式処理と計算機代数の不思議」でも述べられている「分野名」を取り巻く謎について紹介する．

計算機代数を英語にすると「computer algebra」，計算代数は「computational algebra」，数式処理は「formula manipulation」である．ところが，一般に用いられる対応は「computer algebra（数式処理）」[1]となっていることもあり，これら名称の相互関係は複雑怪奇である．

計算数論や計算幾何学では，computational が使われていることと，formula manipulation が symbolic manipulation（記号処理）を拡張したものだと理解できることから，英語名称には次の階層構造が存在すると考えられる．すなわち，computer algebra は，構成的代数学に基づく computational algebra の理論と，計算機科学に基づく formula manipulation の技術を合わせた分野となる．

computer algebra	
computational algebra	formula manipulation

一方で，日本語名称についてはこの構造が変化する．特に，数式処理という言葉は，数や式（数式）を用いて表現される問題およびそれに付随する課題に対し，計算代数や計算機代数を用いてアプローチする分野の総称として利用されている場合が多く，おそらく，次のような階層構造になる．

数式処理		
計算機代数		数式を用いる様々な分野
計算代数	計算機科学	

いずれにしても，これら3つの名称の意味は十人十色の可能性が高いことは否

---

[1] 数値・数式融合計算の黎明期の名称である近似代数は，京都大学名誉教授一松信先生により命名されたが，この訳語（数式処理）を使い始めたのが誰であるかはわからない．

定できない．本項で述べたことは，本書の立場であることに十分留意されたい．なお，日本において computer algebra（数式処理）が，英語での意味に比べて，かなり大きな分野として浸透してきている背景には，次節で述べる数式処理システムの1つである Mathematica が，科学技術計算分野のみならず，幅広く文教分野全般で使われたことが発端であると思われる．

1.1.2 計算機代数は計算機だけの学問ではない

定義 1-1 では，「代数的算法の設計，解析，実装から応用」を行う分野であると述べた．この表現は正しいのだが，「設計」や「解析」という語感の問題からか，代数の理論を計算機に実装する学問と誤解する人がいるようだ．

$$\text{計算機代数} \neq \text{代数の理論を計算機に実装する学問}$$

ところが，設計や解析部分にも，実装や応用部分にも，代数的な性質のさらなる解明が必要となることが多い．実際のところ，計算機代数の論文には，可換環論と捉えられるものから，純粋な計算機科学と捉えられるものまで幅広いものがある．いまでは広く使われているグレブナー基底理論も，計算機代数の代表的な成果であり，計算機に実装するだけの学問でないことは明白であろう．

$$\text{計算機代数} \ni \text{代数の理論を計算機に実装する学問}$$
$$\text{計算機代数} \ni \text{代数的性質を構成的に解明する学問}$$
$$\text{計算機代数} \ni \text{代数的方法で課題解決を目指す学問}$$

1.1.3 計算機代数の学術コミュニティ

計算機代数に関係が深い学術コミュニティとしては，日本国内であれば日本数式処理学会があり，また，計算機代数に携わる多くの研究者が属しているものとして，SIGSAM（the ACM special interest group on symbolic and algebraic manipulation，直訳：計算機械化学会・記号代数処理分科会）がある．また，これらの学会とは独立して運営される国際会議として，ISSAC（the international symposium on symbolic and algebraic computation，直訳：記号代数計算に関する国際会議）があり，年に一度，この分野における最新の研究成果を持ちより，

その議論が行われている.

　計算機代数は，その発祥からして構成的代数学と計算機科学の学際分野となっており，研究成果が発表される論文誌は多様であり，その紹介は難しい．しかしながら，その中でももっとも関係が深いといえるのが，Journal of Symbolic Computation であろう．

1.2　数式処理システムと計算機代数

　前節では，定義 1-1 において「計算機代数では，代数的算法の実装を行う」と書いた．実装とは，ある問題を解く手順が与えられた際に，プログラミング言語を用いて手順の記述をし，計算機上で当該問題を自動的に解ける状態にすることである．具体的には，多項式の足し算を行うプログラム，多項式の掛け算を行うプログラム，多項式の因数分解を行うプログラム，などとたくさんのプログラム（実装）が存在する．ところが，代数的算法ごとにプログラムが存在すると，組み合わせて使うことが容易ではなくなる上，至る所で車輪の再発明が行われることになる．これでは不便であり，非効率である．

　数式処理システム (computer algebra system, CAS) は，このような問題が生じないよう，計算機代数で扱う基本的な代数的算法をあらかじめ組み込んだソフトウェアで，より高位の代数的操作を容易に（組み込まれた機能を組み合わせるだけで）実現可能にしたものである．現在では，代数的操作のみならず，統計処理や可視化処理など多種多様の操作が可能となっているものが多く，数式処理システムという名称でなく，技術計算システムや数学ソフトウェアシステムなどと呼ばれる場合もある．代表的なものとしては，Wolfram Research 社の Mathematica，Maplesoft 社の Maple，オープンソースの SageMath や Risa/Asir などがあげられる．本書で扱っている代数的算法は，基礎的なものが多いため，これら 4 つのソフトウェアを含む多くの数式処理システムにおいて，簡単な操作で計算させることが可能である．そのほか，可換環論で主に使われる SINGULAR，計算代数幾何で主に使われる Magma，計算群論で主に使われる GAP なども有名である．

　なお，近年では，これらの数式処理ソフトウェアを用いた研究活動が様々な分野で行われており，広義の数式処理という分野を形作っている．しかしながら，本書で扱っている計算機代数において，数式処理ソフトウェアへの単なる実装は，

研究として本質的な部分ではなく，あくまでも計算機代数理論の実践や実証に過ぎず，計算機代数の理論を学ぶことと，数式処理ソフトウェアを使いこなすことは，本質的に異なるものである．

1.3 読み進め方と記法について

本書では，なるべく一般の理工系読者にも理解しやすいよう記述しているが，線形代数や代数系（群・環・体）の基礎知識を前提にしている部分が多い．そのため，参考までに最低限の代数系の基礎知識を付録としてまとめてあるので，必要に応じて参照して欲しい．

以下は本書の章立てであるが，第 3 章から第 7 章までの内容は密接に関係しており，基本的に順番に読み進めることを推奨する．一方，第 2 章と第 8 章は独立した内容となっており，これらだけを読むことも可能である．

第 1 章　序章

第 2 章　アルゴリズムとその評価

第 3 章　最大公約因子

第 4 章　終結式とその応用

第 5 章　有限体上の 1 変数多項式の因数分解

第 6 章　整域上の因数分解

第 7 章　代数方程式の零点とその計算法

第 8 章　計算機代数の世界

付　　録　代数の基礎

また，各章においては，基本的に次の構成となっているが，概要を知りたい場合は，問題設定と計算例に先に目を通してから，定義やアルゴリズムなどの理論に戻ってくることも可能である．

- 具体例を伴う，背景説明または問題設定
- 定義，定理，証明，を伴う厳密な理論展開

- アルゴリズム，証明の厳密な理論展開

- 具体的な計算例

- 演習問題

1.3.1 本書での基本的な記法

本書での基本的な記法について説明しておく．まず，数の集合を表す記号として以下の $\mathbb{N}, \mathbb{Z}, \mathbb{Q}, \mathbb{R}, \mathbb{C}, \mathbb{F}_p$ を用いる（特に，i で虚数単位，$\mathrm{i}=\sqrt{-1}$ を表す）．特に断りがない限り，加法や乗法などは標準のものを用いることとし，環や体の表記においても演算の明示はせず，集合表記で代用する．

$\mathbb{N}$: 自然数の集合（0 含まず）　　$\mathbb{Z}$: 整数の集合（整数環）

$\mathbb{Q}$: 有理数の集合（有理数体）　　$\mathbb{R}$: 実数の集合（実数体）

$\mathbb{C}$: 複素数の集合（複素数体）　　$\mathbb{F}_p$: 位数 p の有限体

また，$\mathbb{Z}[x], \mathbb{Q}[x], \mathbb{R}[x], \mathbb{C}[x], \mathbb{F}_p[x]$ により，それぞれの数の集合を係数体（環）とする不定元 x に関する1変数の多項式環を表す．多変数の場合は，$\mathbb{Z}[x_1, x_2, \ldots, x_\ell]$ との表記を用いる．基本的に自然数を表す記号として i, j, k, ℓ, m, n などを用い，定数を表す記号として $a, b, c, \alpha, \beta, \gamma$ などを用い，多項式を表す記号として $f(x), g(x), h(x), p(x), q(x), r(x)$ などを用いる．そのほか，集合 K の元を要素とする n 行 m 列の行列の集合を $K^{n \times m}$，その元である行列を表す記号として，A, B, C などを基本的に用いる．集合 K の元を要素とする n 次元ベクトルの集合を K^n，そのベクトルを $\vec{u}, \vec{v}, \vec{w}$ などで表す．集合 S の濃度（有限集合における元の個数）は，$\mathrm{card}(S)$ で表す．行列やベクトルのノルムは，$\|\vec{u}\|$ などで表すが，特に区別が必要な場合，$\|\vec{u}\|_1, \|\vec{u}\|_2, \|\vec{u}\|_\infty$ などとノルムの種類を明示する．

整数環などにおける同値関係として，p を法として $m, n \in \mathbb{Z}$ が合同であることを，$m \equiv n \pmod{p}$ で表す．似た表記であるが，p を法として $n \in \mathbb{Z}$ を簡約（代表系の元を求める操作を）した結果が，$m \in \mathbb{Z}$ であることを，$m \equiv n \bmod p$ で表す．これらの表記は，整数環 $\mathbb{Z}$ 以外にも同様に使用する．

実数体などにおける区間について，開区間 $\{\gamma \in \mathbb{R} \mid \alpha < \gamma, \gamma < \beta\}$ を (α, β) で，閉区間 $\{\gamma \in \mathbb{R} \mid \alpha \leq \gamma, \gamma \leq \beta\}$ を $[\alpha, \beta]$ で表し，半開区間を同様に $(\alpha, \beta]$ や $[\alpha, \beta)$ で表す．また，実数 α に対して，$\lfloor \alpha \rfloor$ で α 以下の最大整数を，$\lceil \alpha \rceil$ で α 以上の最小整数を表す．

1.3.2 多項式の表記について

R を係数体（環）とする多項式環 $R[x]$ において，0 でない多項式 $f(x) \in R[x]$ は，$f(x) = a_m x^m + \cdots + a_1 x + a_0$ $(a_0, \ldots, a_m \in R, a_m \neq 0)$ と一意的に表すことができ，このときの m を $f(x)$ の**次数**といい，$m = \deg(f)$ と書く．多項式の次数 m に対して，x^m の係数 a_m を多項式の**主係数**といい，$\mathrm{lc}(f)$ で表し，$\mathrm{lc}(f) = 1$ の多項式を**モニック**であるという．$0 \in R[x]$ の次数は定義しないが，便宜上，$\deg(0) = -\infty$ とすることもある．

また，多項式 $f(x)$ の**係因数**を $\mathrm{cont}(f)$ で，**原始的部分**を $\mathrm{pp}(f)$ で表し，多項式 $f(x), g(x)$ の**最大公約因子**（最大公約多項式，最大公約元）を $\gcd(f, g)$ で，**最小公倍因子**を $\mathrm{lcm}(f, g)$ で表す．多項式をその係数を要素とする有限次元のベクトルと考えて定義される，多項式ノルムについては，ベクトルのノルム表記を準用し，$\|f\|, \|f\|_1, \|f\|_2, \|f\|_\infty$ などと表す．なお，1 変数多項式 $f(x)$ の導関数を $f'(x)$ で，第 i 次導関数を $f^{(i)}(x)$ で表すこととする．

1.3.3 方程式の解について

多項式 $f(x) \in R[x]$ に対し，$f(\omega) = 0$ となる ω を多項式の**零点**または**根**という．ω は R の要素とは限らないが，R の商体の代数拡大体には含まれる．零点と根は，方程式の解と言い換えることも可能であるが，計算機代数分野では，多項式関数がどこで 0 の値をとるのかという議論のときは「零点」といい，1 変数多項式による方程式を議論の対象としているときは「根」ということが多いため，本書でもこれらを統一せずに用いている．

1.3.4 アルゴリズムの記法について

本書では，いくつものアルゴリズム（詳細は 2.1 節）を提示しているが，その読み方について，アルゴリズム 1-1 で説明しておく．

アルゴリズム 1-1 （アルゴリズムの記法）

入力： 　　（アルゴリズムの動作に必要な数式などが，この欄にて指定される）
出力： 　　（アルゴリズムの動作結果として，求まる数式などが記載される）
1: $n := 1;\ k := 1;$ 　　（手続きは，セミコロン「;」区切りで記載される）
2: $g_1(x) := f(x);$ 　　（「$:=$」は右辺の式を左辺に代入する手続きを表す）
　　（変数の値を変更しながら，**for** と **end for** の間の手続きを繰り返す．
　　　　　　このとき，**by** は変更の大きさを表し，省略時は 1 ずつ変更する）
3: **for** $i = 1$ **to** $10n$ **by** 1 **do**
4: 　　$g_{i+1}(x) := g_i(x)f(x);$
5: **end for** 　　（この例では，$i = 1, 2, \ldots, 10n$ に対して，積を繰り返す）
　　（同じ繰り返し処理を，**while** と **end while** で記述することもある）
6: **while** $k \leq 10n$ **do**
7: 　　$g_{k+1}(x) := g_k(x)f(x);\ k := k+1;$
8: **end while**
　　（**loop** と **end loop** を用いて，無限に手続きを繰り返す処理を表す）
9: **loop**
10: 　　$k := k + 1;$
11: 　　**if** $k > 100n$ **then**
12: 　　　　**goto line 15**; 　　（指定された行番号「15」に移動する手続きを表す）
13: 　　**end if** 　　（**if** と **end if** で，条件が満たされた場合の手続きを記述する）
14: **end loop**
15: **return** $g_{k-1}(x);$ 　　（**return** で指定された数式が最終的な出力となる）

第 2 章
アルゴリズムとその評価

計算機に,「多項式を因数分解せよ！」と言っても計算機は因数分解はしてくれない.「多項式とは何か？」,「因数分解とは何か？」を計算機に教えてあげ, なおかつ, どの計算機も同じ答えを出力するように, 因数分解のやり方・手順・計算法を教える必要がある. この「やり方・手順・計算法」のことをアルゴリズムという. 数多くの人がいればアルゴリズムは様々である. どのアルゴリズムの効率がよいのかを評価する必要がでてくる. その評価の指標が計算量である.

2.1　発見的方法からアルゴリズムへ

　世の中にはたくさんの料理がある. はじめてその料理をするときは, 失敗したり時間がかかったりするが, その料理のコツや調理の流れを覚えてしまうと簡単にできてしまうことがある. 料理をはじめてするときに試行錯誤しながら取り組むことに対して, コツや調理の流れを覚えて取り組む方法（いわゆる, 料理のレシピと呼ばれるもの）がある種の**アルゴリズム**である.

　料理を一般的な問題に置き換えて考えてみよう. 特に方針を持たずに試行錯誤することは, はじめて取り組む問題にも用いることができ, 問題の本質や背後に隠れた構造を発見する手がかりとなる. その利点は, どのような問題にも使うことのできる万能性にある. 欠点は, 答えが必ず得られるとは限らないことである. アルゴリズムとは, 試行錯誤の結果得られた問題の本質や構造に基づき, その問題を解くためだけに書き下された方法である. 数学や物理の公式もまたアルゴリズムの一例といえる. その利点は問題を確実に解決できることであり, 欠点はあらかじめ対象とした問題しか解決できないことである（カレーのレシピで, ハンバーグは作れない）.

　試行錯誤することとアルゴリズムは, どちらも問題の本質を知る上では重要な

ものだが，有限時間で解ける保証がないと問題を解決したことにはならないので，本書では因数分解をはじめとする様々な「アルゴリズム」について議論する．

高等学校に入学すると多くの人が学ぶ因数分解 (factorization) は，数や多項式を因数 (factor) の積に分解することである．例えば 39 という数は 3×13 と分解され，$x^2 - 5x - 6$ は $(x+1) \times (x-6)$ と分解される．これが因数分解であり，3 や 13 を 39 の因数といい，$(x+1)$ や $(x-6)$ を $x^2 - 5x - 6$ の因子という（本書では多項式の因数を「因子」と呼び，数と区別する）．

高等学校では次の因数定理を用いて 1 変数多項式の因数分解を行った．

定理 2-1（因数定理） 多項式 $f(x)$ が因子 $x - a$ を持つための必要十分条件は $f(a) = 0$ が成立することである． ◁

証明 まず，必要性を示す．多項式 $f(x)$ は $x - a$ を因子に持つので，ある多項式 $q(x)$ が存在し $f(x) = q(x)(x - a)$ と表せる．この両辺の x に a を代入すると，$f(a) = 0$ となる．

次に，十分性を示す．多項式 $f(x)$ を $x - a$ で割ったときの商を $q(x)$，余りを r とすると，$f(x) = q(x)(x-a) + r$ と書ける．両辺の x に a を代入すると $f(a) = q(a)(a-a) + r = r$ となる．条件 $f(a) = 0$ より $r = 0$ となるので，$f(x) = q(x)(x-a)$ と表され，$x - a$ は $f(x)$ の因子である． □

実際に因数定理を用いて，次の因数分解の問題を解いてみよう．

「$f(x) = x^3 + 3x^2 - x - 3$ を因数分解しなさい．」

$f(x) = 0$ となる x の値を x に $1, -1, 2, -2, 3, -3, \ldots$ と 1 つずつ代入して探索する．この問題では，$f(1) = 0$ なので簡単に $x = 1$ を見つけられる．次に，$x - 1$ は $f(x)$ の因子だったので，$f(x)$ を $x - 1$ で割り，残りの 2 次式をまた因数分解する流れとなる．

$$x^3 + 3x^2 - x - 3 = (x-1)(x^2 + 4x + 3) = (x-1)(x+1)(x+3)$$

実際，高等学校で出題される問題は「解ける」ように作られているので，$f(x)$ の定数項である -3 に注目し，その因数 $(-1, +1, -3, +3)$ を $f(x)$ に代入し 0 になるものを探索すれば大抵は見つかる．しかしながら，読者の中には，この因数定理を使った因数分解の方法について違和感を感じた者がいたのではないだろうか？

例えば，定数項の数字が大きければ $f(x) = 0$ となる x を探索する手間は莫大であることは容易に想像がつく．また，代入する数値は整数に限られておらず，その候補は無限個ある．整数係数の任意の多項式の因数分解では $f(x) = 0$ を満たす x を発見する確率はきわめて小さく，問題の答えとなる因数分解を得るまでの道のりは不透明である．因数定理を使った因数分解は方針を伴っているが，確実に因数分解を得られる保証がなく，終わりの見えない「発見的方法」となっている．この方法では，常に有限時間で因数分解をすることは不可能である．

実際のところ，次の問題を因数定理で解くことができるだろうか？

「$f(x) = x^7 + x^5 - 3x^4 + x^3 + x - 3$ を因数分解しなさい．」

試しに定数項の因数である $-1, +1, -3, +3$ を x に代入しても，0 にならないことがわかる．この問題では，$f(x) = 0$ を満たす整数 x がなく，無理数（実数）と虚数の計 7 個となっている．これらの無理数や虚数を闇雲に探索して得ることなど不可能である．したがって，因数定理のみを用いて因数分解をすることはできない．この 7 次方程式 $f(x) = 0$ を満たす x を聞いて「複素係数の範囲の因数分解なんてずるい」や「7 次（しちじ）多項式なんて，七面倒くさくて，やってられへんわ！」（関西弁）という人がいるかもしれないが，係数が整数の範囲での答えは次である．

$$x^7 + x^5 - 3x^4 + x^3 + x - 3 = (x^4 + 1)(x^3 + x - 3)$$

この答えは，数式処理ソフト Maple のコマンド「factor」や，Mathematica のコマンド「Factor」または Risa/Asir のコマンド「fctr」を使えば簡単に得ることができる．是非とも数式処理ソフトを使って確かめてほしい．

数式処理ソフトに実装されている因数分解プログラムは，有限回の操作で必ず答えを出力するようにそのやり方・手順・計算法が設計されている．このやり方・手順・計算法のことを**アルゴリズム**という．因数定理のみを使った発見的方法では答えを得ることができない場合があったが，因数分解「アルゴリズム」を使うと有限回の操作で必ず答えを得ることができる．この因数分解アルゴリズムについては第 5 章，第 6 章で詳しく議論するので，ここではこれ以上述べない．

話題を変え，分母と分子の最大公約数が 1 であるような分数である既約分数の求め方について考える．データとして計算機に分数を記憶させたり，分数の掛け算をするときには，分子と分母の数が小さい分数のほうが効率よく処理できるの

で，数式処理ソフト内部では既約分数計算を常に行っている．

ここでは，次の問題を解いてみよう．

「次の分数は既約分数であるか．既約分数でなければ既約分数にせよ．」

$$\frac{13458251953125}{96156194543014103001}$$

この問題に対し，既約分数の定義を知った小学生は分母と分子の両方を割れる数を 2 から順番に探索するだろう．何も知らなければ最初はみんな発見的方法である．まず，3 で割れることに気が付き，問題の分数が既約でないことがわかる．次にまた 3 で割れることに気づき，問題の分母と分子を 3^2 で割った結果は

$$\frac{1495361328125}{10684021615890455889}$$

となる．次に，時間をかければ 7 で 2 回割れることに気づき，次を得る．

$$\frac{30517578125}{218041257467152161}$$

問題はここからである．分子はせいぜい 11 桁なので時間さえかければ何とか答えを導き出せるが，（実際すぐにわからないので）大変な労力である．分母と分子の数字がもっと大きければ，発見的方法であるこの探索手法では，答えを導き出す難易度がさらに高まることが容易に想像できる．

そこで登場するのが，計算機代数の理論とアルゴリズムである．アルゴリズム 2-1 のように，分母と分子の最大公約数で分母と分子を割れば既約分数になる．また，分母と分子の最大公約数が 1 であればそれは既約分数であることも判定できる．すなわち，最大公約数の計算が必要であり，その効率的計算法としてユークリッドの互除法（詳細は第 3 章）がある．

アルゴリズム 2-1 （既約分数）

入力： 分数 a

出力： $a = \tilde{a}$ を満たす既約分数 $\tilde{a}$

1: 分数 a の分母と分子の最大公約数 d を求める；
2: 分数 a の分母と分子を d で割った分数 $\tilde{a}$ を求める；
3: **return** $\tilde{a}$；

ユークリッドの互除法を用い 13458251953125 と 96156194543014103001 の最大公約数を計算すると 441 となるので，441 で分母と分子を割った数が既約分

数となる（発見的方法とは異なり，さらなる探索は不要）．

演習問題

1. 数式処理ソフトを用いて，次の $f(x)$ を因数分解せよ．
$$f(x) = x^{13} - x^{12} - 3x^{11} + 3x^{10} - 2x^9 + 7x^8 \\ - 13x^7 + 11x^6 - 5x^5 - 2x^3 + 5x^2 - 9x + 2$$

2. 数式処理ソフト Maple を持っていれば，次の 2 つを試しその結果を比較し何が違うかを考察せよ．
$$\text{factor(x\^{}3+1);} \quad \text{factor(x\^{}3+1,(-3)\^{}(1/2));}$$

3. 分数 $\dfrac{2734498200253}{4857481481872}$ は既約分数であるか判定せよ．もし，既約分数でなければ既約分数にせよ．

2.2 計算量とアルゴリズムの評価

本書では因数分解アルゴリズムをはじめとする様々なアルゴリズムを紹介するが，アルゴリズムの性能をかかった時間で評価することは困難である．なぜならば，記述したプログラミング言語や実行環境，ハードウェア（計算機）の性能が違えば，かかる時間も変化してしまうからである．そこで，アルゴリズムの性能を評価するため，**計算量**という指標が用いられる．

計算量には，時間計算量と空間計算量がある．

- **時間計算量** (time complexity) とは，問題を解く際に必要とする時間である．実際は，上述したようにかかる時間はプログラミング言語や実行環境に左右されるため，必要なステップ数により評価される．これが小さいほど，より短い時間で問題を解ける．具体的なステップは算出方法により異なるが，大小比較や数同士の四則演算などがあげられる．

- **空間計算量** (space complexity) とは，問題を解く際に必要とする記憶領域の容量である．これが小さいとより小さい容量で問題を解ける．

一般に，記憶領域を多く費やせば処理は速くなり，速度を犠牲にすれば記憶領域を節約できるといったトレードオフの関係がある．問題により何を優先すべき

かを考えることが重要になる．なお，多くの場合，単に計算量といえば時間計算量のことを指し，本書でも断らない限りは，計算量という言葉を時間計算量のこととして使用する．

計算量の記述には，O 記法（オーきほう，オミクロンきほう，オーダーきほう）を用いる．この「O」はオーダー (order) という単語の頭文字をとったものであり，ランダウ (Landau) の記号とも呼ばれる．

定義 2-2（O 記法） $\mathfrak{F}_\ell$ を自然数の直積集合 $\mathbb{N}^\ell$ から実数 $\mathbb{R}$ への関数全体の集合とし，$\mathfrak{F}_\ell^+$ を次式で定義される $\mathfrak{F}_\ell$ の部分集合とする．

$$\mathfrak{F}_\ell^+ = \{f \in \mathfrak{F}_\ell \mid \exists N \in \mathbb{N}, \forall \vec{n} = (n_1, \ldots, n_\ell) \in \mathbb{N}^\ell \text{ s.t. } N \leq n_i,\ f(\vec{n}) > 0\}$$

このとき，$g \in \mathfrak{F}_\ell^+$ に対し，$O(g)$ を次式で定義する．

$$O(g) = \{f \in \mathfrak{F}_\ell^+ \mid \exists c \in \mathbb{R}_{>0}, \exists N \in \mathbb{N},$$
$$\forall \vec{n} = (n_1, \ldots, n_\ell) \in \mathbb{N}^\ell \text{ s.t. } N \leq n_i,\ f(\vec{n}) \leq cg(\vec{n})\} \quad \triangleleft$$

定義を $\ell = 1$ の場合に噛み砕くと，$f \in O(g)$ であれば，「ある正の実数 c と自然数 N が存在し，任意の自然数 n に対して $N \leq n$ ならば $f(n) \leq cg(n)$ を満たす」ことを意味する．この O 記法に慣れてもらうため，次の 3 つの例題を与える．

例題 2-3 $5n^2 + 2n$ は $O(n^2)$ に属することを示せ．

証明 ある正の実数 c と自然数 N が存在し，任意の自然数 n に対して $N \leq n$ ならば $5n^2 + 2n \leq cn^2$ を満たすことを示す．

$N = 1$ とし，$7 \leq c$ を満たす任意の実数を c とする．$N \leq n$ を満たす任意の自然数 n に対して，$\dfrac{1}{n} \leq 1$ であり，$5 + \dfrac{2}{n} \leq 5 + 2 = 7 \leq c$ となる．$0 < n^2$ を掛けると，$5n^2 + 2n \leq cn^2$ が成り立つので，$5n^2 + 2n \in O(n^2)$ である． $\triangleleft$

例題 2-4 $4n^3 + n^2$ は $O(n^2)$ に属さないことを示せ．

証明 $4n^3 + n^2$ が $O(n^2)$ に属すると仮定し矛盾を導く．

$4n^3 + n^2 \in O(n^2)$ が成り立つならば O 記法の定義より，ある正の実数 c と自然数 N が存在し，任意の自然数 n に対して $N \leq n$ ならば $4n^3 + n^2 \leq cn^2$ を満たす．このとき，十分大きな任意の自然数 n に対して $4n + 1 \leq c$ となるが，こ

れは矛盾する. よって, $4n^3 + n^2 \notin O(n^2)$ である. ◁

例題 2-5 $2n^3 + n^2 + n$ は $O(n^4)$ に属することを示せ.

証明 ある正の実数 c と自然数 N が存在し, 任意の自然数 n に対して $N \leq n$ ならば $2n^3 + n^2 + n \leq cn^4$ を満たすことを示す.

$N = 1$ とし, $4 \leq c$ を満たす任意の実数を c とする. $N \leq n$ を満たす任意の自然数 n に対して, $\frac{1}{n}, \frac{1}{n^2}, \frac{1}{n^3} \leq 1$ であり, $2\frac{1}{n} + \frac{1}{n^2} + \frac{1}{n^3} \leq 2 + 1 + 1 = 4 \leq c$ が成立する. $0 < n^4$ を掛けると, $2n^3 + n^2 + n \leq cn^4$ が成り立つので, $2n^3 + n^2 + n \in O(n^4)$ である. ◁

例題 2-3 からもわかるように, O 記法はおおよその見積もりを表していると理解できる. もし $f \in O(g)$ であれば関数 f は g の定数倍を超えないことを意味し, g を f の**漸近的上界** (asymptotic upper bound) もしくは, f は g によって**漸近的に上から抑えられる**という[1]. O 記法は上界を表しているだけであり, 関数の増加率ではない. 例題 2-3 や例題 2-5 で見たように, $5n^2 + 2n$ は $O(n^2)$ に属するが, $O(n^3)$ に属するといっても正しい. O 記法を使うと 1 つの関数 (例えば $5n^2 + 2n$) はいくつもの上界を持つことに注意する必要がある.

本書では, アルゴリズムの計算量評価に O 記法を使う. このとき, 本書に限らず, アルゴリズムがどの「クラス」であるかを評価するため,「増加率の高い項のみ」を考慮し, またその係数は無視する (図 2-1 参照). これは n を十分大きくすると計算量に与える影響がほぼ増加率の高い項のみとなるからである.

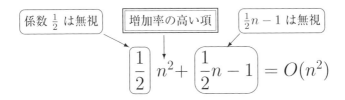

図 2-1 計算量の表し方

---

[1] 計算量については**漸近的下界** (asymptotic lower bound, Ω 記法) や**漸近的にタイトな限界** (asymptotically tight bound, Θ 記法) があるが本書では取り扱わない.

O 記法を扱う際に，$\frac{1}{2}n^2 + \frac{1}{2}n - 1 = O(n^2)$ や $5 \cdot 3^n + n + 1 = O(3^n)$ のように，等号「＝」を使って書く場合があるが，これは数学的な等号の意味ではなく，「左辺は右辺の元である」ということを意味しているので注意が必要である．例えば，$2n^2 = O(n^2)$, $3n^3 = O(n^4)$ は正しいが，$O(n^2) = 2n^2$, $O(n^4) = 3n^3$ のように左辺に O 記法を使って計算量を書くことはない．

次に，O 記法で，計算量の上界がどのように表されるか具体的なアルゴリズムで考える．最初にとりあげるのは，データ構造や計算量を学ぶ際によく教科書に登場するアルゴリズムの，バブルソートとクイックソートである．ソート（整列）とは，でたらめに並べられたデータを順番通りに並び替えることである．例えば，表 2-1 のように数値を昇順に並び替えことである．

表 **2-1** 昇順の並び

ソート前	24	10	8	16	4	1	30	20
ソート後	1	4	8	10	16	20	24	30

ソートの目的は検索である．データが揃えられていると目的のものがどこにあるか見当がつき，でたらめに並んでいる場合よりも素早く検索できる．

まず，バブルソートの計算量の評価を行う．いま，n 個の数値が 1 個ずつ箱に入って並んでおり，これを昇順に並べたいとする．バブルソートの基本的操作は，「隣り合う左右の数値を比較し左の数値が大きいなら互いに交換する」である．これを，左端から順番に実行すると大きい数値は交換されて順々に右に移る．左端から n 番目の箱まで 1 回行うと，1 番大きな数値が n 番目の箱にくる．次に同じ操作を左端から $n-1$ 番目の箱まで繰り返すと，2 番目に大きな数値が $n-1$ 番目の箱にくる．これを $n-1$ 回繰り返せば昇順にソートされ，終了する．この手順をまとめると，アルゴリズム 2-2 となる．

例として，バブルソートで次の数値の列を昇順に並べる．

7	5	4	8	2

図 2-2 の (1) は初期状態を表し，(2) から (8) までがバブルソートの各処理に対応している．(1) の 1 番目と 2 番目を比較すると 7 < 5 より互いに交換し (2) となる．(2) の 2 番目と 3 番目を比較すると 7 > 4 より互いに交換し (3) となる．

アルゴリズム 2-2 (バブルソート)

入力： n 個の数値の列 $\{x_1, x_2, \ldots, x_n\}$
出力： 昇順の数値の列 $\{x_1, x_2, \ldots, x_n\}$

1: **for** $i = 1$ **to** $n - 1$ **do**
2:    **for** $j = 1$ **to** $n - i$ **do**
3:       x_j と x_{j+1} を比べ，$x_j > x_{j+1}$ なら互いに交換する;
4:    **end for**
5: **end for**
6: **return** $\{x_1, x_2, \ldots, x_n\}$;

(1)	7	5	4	8	2	→	(2)	5	7	4	8	2
→ (3)	5	4	7	8	2	→	(4)	5	4	7	2	8
→ (5)	4	5	7	2	8	→	(6)	4	5	2	7	8
→ (7)	4	2	5	7	8	→	(8)	2	4	5	7	8

図 2-2 バブルソートの具体例

(3) の 3 番目と 4 番目を比較すると $7 < 8$ より交換しない．(3) の 4 番目と 5 番目を比較すると $8 > 2$ より互いに交換し (4) となる．右端まで来たので左端に戻り同じことを 4 番目まで繰り返す．(4) の 1 番目と 2 番目を比較すると $5 > 4$ より互いに交換し (5) となる．(5) で次に交換が起こるのは，3 番目と 4 番目であり (6) となる．左端に戻り比較する．(6) で交換が起こるのは，2 番目と 3 番目であり (7) となる．左端に戻り比較する．(7) で交換が起こるのは，1 番目と 2 番目であり (8) となる．終了する．

定理 2-6 バブルソートの計算量は $O(n^2)$ である． ◁

証明 まず「左右の数値を比較する」操作を考える．$i = 1$ のとき，左端から n 番目まで行うので，この操作は $n - 1$ 回必要である．次に $i = 2$ のときは，左端から $n - 1$ 番目まで行うので，この操作は $n - 2$ 回必要である．これを，$n - 1$ 回繰り返すので「左右の数値を比較する」操作の合計ステップ数は

$$(n-1) + (n-2) + \cdots + 2 + 1 = \frac{(n-1)+1}{2} \cdot (n-1) = \frac{1}{2}n^2 - \frac{1}{2}n$$

となる.次に交換する回数を考える.これは,「左右の数値を比較する」操作の結果に依存するが,高々「左右の数値を比較する」操作の合計ステップ数となる.よって,合計は

$$2\left(\frac{1}{2}n^2 - \frac{1}{2}n\right) = n^2 - n$$

となり,計算量は $O(n^2)$ となる. □

次に,バブルソートより効率がよいとされるクイックソートの計算量の評価を行う.クイックソートでは,数値の列から基準値を選び,それよりも小さい数値の組と大きい数値の組に分ける操作を繰り返すことで,並び替えを行う.実際の処理をまとめたものがアルゴリズム 2-3 である.

アルゴリズム 2-3 (クイックソート)

入力: n 個の数値の列
出力: 昇順の数値の列
1: 基準値を選び,
　　　　「基準値より小さい数値の組」と「基準値以上の数値の組」に分ける;
2: 「基準値より小さい数値の組」,基準値,「基準値以上の数値の組」
　　　　　　　　　　　　　　　　　　　　　　　　　　　　の順番で並べる;
3: 分割したそれぞれの数値の組で,1 と 2 の処理を繰り返し,
　　　　　　分割の組の数値の個数が 1 となるまで実行する;

例として,クイックソートを使い次の数値の列を昇順に並べる.

| 7 | 5 | 4 | 8 | 2 |

初期状態の (1) では,基準値として左端の 7 をとる.(1) で 7 未満であるのは,5, 4, 2 であり,7 以上であるのは 8 である.2 つの組の間に基準値を配置したものが (2) である.

(1) | 7 | 5 | 4 | 8 | 2 |　　基準値 7
(2) | 5 | 4 | 2 ‖ 7 | 8 |　　基準値 2

次に,分割した小さい組の基準値を 3 番目の 2 とする.2 未満のものはなく,すべて 2 以上である.よって,(3) となる.

(3) | 2 | 5 | 4 | 7 | 8 |　　基準値 5

(4) | 2 | 4 | 5 | 7 | 8 |

(3) で数値の個数が 1 でない分割は，2 番目〜3 番目の分割であり，その分割の中で基準値として 5 をとると，4 は 5 未満であるので基準値の 5 よりも左に並べる．すべての分割の数値の個数が 1 となったので終了し，結果は (4) である．

　クイックソートの計算量を考える前に次の用語を定義する．

- **最悪時間計算量** (worst case time complexity) とは，同じ入力サイズの問題の中で最大の時間計算量のことである．
- **平均時間計算量** (average time complexity) とは，同じ入力サイズの問題に対しそれらの時間計算量の平均のことである．

　本書では断らない限り時間計算量を計算量と呼んでいるので，最悪時間計算量を最悪計算量，平均時間計算量を平均計算量と短縮して用いる．特に，誤解を生まない限り最悪時間計算量を単に計算量と呼ぶ．

　クイックソートでは，基準値の選択が必要である．基準値が違えばステップ数の合計は違うため，クイックソートの平均計算量と最悪計算量を考える．

定理 2-7 クイックソートの平均計算量は $O(n \log n)$ であり，最悪計算量は $O(n^2)$ である． ◁

証明　最初に，平均計算量を求める．n 個の数値の列に対するクイックソートの平均計算量を $T(n)$ とする．最初の基準値を選び，基準値以上の数値と基準値未満の数値を探索するのに $n-1$ 回のステップが必要となる．基準値未満の数値を m 個とすると $(m \leq n-1)$，基準値以上の数値は $n-m-1$ 個となるので，$T(n)$ は

$$T(n) = (n-1) + T(m) + T(n-m-1)$$

となる．$T(m)$ と $T(n-m-1)$ は分割された部分の平均計算量を表す．平均計算量なので，基準値を除いた $n-1$ 個を 2 つに分けるすべての場合の平均を考える．数値が n 個あるとき，基準値として採用される数値は 1 個なので，その 1 個が選択される確率は $\dfrac{1}{n}$ である．ここで，2 つの数 m と $n-m-1$ の組合せは $\{0, n-1\}, \{1, n-2\}, \{2, n-3\}, \ldots, \{n-1, 0\}$ となるので，

$$T(n) = (n-1) + \frac{1}{n}\sum_{m=0}^{n-1}(T(m) + T(n-m-1))$$
$$= (n-1) + \frac{2}{n}\sum_{m=0}^{n-1}T(m)$$

を得る．ただし，数値の個数が 0 のとき，$T(0) = 0$ である．この $T(n)$ ついて考える．数値の個数が $n-1$ のとき，

$$T(n-1) = (n-2) + \frac{2}{n-1}\sum_{m=1}^{n-2}T(m)$$

なので，

$$nT(n) - (n-1)T(n-1)$$
$$= \left(n^2 - n + 2\sum_{m=1}^{n-1}T(m)\right) - \left(n^2 - 3n + 2 + 2\sum_{m=1}^{n-2}T(m)\right)$$
$$= 2n - 2 + 2T(n-1)$$
$$nT(n) - (n+1)T(n-1) = 2n - 2$$
$$\frac{T(n)}{n+1} - \frac{T(n-1)}{n} = \frac{2n-2}{n(n+1)} = \frac{4}{n+1} - \frac{2}{n}$$

となる．よって，

$$\frac{T(n)}{n+1} - \frac{T(n-1)}{n} = \frac{4}{n+1} - \frac{2}{n}$$
$$\frac{T(n-1)}{n} - \frac{T(n-2)}{n-1} = \frac{4}{n} - \frac{2}{n-1}$$
$$\vdots$$
$$\frac{T(2)}{3} - \frac{T(1)}{2} = \frac{4}{3} - \frac{2}{2}$$
$$\frac{T(1)}{2} - \frac{T(0)}{1} = \frac{4}{2} - \frac{2}{1}$$

という関係式が得られるので，この両辺の和を求めると

$$\frac{T(n)}{n+1} = 2\left(\frac{1}{n} + \frac{1}{n-1} + \cdots + \frac{1}{2}\right) + \frac{4}{n+1} - 2 < 2\sum_{i=1}^{n}\frac{1}{i} + \frac{4}{n+1}$$

であり，$T(n) < 2(n+1)\sum_{i=1}^{n}\frac{1}{i} + 4$ となる．ここで，$\sum_{i=1}^{n}\frac{1}{i} < \int_{1}^{n}\frac{1}{x}dx = [\log x]_1^n = \log n$ であるので

$$T(n) < 2(n+1)\log n + 4 = 2n\log n + 2\log n + 4$$

となる．したがって，クイックソートの平均計算量は $O(n\log n)$ である．

次に，最悪計算量を求める．基準値による分割が，順に $\{0, n-1\}$, $\{0, n-2\}$, $\{0, n-3\}$, ..., $\{0, 1\}$ となるときが最も計算量が大きくなる．このときのステップ数の合計は

$$(n-1) + (n-2) + \cdots + 2 + 1 = \frac{(n-1)+1}{2}(n-1) = \frac{1}{2}n^2 - \frac{1}{2}$$

となるので，最悪計算量は $O(n^2)$ である． □

計算量でアルゴリズムを比較する．バブルソートの計算量 $O(n^2)$ とクイックソートの平均計算量 $O(n\log n)$ を比較すると，$n\log n < n^2$ であるのでクイックソートがバブルソートよりすぐれたアルゴリズムであるといえる（バブルソートの計算量は，最悪計算量であるとともに平均計算量でもあることに注意）．一般に数多くあるほかのソートアルゴリズムと比べ，クイックソートは高速だといわれているが，対象のデータの並びやデータの数によっては必ずしも速いわけではなく最悪計算量は $O(n^2)$ である．

クイックソートでは基準値のとり方により計算量が大きく変わるため，基準値のとり方に関する研究は数多くある．例えば，中央値を基準値にする方法やランダムに 3 個の数値を選び，その中央値を基準値にする方法などがある．一般的に，組の数値の個数が半分になるような基準値をとると一番効率がよいが，基準値の選択にステップ数を大きくかけると全体の計算量が大きくなる危険性もある．

次は，話題を変え乗算（掛け算）の計算量評価を考える．ここでは 2 つの乗算アルゴリズムを取り扱う．

2 つの 2 桁の整数の筆算による乗算を考える．例えば，29 × 49 は筆算を使うと図 2-3 となる．このときの，乗算の回数は 9 × 9，2 × 9，9 × 4，2 × 4 の 4 回必要である．最後の答えまでたどり着くには 4 回の乗算に加算の回数が加わる．加算は各桁を足し合わせるので，実際は桁数分と繰り上げに生じた分が加算の回数として必要となる．

では，1 桁同士の数の加減乗算をステップとするとき，n 桁の整数の筆算による乗算の計算量はどのようになるか？

定理 2-8 n 桁の整数の筆算による乗算の計算量は $O(n^2)$ である． ◁

```
    2 9
  × 4 9
  ─────
    2 6 1
  1 1 6
  ─────
  1 4 2 1
```

図 2-3 29×49 の筆算

証明 まずは，桁数×桁数だけの乗算が必要なのは筆算の方法から明らかなので，乗算は n^2 回である．また，n 桁×1 桁の掛け算では，繰り上がりを考慮すると各桁の加算は高々 2 回となるので，合計は高々 $2n$ 回である（図 2-3 では，$29 \times 9 = 261$ であるが，2 桁目の 8 が繰り上がり，$18 + 8 = 26$ となっている．これは，各桁で見ると $8 + 8$ を計算したあと，再び繰り上がり $1 + 1$ の加算をしているので 2 回の加算をしている）．n 桁 $\times n$ 桁では，この計算を n 回行うので，加算は $2n^2$ 回で抑えられる．最後に行う加算は，各桁（各段）の結果を桁をずらしながら上から順に足すことになる．n 桁× 1 桁の結果は高々 $n+1$ 桁なので，格段は高々 $n+1$ 桁である．1 つ目の加算を行うと，1 桁目が確定し次の計算は確定した 1 桁目を除いたところだけで加算はよい．すなわち，i 段目まで加算を行って次の $i+1$ 段目を足すときは高々 $n+1$ 桁を足せばよい．$(n+1)$ 桁 $+(n+1)$ 桁の計算では，上述したように各桁は高々 2 回の加算が必要となり，1 桁目は 1 回でよいので $2(n+1) - 1 = 2n+1$ 回の加算が必要である．したがって，段数が n 段あるので，高々 $(2n+1) \times (n-1) = 2n^2 - n - 1 \leq 2n^2$ 回の加算が必要となる．

以上から，$n^2 + 2n^2 + 2n^2 = 5n^2$ 回で抑えられるので，2 つの n 桁の数を掛けるときの筆算の計算量は $O(n^2)$ である． □

この筆算より高速な乗算アルゴリズムとして，ロシアの数学者カラツバ (Karatsuba) が提案したカラツバ法が知られている．

簡単のために，まず 2 つの 2 桁の整数 a, b の掛け算を考え，それぞれの整数を $a = a_1 \cdot 10 + a_0, b = b_1 \cdot 10 + b_0$ と表す．筆算では，各桁同士を掛け合わして足すことで，ab の積を計算しているため，

$$(a_1 \cdot 10 + a_0)(b_1 \cdot 10 + b_0) = a_1 b_1 \cdot 10^2 + (a_1 b_0 + a_0 b_1) \cdot 10 + a_0 b_0$$

という展開式は筆算と同一視することができる．もちろん，乗算の回数は $a_1 b_1$, $a_1 b_0, a_0 b_1, a_0 b_0$ の 4 回必要であり，これらの数を足し合わせたものが筆算の答

えとなる．カラツバ法では，この積 ab を次のように変形する．

$$a_1 b_1 \cdot 10^2 + ((a_1 - a_0)(b_0 - b_1) + a_1 b_1 + a_0 b_0) \cdot 10 + a_0 b_0$$

このとき乗算の回数は，$a_1 b_1, a_0 b_0, (a_1 - a_0)(b_0 - b_1)$ の 3 回に減る（積は 5 個あるが，同じ式を含むために，計算の必要な積の回数は 3 回）．

次に $2d$ 桁の整数の場合を考え，$a = a_1 \cdot 10^d + a_0, b = b_1 \cdot 10^d + b_0$ ($0 \leq a_0, a_1, b_0, b_1 < 10^d$) と表す．このとき，カラツバ法では積 ab を

$$a_1 b_1 \cdot 10^{2d} + ((a_1 - a_0)(b_0 - b_1) + a_1 b_1 + a_0 b_0) \cdot 10^d + a_0 b_0$$

と変形して計算する．これにより，乗算の回数を 3 回で済ませられる．なお，この 3 回の乗算もそれぞれ再帰的にカラツバ法で計算することで，実質的に必要となる乗算の回数はさらに少なくなる．

アルゴリズム 2-4 （カラツバ法）
入力： $a, b \in \mathbb{Z}$ （ただし，$\exists d \in \mathbb{N}, \exists a_0, a_1, b_0, b_1 \in \mathbb{Z}$,
　　　　　　　$0 \leq a_0, a_1, b_0, b_1 < 10^d, a = a_1 \cdot 10^d + a_0, b = b_1 \cdot 10^d + b_0$）
出力： $ab \in \mathbb{Z}$
1: $c_0 := a_0 b_0$; $c_1 := a_1 b_1$; $c_2 := (a_1 - a_0)(b_0 - b_1)$;
　　　　　　　　　　　($d > 1$ ならば乗算は再帰的にアルゴリズム 2-4 で計算)
2: **return** $c_1 \cdot 10^{2d} + (c_0 + c_1 + c_2) \cdot 10^d + c_0$;

定理 2-9 n 桁の整数のカラツバ法の計算量は $O(n^{\log_2 3})$ である．　◁

証明 2^m 桁の整数 a, b の乗算の計算量を $T(2^m)$ とする．アルゴリズムの仮定より，$d = 2^{m-1}$ となる自然数などが存在し，$a = a_1 \cdot 10^d + a_0, b = b_1 \cdot 10^d + b_0, 0 \leq a_0, a_1, b_0, b_1 < 10^d$ と表せる．$a_1 - a_0$ と $b_0 - b_1$ の計算では，d 桁同士の加算が行われるため，それに必要なステップ数は高々 $2(2d - 1) = 4d - 2$ である．また，$c_0 + c_1 + c_2$ には，$2d$ 桁同士の加算が 2 か所あり，それに必要なステップ数は高々 $2(2 \cdot 2d - 1) = 8d - 2$ である．

最後の段階で加算が残っているのは，$c_1 10^{2d} + (c_0 + c_1 + c_2) 10^d + c_0$ である．ここでは $2d$ 桁の加算は 2 か所だが，実際には $c_1 10^{2d}, (c_0 + c_1 + c_2) 10^d, c_0$ は，それぞれ d 桁だけずれており，d 桁の加算が 2 度必要である．よって，この部分

の加算に必要なステップ数は $2(2d-1) = 4d-2$ となる．以上より，加算のステップ数は高々次式である．

$$(4d-2) + (8d-2) + (4d-2) = 16d - 6 < 8 \cdot 2^m$$

乗算については，d 桁同士の乗算が 3 回のみ必要である．以上より，

$$T(2^m) = 3T(2^{m-1}) + 8 \cdot 2^m$$

という漸化式を得る．この漸化式を解く．

$$\begin{aligned}
T(2^m) &= 3T(2^{m-1}) + 8 \cdot 2^m \\
&= 3(3(T(2^{m-2}) + 8 \cdot 2^{m-1})) + 8 \cdot 2^m \\
&= 3^2 T(2^{m-2}) + (3 \cdot 8 \cdot 2^{m-1} + 8 \cdot 2^m) \\
&= 3^3 T(2^{m-3}) + (3^2 \cdot 8 \cdot 2^{m-2} + 3 \cdot 8 \cdot 2^{m-1} + 8 \cdot 2^m) \\
&\quad \vdots \\
&= 3^m T(2^0) + (3^{m-1} \cdot 8 \cdot 2 + 3^{m-2} \cdot 8 \cdot 2^2 + \cdots + 3^0 \cdot 8 \cdot 2^m)
\end{aligned}$$

ここで，$T(2^0) = T(1) = 1$ であり，$3^{m-1} \cdot 8 \cdot 2 + 3^{m-2} \cdot 8 \cdot 2^2 + \cdots + 3^0 \cdot 8 \cdot 2^m$ は，公比 $\dfrac{2}{3}$ の公比数列なので

$$\begin{aligned}
3^{m-1} \cdot 8 \cdot 2 + 3^{m-2} \cdot 8 \cdot 2^2 + \cdots + 3^0 \cdot 8 \cdot 2^m &= 8 \cdot \frac{3^{m-1} \cdot 2(1-(\frac{2}{3})^m)}{1-\frac{2}{3}} \\
&= 16(3^m - 2^m)
\end{aligned}$$

となる．したがって，

$$T(2^m) = 3^m + 16(3^m - 2^m) = 17 \cdot 3^m - 8 \cdot 2^m$$

である．以上より，2^m 桁の整数の乗算の計算量は $O(3^m)$ である．n 桁の計算量を示すため，$n = 2^m$ と置けば $m = \log_2 n$ であり，

$$O(3^{\log_2 n}) = O(n^{\log_2 3})$$

となり，n 桁の計算量は $O(n^{\log_2 3})$ となる． □

$\log_2 3$ の近似値は 1.58 であり，$n^{1.58} < n^2$ なので，カラツバ法は筆算より効率的でよい乗算アルゴリズムであるといえる．

例題 2-10 2345×4567 をカラツバ法で行う．$2345 = 23 \cdot 10^2 + 45, 4567 = 45 \cdot 10^2 + 67$ とする．このとき，$c_0 = 45 \times 67 = 3015, c_1 = 23 \times 45 = 1035, c_2 = (23-45)(67-45) = -484$ である．よって，

$$c_1 \cdot 10000 + (c_0 + c_1 + c_2) \cdot 100 + c_0 = 670000 + 356600 + 3015$$
$$= 1029615$$

となり，答えは 1029615 である． ◁

計算理論において，問題の入力サイズ n に対して，n の多項式で表される計算量のことを**多項式時間**といい，計算量が多項式時間のアルゴリズムを，**多項式時間アルゴリズム**という．バブルソートや筆算の計算量は $O(n^2)$ であるので多項式時間アルゴリズムである．また，$1 \leq n$ において，$\log n \leq n$ であるので，$1 \leq n$ において $n \log n \leq n^2$ となる．すなわち，計算量が $O(n \log n)$ ならばそれは $O(n^2)$ でもある．同様に，$n^{\log_2 3} < n^2$ なので，計算量が $O(n^{\log_2 3})$ ならばそれは $O(n^2)$ でもある．つまり，クイックソートとカラツバ法も多項式時間アルゴリズムである．

一方，問題の入力サイズ n に対して，n の指数関数（例えば $2^n, n!, n^n$）で表される計算量のことを**指数時間**といい，計算量が指数時間のアルゴリズムを，**指数時間アルゴリズム**という．

理論的には，多項式時間アルゴリズムは速いアルゴリズムで，逆に，指数時間アルゴリズムは遅いアルゴリズムを意味する．しかしながら，計算量による性能比較は必ずしも万能ではない．入力サイズが小さい場合や定数倍の違いを考慮に入れてないため，計算量の観点から優れていても現実的にはさほど性能がよくない場合がある．例えば，2^n と n^3 を比べると，$10 \leq n$ ならば $2^n > n^3$ であるが，$1 < n \leq 9$ であれば $2^n < n^3$ である．前述したようにアルゴリズムの計算量とは，問題の入力サイズが大きくなったときの評価であり，計算量の比較はもちろん入力サイズが大きくなったときの比較となる．したがって，この場合は n が十分大きいときは多項式時間アルゴリズムは速いといえるが，n が小さいときにも速いとは限らない．

演習問題

1. 次が正しいかどうか証明せよ．

(a) $3000n^2 = O(n)$

   (b) $n \log n + n = O(n^2)$

   (c) $3^n = O(2^n)$

   (d) $n^{\log n} + n^{10} = O(n^{\log n})$

2. $T_1(n) = O(f(n))$, $T_2(n) = O(g(n))$ のとき，次を証明せよ．

   (a) $T_1(n) + T_2(n) = O(\max\{f(n), g(n)\})$

   (b) $T_1(n) \cdot T_2(n) = O(f(n) \cdot g(n))$

3. 次の O 記法を簡略化せよ．

   (a) $O(n^4 + \log n) + O(n^2 \log n)$

   (b) $O(n^3 \sin n) \cdot O(2^n)$

4. バブルソートとクイックソートを好きなプログラミング言語で実装し，その計算速度を比較せよ．

2.3　確率的アルゴリズムとミラー・ラビン素数判定法

　アルゴリズムの種類には，**決定的アルゴリズム** (deterministic algorithm) と**確率的アルゴリズム** (probabilistic algorithm) がある．

　決定的アルゴリズムとは，入力を与えられたとき，常に同じ計算を行い同じ結果を返すアルゴリズムである．確率的アルゴリズムとは，その動作に無作為性を導入し，一定の高い確率で正しい答えを返すアルゴリズムのことである．確率的アルゴリズムは，無作為性を導入していることからいつも同じ結果を返すとは限らない．しかしながら，問題によっては多項式時間の決定的アルゴリズムが発見されておらず，確率的アルゴリズムでも必要とされることがある．また，確率的アルゴリズムを採用する際の大きな理由は，「処理速度の速さ」である．実際のところ，決定的アルゴリズムとの計算量の違いが大きいとき，確率的アルゴリズムは大変効果的である．

　ここでは，与えられた自然数 n が素数かどうかを判定する確率的アルゴリズムを紹介する．この判定問題は，暗号分野において非常に重要である．素朴な方法では，自然数 n を 2 から $\sqrt{n}$ まで試し割りし，いずれの数でも割り切れなければ，

素数と判定する．しかしながら，実際に扱う自然数は数百桁なので，現実的な時間内では，計算機でもこの方法では解けない．そこで，確率的アルゴリズムの出番である．まず，簡単な確率的素数判定法として，フェルマー (Fermat) の小定理を用いたフェルマーテストがある．

定理 2-11（フェルマーの小定理） 素数 p と互いに素な自然数 a について $a^{p-1} \equiv 1 \pmod{p}$ が成り立つ． ◁

自然数 n の倍数でない a を用いて $a^{n-1} \not\equiv 1 \pmod{n}$ となれば，フェルマーの小定理より n は 1 と n 以外の約数を持つ合成数であると判断してよい．これを**フェルマーテスト**という．

このフェルマーテストでは，「$a^{n-1} \not\equiv 1$ ならば n は合成数である」は正しいが「$a^{n-1} \equiv 1$ ならば n は素数である」は正しくなく，「おそらく素数である」としか言えないので，複数個の a で試し，「確からしい」という確率を上げる．これがフェルマーテストを用いた素数判定である．

$a^{n-1} \equiv 1 \pmod{n}$ を満たす n のことを**擬素数**と呼ぶ．合成数 n が任意の $a \in \{1, 2, \ldots, n-1\}$ に対して $a^{n-1} \equiv 1 \pmod{n}$ が成り立つとき，n を**カーマイケル数**という．カーマイケル数はカーマイケル (Carmichael) によって 1909 年に初めて発見された数で，最小のカーマイケル数は 561 である．このほかに計算実験により 1105, 1729, 2465 などが発見されており無数に存在する．カーマイケル数は，フェルマーテストで常に「おそらく素数である」と判定されてしまうため，別の判定法が必要になる．

フェルマーテストを改良した確率的方法として，ミラー・ラビン (Miller-Rabin) 素数判定法がある．次の補題は，ミラー・ラビン素数判定法に必要となる．

補題 2-12 p が素数のとき，$x^2 \equiv 1 \pmod{p}$ の解は，$x \equiv 1 \pmod{p}$ または $x \equiv -1 \pmod{p}$ のみである． ◁

証明 仮定より $p | (x^2 - 1)$ である．$(x^2 - 1) = (x+1)(x-1)$ であり，かつ p は素数より，$p | (x+1)$ または $p | (x-1)$ となる．$p | (x+1)$ は $x \equiv -1 \pmod{p}$ を意味し，$p | (x-1)$ は $x \equiv 1 \pmod{p}$ を意味する． □

補題 2-13 n を奇数の合成数とする．このとき，$x^2 \equiv 1 \pmod{n}$ は n を法と

して 4 個以上の解を持つ. ◁

証明 $n = sr$ とし s と r は互いに素とする．次の連立合同式を考える．
$$x^2 \equiv 1 \pmod{s}, \quad x^2 \equiv 1 \pmod{r}$$
中国剰余定理より次の 4 つの連立合同式
$$\begin{cases} x \equiv 1 & \pmod{r} \\ x \equiv 1 & \pmod{s} \end{cases}, \quad \begin{cases} x \equiv 1 & \pmod{r} \\ x \equiv -1 & \pmod{s} \end{cases},$$
$$\begin{cases} x \equiv -1 & \pmod{r} \\ x \equiv 1 & \pmod{s} \end{cases}, \quad \begin{cases} x \equiv -1 & \pmod{r} \\ x \equiv -1 & \pmod{s} \end{cases}$$
はいずれも n を法として唯一の解を持つ．これらは両辺を 2 乗すれば最初の連立合同式になる．よって，連立合同式
$$x^2 \equiv 1 \pmod{s}, \quad x^2 \equiv 1 \pmod{r}$$
は n を法として 4 個の異なる解を持つことがわかる．上の 4 つの連立合同式以外にも解を持つ可能性があるので，n を法として 4 個以上の解を持つ． □

例題 2-14 合同式 $x^2 \equiv 1 \pmod{15}$ の解は
$$x \equiv 1 \pmod{15}, \quad x \equiv 4 \pmod{15},$$
$$x \equiv 11 \pmod{15}, \quad x \equiv 14 \pmod{15}$$
の 4 個である． ◁

補題 2-12, 2-13 より素数の確率的判定法として，アルゴリズム 2-5 のミラーの判定法が得られる．フェルマーテストと同様に，「おそらく素数である」と出力された場合 p は合成数である可能性があることに注意が必要である．このとき，a をランダムに選び，ミラーの判定法を再び行う．この判定法で何度も「おそらく素数である」と出力されると素数である可能性が高くなる．

例題 2-15 ミラーの判定法を $p = 15841$ に対して実行する．まず，$1 < a < n$ を満足する自然数 a を 2 とする．ちなみに，$2^{15840} \equiv 1 \pmod{15841}$ なので，フェルマーテストでは判定できない．$n - 1 = 15840 = 2^6 \cdot 495$ である．このとき，$2^{495} \equiv 1 \pmod{15841}$ となり，「おそらく素数である」と出力される．

アルゴリズム 2-5 （ミラーの判定法）

入力： 奇数 $p > 1$ と $1 < a < p$ の範囲にある自然数 a
出力： p は「合成数である」あるいは「おそらく素数である」という判定

1: **if** a と p の最大公約数が 1 でない **then**
2:    **return** 「合成数である」;
3: **end if**
4: $p - 1 = 2^t m$ と分解する．ただし m は奇数;
5: **if** $a^m \equiv \pm 1 \pmod{p}$ **then**
6:    **return** 「おそらく素数である」;
7: **end if**
8: $b := a^m \mod p$;
9: **for** $i = 1$ **to** $t - 1$ **do**
10:    $b := b^2 \mod p$;
11:    **if** $b = p - 1$ **then**
12:       **return** 「おそらく素数である」;
13:    **else if** $b = 1$ **then**
14:       **return** 「合成数である」;
15:    **end if**
16: **end for**
17: **return** 「合成数である」;

そこで，次に $a = 3$ としてミラーの判定法を実行する．$3^{15840} \equiv 1 \pmod{15841}$ であるから，このときもフェルマーテストでは判定できない．ミラーの判定法を行うと

$$3^{495} \equiv 12802 \pmod{15841}$$

$$3^{990} \equiv 218 \pmod{15841}$$

$$3^{1980} \equiv 1 \pmod{15841}$$

となり，「合成数である」と出力され，p は素数ではないことがわかる．

計算を逆に見ると，$x = 3^{990}$ とした場合 $x^2 \equiv 1 \pmod{15841}$ であるにもかかわらず，$x \equiv 218 \pmod{15841}$ となり補題 2-12 より，15841 は素数でないこと

がわかる. ◁

ミラーの判定法は素数の可能性の高い整数の判定に効率的なフィルターとなることを次のラビンの定理が示す. 証明は参考文献 [58] を参照されたい.

定理 2-16 p が奇数の合成数であるにもかかわらず, ミラーの判定法で「おそらく素数である」を返すような整数 a の割合は, $0 < a < p$ のうち高々 $\frac{1}{4}$ である. ◁

任意の奇数の合成数 p について, a の少なくとも $\frac{3}{4}$ が合成数となることがわかっているので, r 個の a において p が合成数であるのに「おそらく素数である」と判定してしまう確率の最大は $\left(\frac{1}{4}\right)^r$ である. より多くの a でミラーの判定を行い「おそらく素数である」を得られれば入力 p が素数である確率は高くなる. この確率的な判定法のことを**ミラー・ラビン素数判定法**[2]という. ミラー・ラビン素数判定法の計算量は, $O(k \log_3 n)$ であることが知られている. ここで, k は異なる a で判定を行う回数である. n が大きければ決定的アルゴリズムより高速である. しかしながら, n が 10 桁以下の整数であれば決定的アルゴリズムであるエラトステネスの篩が速い. 具体的には, 小さい素数から始め, その素数の倍数をふるい落し, 最後に残った整数を素数と判定するアルゴリズムであるが, 整数 n 以下のすべての素数を発見するための計算量は $O(n \log \log n)$ であることが知られている.

現実的に, 暗号理論などに使われる素数の生成にはミラー・ラビン素数判定法で十分なことが多く, KASH や PARI/GP, MAGMA といった数論ソフトウェアで使われている. また, $a = 2, 3, 5, 7, 11, 13, 17$ の 7 個の数に対してミラー・ラビン素数判定法を適用すれば, $n < 341550071728321$ の整数に対して正しく判定できることがわかっており (参考文献 [25]), MAGMA はこの結果も併用しているようである.

素数判定のように, 決定的アルゴリズムで時間を費やすよりも, 多少の間違いを許容したり利用範囲を制限することで, より短い時間で答えが得られれば現実的には有用であり, 確率的アルゴリズムも盛んに研究されている.

---

[2] ミラー・ラビン素数判定法は, ミラーが開発したミラーの判定法を, ラビンが無条件の確率的アルゴリズムに修正したものである.

演習問題

1. フェルマーの小定理を用いて $p = 341$ は素数ではないことを示せ．
2. 整数 $x = 1, 2, \ldots, 16$ に対して，$x^2 \equiv 1 \pmod{17}$ を満たす x は，1 と 16 だけであることを確かめよ．
3. ミラーの判定法を $p = 247$ に適用せよ．

2.4 多項式の加減乗除算と行列式の計算量

2.2 節では整数の乗算の計算量を紹介した．ここでは，本書で扱うアルゴリズムを考慮し，多項式の加減乗除算（減算は加算と同じ）と行列式の計算量を簡潔に紹介する．それぞれ，多項式に関しては係数体上の計算量であり，行列式に関しては行列の要素の属する体上の計算量である．

n 桁の整数同士の加算は，筆算を思い浮かべてもらえばわかるように各桁同士を足し合わせるので，1 桁の数同士の加算が n 回は必要である．繰り上がりも起こりえるが，各桁は最大 2 回の加算が必要になるだけで，計算量としては $O(n)$ である．n 次の 1 変数多項式同士の加算も同様に考えれば，各次数の係数同士（同類項）の加算となるので，係数体上の計算量は同じく $O(n)$ であると容易にわかる．

次に，余りを伴う割り算（除算）の計算量を紹介する．$0 \leq n \leq m$ とする．割り算の筆算の計算量は，m 桁と n 桁の整数では $O(n(m-n))$ であることが知られている（興味がある読者は導き出してほしい）．m 次と n 次の 1 変数多項式でも同様で，係数体上の計算量は $O(n(m-n))$ である（定理 3-11 の証明を参考されたい）．

表 2-2　加算・除算の計算量

	計算量
加算	$O(n)$
除算（筆算）	$O(n(m-n))$

n 桁以下の整数同士の乗算，または n 次未満の 1 変数多項式同士の乗算アルゴリズムとその計算量として表 2-3 が知られている．

カラツバ法を拡張して分割数を d にしたものがトーム・コック (Toom-Cook)

表 2-3 乗算アルゴリズムの計算量

アルゴリズム	計算量
筆算	$O(n^2)$
カラツバ法	$O(n^{\log_2 3})$
トーム・コック法	$O(n^{\log_d(2d-1)})$
ショーンハーゲ・ストラッセン法	$O(n \log n \cdot \log \log n)$
フェレール法	$O(n \log n \cdot 2^{\log^* n})$

法である．高速フーリエ変換（第 8 章参照）に基づく方法がショーンハーゲ・ストラッセン (Schönhage-Strassen) 法とフェレール (Fürer) 法である．フェレール法の計算量は $O(n \log n \cdot 2^{\log^* n})$ であるが，$\log^* n$ は底 2 の重複対数と呼ばれる関数であり，定数と思って差し支えないほど増加が遅く，定義は次を満たす 2 の個数の最小値（ただし，$\log^* 1 = 0$）である．

$$n \leq 2^{2^{2^{\cdot^{\cdot^{\cdot}}}}}$$

$f, g, h \in \mathfrak{F}_\ell^+$ に対して，O 記法はよく次のように略記して用いられる．例えば，$f(\vec{n}) = g(\vec{n}) + O(h(\vec{n}))$ は，ある $k(\vec{n}) \in O(h(\vec{n}))$ について $f(\vec{n}) = g(\vec{n}) + k(\vec{n})$ であることを意味し，$f(\vec{n}) = g(\vec{n})O(h(\vec{n}))$ は $\frac{f}{g}(\vec{n}) = O(h(\vec{n}))$ のことである．また，$f(\vec{n}) = h(\vec{n})^{O(h(\vec{n}))}$ は，ある $k(\vec{n}) \in O(h(\vec{n}))$ について $f(\vec{n}) = g(\vec{n})^{k(\vec{n})}$ を意味している．

定義 2-17（ソフト O） $f, g \in \mathfrak{F}_\ell^+$ に対して，$f(\vec{n}) = g(\vec{n}) \cdot \log(g(\vec{n}))^{O(1)}$ のとき，$f(\vec{n}) = O^\sim(g(\vec{n}))$ と書き，f はソフト $O(g)$ であるという（$O^\sim$ をソフト O という）． ◁

O 記法は厳密すぎる場合があり，ショーンハーゲ・ストラッセン法の計算量は $O(n \log n \cdot \log \log n)$ だが，これは本質的に対数倍を除けば 1 次である．したがって，ソフト O で記述すると，$n \log n \cdot \log \log n = O^\sim(n)$ となる．

次に n 次正方行列 $A = (a_{ij})$ の行列式 $\det(A)$ の計算量を考える．行列式は，$\{1, 2, \ldots, n\}$ の置換全体からなる群 S_n と，置換の符号 sgn を用いて

$$\det(A) = \sum_{\sigma \in S_n} \text{sgn}(\sigma) a_{1\sigma(1)} a_{2\sigma(2)} \cdots a_{n\sigma(n)}$$

で定義される．この定義通りに行列式を計算すると，必要な乗算数は次式で求まり，総和計算に必要な加算数は $n!-1$ なので，その計算量は $O(n \cdot n!)$ となる．

$$(S_n \text{ の個数}) \times (a_{1\sigma(1)}a_{2\sigma(2)}\cdots a_{n\sigma(n)} \text{ に必要な乗算}) = n! \times (n-1) \text{ 回}$$

次に，行列式の性質を利用し行列式を変形して求める方法を考える．変形の操作は次の2つである．

(1) どれか1つの行を何倍かして，それをほかの行に加える（あるいは引く）

(2) ある行とある行を入れ替える．

この2つの操作を繰り返し，行列を上三角行列に変形することによって行列式を求める．得られた三角行列の対角成分を掛け合わせたものが行列式の値となる（この方法を本節では，掃き出し法と呼ぶ）．

三角行列を得るために必要な乗除算の回数は，次式で求まる．

$$\sum_{k=1}^{n-1}(n-k)(n-k+2) = \frac{1}{3}n^3 + \frac{1}{2}n^2 - \frac{5}{6}n$$

上三角行列の対角成分 n 個の積を求めるのに，乗算は $n-1$ 回必要である．これらの合計は，

$$\left(\frac{1}{3}n^3 + \frac{1}{2}n^2 - \frac{5}{6}n\right) + (n-1) = \frac{1}{3}n^3 + \frac{1}{2}n^2 + \frac{1}{6}n - 1$$

となる．したがって，計算量は $O(n^3)$ となる．掃き出し法の計算量は明らかに定義通りの計算法より小さい．

表 2-4 は行列式の基本的な計算法の計算量のリストである．このリスト以外にもモジュラー法を用いた計算法や，行列の高速乗算を用いた方法など多くの行列式計算法が提案されている．

表 2-4 基本的な行列式アルゴリズムの計算量

アルゴリズム	計算量
定義通りの計算	$O(n \cdot n!)$
余因子展開	$O(n!)$
LU 分解	$O(n^3)$
掃き出し法	$O(n^3)$

第 3 章

最大公約因子

分数を約分するには，分子と分母の最大公約数を計算する必要がある．これは有理式でも同様であり，分子と分母の多項式を共に割り切る多項式（最大公約因子）を探索する必要がある．本章では，これら基本的な演算となる最大公約数や最大公約因子の計算を，剰余計算のみで可能とする古典的なユークリッドの互除法とその応用，またその計算の効率化について述べる．

3.1 最大公約元・最大公約因子

本章では，R をユークリッド整域かつ一意分解整域，$R[x]$ を R 上の 1 変数多項式環とする．本節では，最大公約元と最大公約因子の定義を与える（記号「 | 」については定義 A-32 を参照）．

定義 3-1（最大公約元・最大公約因子） 2 つの元 $a, b \in R$ に対して，次を満たす c を**最大公約元** (greatest common divisor, GCD) といい $\gcd(a, b)$ で表す．

1. $c \mid a$ かつ $c \mid b$ である
2. 元 $d \in R$ が $d \mid a$ かつ $d \mid b$ を満たすならば，$d \mid c$ である

$\gcd(a, b) = 1$ のとき，a と b は**互いに素**であるという．また，2 つの多項式 $f(x)$, $g(x) \in R[x]$ に対して，次を満たす $h(x) \in R[x]$ を**最大公約因子** (GCD) といい，$\gcd(f, g)$ で表す．

1. $h(x) \mid f(x)$ かつ $h(x) \mid g(x)$ である
2. 多項式 $d(x) \in R[x]$ が $d(x) \mid f(x)$ かつ $d(x) \mid g(x)$ を満たすならば，$d(x) \mid h(x)$ である

$\gcd(f, g) = 1$ のとき，$f(x)$ と $g(x)$ は**互いに素**であるという． ◁

また，最大公約因子と関わりが深い最小公倍因子についても定義しておく．

定義 3-2（最小公倍元・最小公倍因子） 2 つの元 $a, b \in R$ に対して，次を満たす c を**最小公倍元** (least common multiple, LCM) といい，$\mathrm{lcm}(a, b)$ で表す．

1. $a \mid c$ かつ $b \mid c$ である
2. 元 $d \in R$ が $a \mid d$ かつ $b \mid d$ を満たすならば，$c \mid d$ である

また，2 つの多項式 $f(x), g(x) \in R[x]$ に対して，次を満たす $h(x) \in R[x]$ を**最小公倍因子** (LCM) といい，$\mathrm{lcm}(f, g)$ で表す．

1. $f(x) \mid h(x)$ かつ $g(x) \mid h(x)$ である
2. 多項式 $d(x) \in R[x]$ が $f(x) \mid d(x)$ かつ $g(x) \mid d(x)$ を満たすならば，$h(x) \mid d(x)$ である ◁

注意 3-3（整数の場合） $R = \mathbb{Z}$ のとき，a, b の最大公約元を**最大公約数**という．定義 3-1 に基づくと，a, b の最大公約数は単元倍（$\mathbb{Z}$ の単元は ± 1 のみ）の不定性を持つが，多くの場合，a, b の公約数の中で一番大きな数と定義される． ◁

注意 3-4（多項式の場合） 定義 3-1 の条件 1 を満たす多項式（定義 A-33 の公約元）を**共通因子**または公約因子という．最大公約因子は単元倍の不定性を持つが，それを考慮しても，R が体でないとき，2 つの多項式 $f(x), g(x) \in R[x]$ が互いに素であることと，$\deg(\gcd(f, g)) = 0$ であることは同値ではない．本書では，これを区別するため，$f(x)$ と $g(x)$ の共通因子 $h(x)$ で $\deg(h) > 0$ を満たすものを**自明でない共通因子**という． ◁

次節からは，最大公約数および最大公約因子を求めるアルゴリズムおよびそれらの計算量などについて述べる．

3.2 ユークリッドの互除法と剰余列

最大公約数を求める古典的アルゴリズムとして知られるユークリッドの互除法 (Euclidean algorithm) は，数学のみならず様々な分野で欠かすことのできない

36　第3章　最大公約因子

重要な基礎的な算法の一つである．本節では，最大公約数や最大公約因子の計算例を通してユークリッドの互除法の仕組みを確認した後に，アルゴリズムの理論について学ぶ．理論では，ユークリッド整域におけるユークリッドの互除法について述べた後，特別な取扱いが必要となる整域上の多項式環における最大公約因子計算について述べる．また，係数膨張と呼ばれる欠点についてもとりあげ，本章の後半にとりあげるモジュラー法の必要性について述べる．

3.2.1　最大公約数と最大公約因子

次のような分数の計算を行うとき，一般には，通分や約分を行う際に最大公約数の計算が必要となる．

$$\frac{545454}{12939001} + \frac{4494}{11643493}$$

最小の分母に通分するならば，分母同士の最小公倍数に揃えることになり，最後に約分を行い既約分数を得るため，次のように計算が進む．

$$\begin{aligned}\frac{545454}{12939001} + \frac{4494}{11643493} &= \frac{545454 \cdot 5069}{12939001 \cdot 5069} + \frac{4494 \cdot 5633}{11643493 \cdot 5633} \\ &= \frac{2764906326}{65587796069} + \frac{25314702}{65587796069} \\ &= \frac{2790221028}{65587796069} = \frac{1214724 \cdot 2297}{28553677 \cdot 2297} = \frac{1214724}{28553677}\end{aligned}$$

整数 a, b の最大公約数 $\gcd(a, b)$ と最小公倍数 $\mathrm{lcm}(a, b)$ に対して，$\mathrm{lcm}(a, b) = ab/\gcd(a, b)$ が成り立つ．すなわち，分数計算では最大公約数の計算が必要となり，これは次のように剰余計算（割り算）を繰り返すことで求めることができる（通分時の最大公約数の計算例）．

$$12939001 = 1 \times 11643493 + 1295508$$
$$11643493 = 8 \times 1295508 + 1279429$$
$$1295508 = 1 \times 1279429 + 16079$$
$$1279429 = 79 \times 16079 + 9188$$
$$16079 = 1 \times 9188 + 6891$$
$$9188 = 1 \times 6891 + 2297$$
$$6891 = 3 \times \underline{2297} + 0$$

このように，余りが 0 になるまで剰余計算を繰り返すことで最大公約数を求める方法を，ユークリッドの互除法と呼ぶ．

同様のことが有理式（多項式を分母と分子に持つ分数）の場合にもいえる．次は，1 変数多項式を分母と分子に持つ有理式の約分操作を表している．

$$\frac{-3x^4 - 8x^3 - 2x^2 - 2x - 5}{x^4 + 3x^3 + x^2 + x + 2} = \frac{(-3x^3 - 5x^2 + 3x - 5)(x+1)}{(x^3 + 2x^2 - x + 2)(x+1)}$$
$$= \frac{-3x^3 - 5x^2 + 3x - 5}{x^3 + 2x^2 - x + 2}$$

この計算では，多項式における最大公約数の概念である最大公約因子（同時に割り切る多項式の中で次数最大のもの）を求めることが必要となる．これも次のように剰余計算を繰り返すだけで求めることができる．

$$-3x^4 - 8x^3 - 2x^2 - 2x - 5$$
$$= -3 \times (x^4 + 3x^3 + x^2 + x + 2) + x^3 + x^2 + x + 1$$
$$x^4 + 3x^3 + x^2 + x + 2 = (x+2) \times (x^3 + x^2 + x + 1) - 2x^2 - 2x$$
$$x^3 + x^2 + x + 1 = -\frac{x}{2} \times (-2x^2 - 2x) + x + 1$$
$$(-2x^2 - 2x) = (-2x) \times (x+1) + 0$$

なお，有理式における約分は，分母の多項式と分子の多項式の共通零点を求める操作に対応する．この例では次の連立方程式を解いたことになり，計算機代数におけるユークリッドの互除法の重要性を垣間見ることができる．

$$\begin{cases} -3x^4 - 8x^3 - 2x^2 - 2x - 5 = 0 \\ x^4 + 3x^3 + x^2 + x + 2 = 0 \end{cases} \implies x + 1 = 0 \quad \therefore \; x = -1$$

次項以降では，これら最大公約数や最大公約因子を計算するユークリッドの互除法について，アルゴリズムの全貌を理論面から述べる．

3.2.2 ユークリッド整域における最大公約元

ユークリッドの互除法は，前項で述べたように整数の最大公約数の計算方法として広く知られるが，本項では整数環 $\mathbb{Z}$ に限らず，ユークリッド整域 R における最大公約元の計算方法を述べる．

定義 3-5（商と剰余） 与えられた $a, b \in R$, $b \neq 0$ に対し，定義 A-39 を満たす

38　第3章　最大公約因子

$q \in R$ を a の b による**商**, $r \in R$ を**剰余**（または余り）と呼ぶ．また，商 q と剰余 r を求める操作を，それぞれ $\mathrm{quo}(a,b)$ と $\mathrm{rem}(a,b)$ で表す[1]．　◁

定理 3-6　任意の $a, b \in R, b \neq 0$ に対して，$\gcd(a,b) = \gcd(b, \mathrm{rem}(a,b))$ が成立する．　◁

証明　$\mathrm{rem}(a,b)$ の定義より，$q \in R$ が存在して，$\mathrm{rem}(a,b) = a - qb$ と書けるので，a, b の公約元は $b, \mathrm{rem}(a,b)$ の公約元である．同様に，$a = qb + \mathrm{rem}(a,b)$ と書けるので，$b, \mathrm{rem}(a,b)$ の公約元は a, b の公約元である．よって，公約元が一致するため，その最大公約元も等しい．　□

以上の定義と定理に基づき整理したものがアルゴリズム 3-1 であり，ユークリッド整域における最大公約元を計算する．

アルゴリズム 3-1　（ユークリッドの互除法）

入力：　$a, b \in R \setminus \{0\}$（$R$ はユークリッド整域）
出力：　$\gcd(a,b) \in R$
1: $r_1 := a; r_2 := b; i := 1;$
2: **while** $r_{i+1} \neq 0$ **do**
3: 　　$i := i + 1;$
4: 　　$r_{i+1} := \mathrm{rem}(r_{i-1}, r_i);$
5: **end while**
6: **return** $r_i;$

定理 3-7　アルゴリズム 3-1 は正当性と停止性を有し，そのユークリッド整域上の計算量[2]は，ユークリッド関数（定義 A-39）を φ とすれば，$O(\varphi(b))$ である．　◁

証明　まず，停止性を示す．$b = 0$ のとき $r_2 = 0$ なので，アルゴリズムは直ちに

---

[1] 一般のユークリッド整域 R での商や剰余を求める操作の実現やその高速化は，計算機代数の重要な研究対象であるが，本書では割愛する．

[2] ユークリッド整域上の加減乗算および商と剰余の計算を単位とする最悪時間計算量を，ここではユークリッド整域上の計算量と表す．

終了する．そこで，$b \neq 0$ のときを考える．R はユークリッド整域なので，剰余の繰り返しによって $\varphi(r_2) > \varphi(r_3) > \cdots$ なる単調減少列が生成されるが，φ は非負整数値をとる関数であり，列の最大長は $\varphi(r_2)$ で有限なので必ず停止する．また，この最大長が剰余計算の最大回数となることから，計算量は $O(\varphi(b))$ となる．零でないこの減少列の最後の要素を r_k とする．

次に, 正当性を示す．定理 3-6 より, $\gcd(a,b) = \gcd(r_1, r_2) = \cdots = \gcd(r_k, r_{k+1})$ が成立している．$r_{k+1} = 0$ より $\gcd(r_k, r_{k+1}) = r_k$ となり，$r_k = \gcd(a,b)$ を得る． □

なお，整数の最大公約数を求めるユークリッドの互除法は，アルゴリズム 3-1 と同じであるが，整数の性質から計算量は小さくできる．証明は割愛するが，ϕ を黄金比とし，$n = \min\{|a|, |b|\}$ とすれば，$O(\log_\phi(n))$ である．

3.2.3 一意分解整域上の多項式環における最大公約因子

多項式環における最大公約元を**最大公約因子**と呼ぶが，R が体でない場合，必ずしも $R[x]$ はユークリッド整域とはならず，最大公約因子をアルゴリズム 3-1 で求めることはできない．

例題 3-8 $\mathbb{Z}[x]$ において非負整数値関数として多項式の次数をとると，商と剰余が $\mathbb{Z}[x]$ に含まれない場合があり，ユークリッド整域とならない．

$$f(x) = x^2 - 1 = (x+1)(x-1),$$
$$g(x) = 2x^2 + 3x + 1 = (x+1)(2x+1)$$
$$\mathrm{rem}(f, g) = (x^2 - 1) - \frac{1}{2}(2x^2 + 3x + 1) = -\frac{3}{2}x - \frac{3}{2}$$

商と剰余は $\mathbb{Z}[x]$ の要素でないが，$\gcd(f, g) = x + 1 \in \mathbb{Z}[x]$ であることに注意する．
◁

R の商体を K とすれば，$K[x]$ は次数をユークリッド関数とするユークリッド整域となる．最大公約因子はアルゴリズム 3-1 で計算でき，補題 A-45 のガウスの補題よりその結果は $R[x]$ での結果と $K[x]$ において同伴（定義 A-34）となる．したがって，理論上は商体を導入することで最大公約因子の計算は可能となる．ただし，定義 A-33 に基づく $R[x]$ での最大公約因子は，同伴の差を除いても一意に定まらないため，改めて定義を行っておく．

定義 3-9（最大公約因子，最小公倍因子） $f(x), g(x) \in R[x]$ に対し，$f(x)$ と $g(x)$ を割り切る多項式の中で，次数最大の原始的な多項式を $h(x) \in R[x]$ とするとき，$\gcd(\mathrm{cont}(f), \mathrm{cont}(g)) \cdot h(x)$ を，$f(x)$ と $g(x)$ の**最大公約因子** (GCD) といい，$\gcd(f, g)$ で表す．同様に，$f(x)$ と $g(x)$ で割り切れる多項式の中で，次数最小の原始的な多項式を $t(x) \in R[x]$ とするとき，$\mathrm{lcm}(\mathrm{cont}(f), \mathrm{cont}(g)) \cdot t(x)$ を，$f(x)$ と $g(x)$ の**最小公倍因子** (LCM) といい，$\mathrm{lcm}(f, g)$ で表す． ◁

例題 3-10 次の $f(x), g(x) \in \mathbb{Z}[x]$ の最大公約因子と最小公倍因子を考える．
$$f(x) = 6x^2 - 6, \quad g(x) = 8x^2 + 12x + 4$$
$\mathrm{pp}(f) = x^2 - 1 = (x+1)(x-1),\ \mathrm{pp}(g) = 2x^2 + 3x + 1 = (x+1)(2x+1)$ であり，$\gcd(\mathrm{cont}(f), \mathrm{cont}(g)) = \gcd(6, 4) = 2$ となるので，$\gcd(f, g) = 2(x+1)$ である．一方，$\mathrm{lcm}(\mathrm{cont}(f), \mathrm{cont}(g)) = \mathrm{lcm}(6, 4) = 12$ となるので，$\mathrm{lcm}(f, g) = 12(x+1)(x-1)(2x+1)$ である． ◁

定理 3-11 R を体 K 上の 1 変数多項式環 $K[x]$ とする．このとき，アルゴリズム 3-1 の K 上の計算量は，a と b の x に関する次数をそれぞれ m と $n(m \geq n)$ とすれば，$O(mn)$ である． ◁

証明 $\mathrm{rem}(r_{i-1}, r_i)$ の計算量は r_i の x に関する次数を n_i とすれば，$(n_i + 1)$ 回の掛け算と引き算を最大で $(n_{i-1} - n_i + 1)$ 回必要とするため，都合 $(n_{i-1} - n_i + 1)(n_i + 1)$ 回の演算が必要となるので，$O(n_i(n_{i-1} - n_i))$ である．

while 文による繰り返しは，最大で $(n+1)$ 回であり，すべての演算回数は次のように計算できる．

$$\begin{aligned}
\sum_{i=2}^{n+2}(n_{i-1} - n_i + 1)(n_i + 1) &\leq \sum_{i=2}^{n+2}(n_{i-1} - n_i + 1)(n + 1) \\
&= (n+1)\sum_{i=2}^{n+2}(n_{i-1} - n_i + 1) \\
&= (n+1)(n_1 - n_{n+2} + n + 1) \\
&\leq (n+1)(m + n + 1)
\end{aligned}$$

以上により，$O((n+1)(m+n+1)) = O(mn)$ が得られる． □

商体を導入することで最大公約因子の計算は可能となったが，計算機上における処理を考えると，$\mathbb{Z}$（整数）と $\mathbb{Q}$（有理数）の演算は異なるため，通分や約分を必要とする有理数演算を導入せずに，必要最低限度の整数演算のみで行いたい場合もある．そこで以下では，$R[x]$ を $K[x]$ に埋め込まず，$R[x]$ の演算のみで最大共通因子を計算する方法（すなわち，$R = \mathbb{Z}$ であれば，有理数演算を必要としない方法）を述べる．

定義 3-12（擬除算） $f(x), g(x) \in R[x]$, $g(x) \neq 0$ に対して，$\tilde{f}(x) = \mathrm{lc}(g)^{\deg(f)-\deg(g)+1} f(x)$ と置く．このとき，$\tilde{f}(x)$ の $g(x)$ による除算を $f(x)$ の $g(x)$ による**擬除算** (pseudo-division) という．この擬除算による商と剰余を，$f(x)$ の $g(x)$ による**擬商** (pseudo-quotient) と**擬剰余** (pseudo-remainder) といい，それぞれ $\mathrm{pquo}(f,g)$ と $\mathrm{prem}(f,g)$ で表す．なお，$\deg(f) < \deg(g)$ の場合は $\tilde{f}(x) = f(x)$ とする． ◁

補題 3-13 任意の $f(x), g(x) \in R[x]$, $g(x) \neq 0$ に対して，その擬商と擬剰余は $R[x]$ の要素である．すなわち，$\mathrm{pquo}(f,g), \mathrm{prem}(f,g) \in R[x]$ が成立する． ◁

この補題[3]により，剰余計算を擬剰余計算に置き換えることで，演算を $R[x]$ に留められる可能性が出たが，実際に，ユークリッドの互除法で最大共通因子を求める際の除算を，擬除算に変更しても類似の性質を満たす．

定理 3-14 任意の $f(x), g(x) \in R[x]$, $g(x) \neq 0$ に対して，$f(x)$ と $g(x)$ が原始的ならば，$\gcd(f, g) = \gcd(g, \mathrm{prem}(f, g))$ が成立する． ◁

証明 $\mathrm{prem}(f,g)$ の定義より，$\alpha \in R$, $q(x) \in R[x]$ が存在し，$\mathrm{prem}(f,g) = \alpha \cdot f(x) - q(x)g(x)$ と書けるので，$f(x), g(x)$ の共通因子は $g(x), \mathrm{prem}(f,g)$ の共通因子である．同様に，$\alpha \cdot f(x) = q(x)g(x) + \mathrm{prem}(f,g)$ と書けるので，$g(x), \mathrm{prem}(f,g)$ の共通因子は $\alpha \cdot f(x), g(x)$ の共通因子である．ここで，$f(x), g(x)$ が原始的であることと，ガウスの補題（補題 A-45）により，$\alpha \cdot f(x), g(x)$ の共通因子は原始的であり，$f(x), g(x)$ の共通因子となる．よって，共通因子が一致するため，その最大公約因子も等しい． □

---

[3] 除算の手続きを定めれば，数学的帰納法で証明できるが，その証明は読者に委ねる．

以上の定義と定理に基づき，一意分解整域かつユークリッド整域上の多項式環における最大共通因子の計算を，ユークリッドの互除法により表したものがアルゴリズム 3-2 である．

アルゴリズム 3-2 （ユークリッドの互除法）

入力： $f(x), g(x) \in R[x] \setminus \{0\}$ （R は一意分解整域かつユークリッド整域）
出力： $\gcd(f, g) \in R[x]$
1: $f_1(x) := \mathrm{pp}(f);\ f_2(x) := \mathrm{pp}(g);\ i := 1;$
2: **while** $f_{i+1}(x) \neq 0$ **do**
3:     $i := i + 1;$
4:     $f_{i+1}(x) := \mathrm{prem}(f_{i-1}, f_i);$
5: **end while**
6: $\alpha := \gcd(\mathrm{cont}(f), \mathrm{cont}(g));$ （アルゴリズム 3-1 より）
7: **return** $\alpha \cdot \mathrm{pp}(f_i);$

定理 3-15 アルゴリズム 3-2 は正当性と停止性を有し，その R 上の計算量は，$f(x)$ と $g(x)$ の次数をそれぞれ m と $n\ (m \geq n)$ とすれば，$O(mn)$ である．◁

証明 停止性は定理 3-7 と同様に，正当性も定理 3-14 とガウスの補題から同様に証明されるため，計算量が $O(mn)$ となることを示す．なお，簡単のため，$n_i = \deg(f_i)$ と表記する．定理 3-11 の証明と異なり，$\mathrm{prem}(f_{i-1}, f_i)$ の計算では，$\mathrm{rem}(r_{i-1}, r_i)$ の計算に比べて，主係数の冪を掛け合わせるために $(2n_{i-1} - n_i + 1)$ 回の掛け算が増えるが，その計算量は都合 $O(mn)$ となる．よって，定理 3-11 と同じく，全体の計算量は変わらず $O(mn)$ を得る． □

3.2.4 多項式剰余列と係数膨張

ここでは，剰余列と，最大公約因子の計算を困難にする一因となる係数膨張や中間式膨張をとりあげる．この抜本的な解決策は，3.4 節で触れる．

定義 3-16（多項式剰余列） ユークリッドの互除法により生成される剰余の列を**剰余列**という．特に，多項式環の場合，**多項式剰余列** (polynomial remainder sequence, PRS) という．このとき，アルゴリズム 3-1 により生成される剰余列 $\{r_1,$

$r_2, \ldots, r_k, r_{k+1} = 0\}$ を，a, b で生成される剰余列といい，アルゴリズム 3-2 により生成される剰余列 $\{f_1(x), f_2(x), \ldots, f_k(x), f_{k+1}(x) = 0\}$ を，$f(x)$, $g(x)$ で生成される多項式剰余列という．なお，最後の 0 を剰余列に含めない場合や，本書では区別しないが，擬除算の場合には**多項式擬剰余列** (polynomial pseudo-remainder sequence, PPRS) という場合もある． ◁

多項式剰余列の例として，$\mathbb{Z}[x]$ の次の多項式が生成するものを考える．
$$f(x) = x^8 + x^6 - 3x^4 + 4x^3 - 5x^2 + 4x - 3$$
$$g(x) = 3x^6 - 2x^4 - 5x^2 + 7x - 13$$

アルゴリズム 3-2 により，$f_i(x)$ を計算していくと次のような結果となり，$f(x)$ と $g(x)$ は互いに素 $(\gcd(f, g) = 1)$ であることがわかる．

$$f_1(x) = x^8 + x^6 - 3x^4 + 4x^3 - 5x^2 + 4x - 3$$
$$f_2(x) = 3x^6 - 2x^4 - 5x^2 + 7x - 13$$
$$f_3(x) = -6x^4 + 45x^3 + 57x^2 + 3x + 114$$
$$f_4(x) = -362799x^3 - 414315x^2 - 114939x - 798498$$
$$f_5(x) = -41313514752x^2 - 29179653840x - 16185567096$$
$$f_6(x) = 23697532118647451827 2413952x$$
$$\qquad - 125718238504133628 5753695872$$
$$f_7(x) = -7489849721773343484495139719822$$
$$\qquad\qquad 9286580377718244490173410193702912$$
$$f_8(x) = 0$$

この例のように，係数のサイズが指数関数的に増大することを**係数膨張**（式であれば，数式膨張），計算の結果得られる式に比べて計算途中の中間式のサイズが増大することを**中間式膨張** (intermediate expression swell) という．係数膨張は，R 上（この例では $\mathbb{Z}$ 上）の計算量に影響を及ぼすことはないが，R 上の一つの演算それぞれの計算量はそのサイズ（桁数）に影響を受ける（定理 2-9 などを参照）ため，計算機上での処理は遅くなってしまう．

アルゴリズム 3-2 において係数膨張が生じる一因は，擬除算における定数倍が

挙げられる．そのため，アルゴリズム 3-3 のように擬除算のたびに原始的部分を取り出せば，係数膨張の発生をある程度抑えることができる．実際，前述の多項式から生成される多項式剰余列は次のように変化する．

$$f_1(x) = x^8 + x^6 - 3x^4 + 4x^3 - 5x^2 + 4x - 3$$

$$f_2(x) = 3x^6 - 2x^4 - 5x^2 + 7x - 13$$

$$f_3(x) = -2x^4 + 15x^3 + 19x^2 + x + 38$$

$$f_4(x) = -1493x^3 - 1705x^2 - 473x - 3286$$

$$f_5(x) = -29152x^2 - 20590x - 11421$$

$$f_6(x) = 108918x - 577823$$

$$f_7(x) = -1$$

$$f_8(x) = 0$$

なお，アルゴリズム 3-3 の正当性に関する証明は各自で確認して欲しい．

アルゴリズム 3-3 （ユークリッドの互除法）

入力： $f(x), g(x) \in R[x] \setminus \{0\}$ （R は一意分解整域かつユークリッド整域）

出力： $\gcd(f, g) \in R[x]$

1: $f_1(x) := \mathrm{pp}(f);\ f_2(x) := \mathrm{pp}(g);\ i := 1;$
2: **while** $f_{i+1}(x) \neq 0$ **do**
3:     $i := i + 1;$
4:     $f_{i+1}(x) := \mathrm{pp}(\mathrm{prem}(f_{i-1}, f_i));$
5: **end while**
6: $\alpha := \gcd(\mathrm{cont}(f), \mathrm{cont}(g));$ （アルゴリズム 3-1 より）
7: **return** $\alpha \cdot f_i(x);$

そのほか，係数膨張を避けるには，同様に係因数が大きくならないよう取り除く方法として，コリンズ (Collins) の方法（参考文献 [9]）や部分終結式による方法（参考文献 [9]），ルース (Loos) による方法（参考文献 [37]）などがよく知られている（詳細は第 4 章で解説）．

3.2.5 整数係数多項式の最大公約因子計算の実際

ここでは実際に整数係数多項式の最大公約因子を，前項までに導いたアルゴリズムで計算する．次の $f(x), g(x) \in \mathbb{Z}[x]$ を考える．

$$f(x) = x^4 + x^3 + 2x^2 + 5x + 3, \quad g(x) = 2x^3 + 2x^2 + x + 1$$

まず，扱う係数を $\mathbb{Z}$ の商体である $\mathbb{Q}$ に拡大し，$\mathbb{Q}[x]$ における最大公約因子をアルゴリズム 3-1 で求め，結果から $\mathbb{Z}[x]$ における最大公約因子を求める．

$$r_1 := x^4 + x^3 + 2x^2 + 5x + 3$$
$$r_2 := 2x^3 + 2x^2 + x + 1$$
$$r_3 := \mathrm{rem}(r_1, r_2) = \frac{3}{2}x^2 + \frac{9}{2}x + 3$$
$$r_4 := \mathrm{rem}(r_2, r_3) = 9x + 9$$
$$r_5 := \mathrm{rem}(r_3, r_4) = 0$$

結果，$\mathbb{Q}[x]$ での最大公約因子が $9x + 9$ と求まり，この原始的部分を求めることで，$\mathbb{Z}[x]$ における $\gcd(f, g) = x + 1$ が得られる．

次に，$\mathbb{Z}$ の演算のみを使うアルゴリズム 3-2 で求める．

$$f_1(x) := x^4 + x^3 + 2x^2 + 5x + 3$$
$$f_2(x) := 2x^3 + 2x^2 + x + 1$$
$$f_3(x) := \mathrm{prem}(f_1, f_2) = \mathrm{rem}(2^2 \cdot f_1, f_2) = 6x^2 + 18x + 12$$
$$f_4(x) := \mathrm{prem}(f_2, f_3) = \mathrm{rem}(6^2 \cdot f_2, f_3) = 324x + 324$$
$$f_5(x) := \mathrm{prem}(f_3, f_4) = \mathrm{rem}(324^2 \cdot f_3, f_4) = 0$$
$$\mathrm{pp}(f_4) = x + 1$$

結果，多少途中の式の係数が大きくなるが，$\gcd(f, g) = x + 1$ が得られた．

最後に，$\mathbb{Z}$ の演算のみを使いつつ，係数の膨張を抑えながら計算を行うアルゴリズム 3-3 で求める．

$$f_1(x) := x^4 + x^3 + 2x^2 + 5x + 3$$

$$f_2(x) := 2x^3 + 2x^2 + x + 1$$

$$f_3(x) := \mathrm{pp}(\mathrm{prem}(f_1, f_2)) = \mathrm{pp}(\mathrm{rem}(2^2 \cdot f_1, f_2))$$
$$= \mathrm{pp}(6x^2 + 18x + 12) = x^2 + 3x + 2$$

$$f_4(x) := \mathrm{pp}(\mathrm{prem}(f_2, f_3)) = \mathrm{pp}(\mathrm{rem}(1^2 \cdot f_2, f_3)) = \mathrm{pp}(9x + 9) = x + 1$$

$$f_5(x) := \mathrm{pp}(\mathrm{prem}(f_3, f_4)) = \mathrm{pp}(\mathrm{rem}(1^2 \cdot f_3, f_4)) = 0$$

結果,係数膨張を防ぎながら,$\gcd(f, g) = x + 1$ を得ることができた.

演習問題

1. 多項式の除算(商と剰余を求める)の手続きを定め,補題 3-13 を数学的帰納法で証明せよ.

2. アルゴリズム 3-3 の正当性を証明せよ.

3. アルゴリズム 3-3 の R 上の計算量が,$f(x)$ と $g(x)$ の次数の上限を m とすれば,$O(m^2)$ であることを示せ.

3.3 拡張ユークリッドの互除法

ユークリッドの互除法は単に最大公約因子を求めるだけの方法ではない.次に述べる拡張ユークリッドの互除法が応用上,非常に重要である.3.2 節と同様に K は R の商体とする.

定理 3-17(拡張ユークリッドの互除法) $f_1(x), f_2(x) \in R[x]$ ($\deg(f_1) \geq \deg(f_2)$) が生成する多項式剰余列 $\{f_1(x), f_2(x), \ldots, f_k(x), f_{k+1}(x) = 0\}$ に対し,次を満たす $s_i(x), t_i(x) \in R[x]$ ($3 \leq i \leq k$) が一意に存在する.

$$\begin{cases} f_i(x) = s_i(x) f_1(x) + t_i(x) f_2(x) \\ \deg(s_i) < \deg(f_2) - \deg(f_i) \\ \deg(t_i) < \deg(f_1) - \deg(f_i) \end{cases} \quad (3.1)$$

また,$f_1(x), f_2(x) \in K[x]$ の場合は,$s_i(x), t_i(x) \in K[x]$ となる. ◁

証明 はじめに存在性を証明する．多項式剰余列の生成方法により，次式を満たす $\alpha_{i-1} \in R$ と $q_{i-1}(x) \in K[x]$ が存在する（$R[x]$ の多項式剰余列の場合は $q_{i-1}(x) \in R[x]$ となり，$K[x]$ の場合は $\alpha_{i-1} = 1$ である）．

$$f_i(x) = \alpha_{i-1} \cdot f_{i-2}(x) - q_{i-1}(x) f_{i-1}(x) \quad (i \geq 3)$$

この3項間漸化式を用いて，$f_i(x)$ の右辺から $f_{i-1}(x)$ を消去すると，

$$f_i(x) = -\alpha_{i-2} \cdot q_{i-1}(x) f_{i-3}(x) + (\alpha_{i-1} + q_{i-1}(x) q_{i-2}(x)) f_{i-2}(x)$$

この操作を繰り返すことによって，$f_i(x)$ は $f_1(x)$ と $f_2(x)$ を用いて表すことができるため，$f_1(x)$ と $f_2(x)$ に掛け合わされる部分を $s_i(x)$ と $t_i(x)$ と置くことで，次を得る．

$$\begin{cases} f_i(x) = s_i(x) f_1(x) + t_i(x) f_2(x) \\ \deg(s_i) = \begin{cases} \deg(q_{i-1} q_{i-2} \cdots q_3) = \deg(f_2) - \deg(f_{i-1}) & (i > 3) \\ \deg(\alpha_2) = 0 & (i = 3) \end{cases} \\ \deg(t_i) = \deg(q_{i-1} q_{i-2} \cdots q_3 q_2) = \deg(f_1) - \deg(f_{i-1}) \end{cases}$$

多項式剰余列に現れる多項式は剰余であり，$\deg(f_i) > \deg(f_{i-1})$ $(i \geq 3)$ を満たすため，式 (3.1) の次数条件を満たすことがわかる．

次に一意性を示す．$s_i(x), t_i(x)$ のほかに，式 (3.1) を満たす $s_i'(x), t_i'(x)$ が存在したと仮定する．このとき，$(s_i(x) - s_i'(x)) f_1(x) = (t_i'(x) - t_i(x)) f_2(x)$ が成立している．$f_1(x)$ と $f_2(x)$ の最大公約因子を考えることで，互いに素な多項式 $\tilde{f}_1(x)$, $\tilde{f}_2(x)$ が存在し，次のように変形できる．

$$f_1(x) = \tilde{f}_1(x) \gcd(f_1, f_2)$$
$$f_2(x) = \tilde{f}_2(x) \gcd(f_1, f_2)$$
$$(s_i(x) - s_i'(x)) \tilde{f}_1(x) = (t_i'(x) - t_i(x)) \tilde{f}_2(x)$$

$\tilde{f}_1(x)$ と $\tilde{f}_2(x)$ は互いに素な多項式なので，

$$\tilde{f}_1(x) \mid (t_i'(x) - t_i(x)), \quad \tilde{f}_2(x) \mid (s_i(x) - s_i'(x))$$

となるが，$\deg(t_i' - t_i) < \deg(f_1) - \deg(f_i) \leq \deg(f_1) - \deg(\gcd(f_1, f_2))$ であり，多項式がそれより次数が低い多項式を割り切ることとなり矛盾する．したがって，$t_i(x) = t_i'(x)$ かつ $s_i(x) = s_i'(x)$ となり一意である． $\square$

この定理の条件を満たす $f_i(x), s_i(x), t_i(x)$ を計算するアルゴリズム 3-4 を**拡張ユークリッドの互除法** (extended Euclidean algorithm) といい，アルゴリズム 3-1, 3-2, 3-3 などの拡張となっている．なお，$R[x]$ での計算の場合は擬除算を用いることと，定理の証明に現れた $\alpha_i \in R$ についても考慮することを除けば，同様のアルゴリズムで計算することが可能である．

アルゴリズム 3-4　（拡張ユークリッドの互除法）

入力：$f(x), g(x) \in K[x] \setminus \{0\}$

出力：定理 3-17 を満たす $f_i(x), s_i(x), t_i(x) \in K[x]$ の各列

1: $f_1(x) := f(x);\ f_2(x) := g(x);\ i := 1;$
2: $s_1(x) := 1;\ t_1(x) := 0;\ s_2(x) := 0;\ t_2(x) := 1;$
3: **while** $f_{i+1}(x) \neq 0$ **do**
4:     $i := i + 1;$
5:     $q_i(x) := \mathrm{quo}(f_{i-1}, f_i);\ f_{i+1}(x) := f_{i-1}(x) - q_i(x)f_i(x);$
6:     $s_{i+1}(x) := s_{i-1}(x) - q_i(x)s_i(x);\ t_{i+1}(x) := t_{i-1}(x) - q_i(x)t_i(x);$
7: **end while**
8: **return** $\{f_1(x), f_2(x), \ldots, f_i(x)\}, \{s_1(x), s_2(x), \ldots, s_i(x)\},$
$\{t_1(x), t_2(x), \ldots, t_i(x)\};$

（剰余列最後尾の 0 も対象ならば，$f_{i+1}(x), s_{i+1}(x), t_{i+1}(x)$ も含める）

注意 3-18　定理 3-17 において，多項式剰余列の最後尾で 0 となっている $f_{k+1}(x)$ が除外されているのは，次数が未定義（$\deg(f_{k+1}) = \deg(0)$ となるため）という形式的な理由ではなく，次章で扱う最大公約因子に関する重要な性質を表している．形式的に $\deg(0) = -\infty$ とした場合，条件を満たす多項式 $s_{k+1}(x), t_{k+1}(x)$ は常に存在するが，$\deg(0) = 0$ とした場合は，条件を満たす多項式 $s_{k+1}(x), t_{k+1}(x)$ が存在することと，$f_1(x), f_2(x)$ が自明でない共通因子を持つことは同値である（補題 4-8）． ◁

また，定理 3-17 の系として，重要な基礎演算を支える次の性質が得られる．

系 3-19　互いに素な多項式を $f(x), g(x) \in K[x]$ とする．このとき，次を満たす $s(x), t(x) \in K[x]$ が一意に存在する．

$$s(x)f(x) + t(x)g(x) = 1, \quad \deg(s) < \deg(g),\ \deg(t) < \deg(f)$$

◁

基礎演算の具体例としては，既約な多項式 $f(x) \in K[x]$ を生成元とする $K[x]$ のイデアル $\langle f \rangle$ による $K[x]$ の剰余環 $K[x]/\langle f \rangle$ における逆元計算があげられる．$K[x]/\langle f \rangle$ において，$\deg(g) < \deg(f)$ を満たす代表元 $g(x) \in K[x]$ を持つ剰余類を $[g]$ と表すとする．このとき，系 3-19 により，$s(x)f(x)+t(x)g(x) = 1$ を満たす $s(x)$, $t(x) \in K[x]$ が存在する．両辺でイデアル $\langle f \rangle$ による剰余類（$[\cdot]$ で表す）を考えることで，$[t][g] = [1]$ を得る．すなわち，$t(x)$ が剰余類 $[g]$ の逆元の代表元としてとれることがわかる．

注意 3-20 アルゴリズム 3-4 は前述の通り，$f(x), g(x) \in R[x]$ に対して，$f_i(x)$, $s_i(x), t_i(x) \in R[x]$ となる定理 3-4 の条件を満たす多項式を求めるように修正可能である．しかしながら，系 3-19 については，$R[x]$ に対して成立しないことに注意が必要である．例えば，$f(x) = x^3 + 1$, $g(x) = x^2 + 1 \in \mathbb{Z}[x]$ に対し，拡張ユークリッドの互除法を用いることで，

$$(x+1)(x^3+1) + (-x^2-x+1)(x^2+1) = 2$$

を得るため，$s(x)(x^3+1)+t(x)(x^2+1) = 1$ を満たす多項式 $s(x), t(x)$ は，$\mathbb{Z}[x]$ ではなく $\mathbb{Q}[x]$ に存在することがわかる．　　　　　　　　　　　　　　　　　　$\triangleleft$

演習問題

1. $f_1(x) = 6x^4 - 18x^3 + 6x - 18$, $f_2(x) = 6x^3 - 18x^2 - 3x + 9 \in \mathbb{Z}[x]$ としたとき，$f_1(x)$ と $f_2(x)$ の最大公約因子 $g(x) \in \mathbb{Z}[x]$ を求めよ．

2. $f(x) = x^3 - 2x + 4$, $g(x) = x^2 + x + 2 \in \mathbb{Q}[x]$ とする．剰余環 $\mathbb{Q}[x]/\langle f \rangle$ での $g(x)$ の逆元を，拡張ユークリッド互除法を用いて求めよ（すなわち，$\mathbb{Q}[x]/\langle f \rangle$ において，$t(x) \cdot g(x) = 1$ となる $t(x)$ を求めよ）．

3.4 モジュラー法による効率化

3.2.4 項で示したように，$\mathbb{Z}$ やユークリッド整域 R 上の多項式環で擬除算を用いると係数膨張が発生しやすく，仮に $\mathbb{Q}$ や R の商体 K 上の演算を経由したところで，その表現が大きくなることは避けられない．ここでは，これらの係数膨張を回避するモジュラー法と呼ばれる方法を紹介する．

モジュラー法の考え方は，係数環 R から有限体 $\mathbb{F}_p$ への標準全射 φ_p（剰余

類による類別を行う準同型写像）を考えることにより，R 上の計算に代え，$\mathbb{F}_p$ 上の計算を使用し，係数膨張を回避しようとするものである．例えば，$f(x)$, $g(x) \in \mathbb{Z}[x]$ の最大公約因子の計算の際に，十分大きな素数 $p \in \mathbb{Z}$ をとり，$\gcd(f,g) \in \mathbb{Z}[x]$ の計算に代え，$\gcd([f],[g]) \in \mathbb{Z}/p\mathbb{Z}[x]$ をまず計算する（ここで，$[f]$ は $f(x)$ を代表元とする剰余類で，$[f] = \varphi_p(f)$）．しかしながら，標準全射に過ぎないため，得られた結果の逆像が本来の最大公約因子であるかの保証はできない（逆像はそもそも 1 つに定まらない）．そのため，標準全射や逆像計算などの方法を工夫する必要があり，いくつもの方法が提案されている．ここでは，p 進展開を行うヘンゼル構成に基づく方法と，複数の有限体への像を組み合わせる中国剰余定理に基づく方法を紹介するが，ほかにも，十分大きな位数の有限体を利用する方法などもある．

例題 3-21（逆像が最大公約因子と限らないケース） $f(x) = 7x^3 + 7x^2 - 98x - 168$, $g(x) = 2x^3 + 9x^2 + 13x + 6 \in \mathbb{Z}[x]$ の最大公約因子は $\gcd(f,g) = x+2$ であるが，$\mathbb{Z}/5\mathbb{Z}[x]$ への標準全射を考えると，$\mathbb{Z}/5\mathbb{Z}[x]$ においては $\gcd([f],[g]) = [x^2 + 3x + 2]$ となる．これは，$\mathbb{Z}[x]$ において，$\gcd(f,g) \equiv x^2 + 3x + 2 \pmod{5}$ という関係式を表している．また，$\mathbb{Z}/7\mathbb{Z}[x]$ への標準全射を考えると，$f(x)$ はその核に含まれるため，情報が欠落し $\gcd([f],[g]) = [g]$ となってしまう．そのため，実際の計算においては得られた逆像が最大公約因子であるかを，実際に除算などを行い（**試し割り** (trial-division))，確認する必要がある． ◁

3.4.1 十分に大きな素数の見積もり

逆像が最大公約因子と限らないケースを解決するには，十分に大きな位数を持つ有限体への標準全射を用いることがあげられる．すなわち，$\mathbb{Z}[x]$ から $\mathbb{Z}/p\mathbb{Z}[x]$ への標準全射の場合は，素数 p を十分大きくとることが考えられる．問題はどの程度の大きさならば十分か，である．ここでは，第 1 章で導入済みの記法である多項式ノルム（大きさを測る指標）を改めて定義し，それにより素数の大きさの十分条件を検討する．

定義 3-22（多項式ノルム） 多項式 $f(x) = \sum_{i=0}^{m} a_i x^i$, $a_i \in \mathbb{C}$ に対し，$\|f\|_p = (\sum_{i=0}^{m} |a_i|^p)^{1/p}$ を多項式の p-**ノルム**という．p は $1, 2, \infty$ がよく使われ，$p = 2$ をユークリッドノルム，$p = \infty$ を無限大ノルムや最大値ノルムともいう（$p = \infty$

の場合は極限を求める). ◁

最大公約因子が逆像として適切に求まらないのは，標準全射で写る先の有限体上の多項式環 $\mathbb{Z}/p\mathbb{Z}[x]$ において，最大公約因子がその代表元として取り出されない要因が大きい．すなわち，素数 p を，最大公約因子の係数よりも十分大きくとることで，少なくとも代表元として取り出されることは保証したい．そのためには，最大公約因子の係数の大きさを見積もる必要がある．

定理 3-23（ランダウ・ミグノットの上界） $f(x), h(x) \in \mathbb{Z}[x]$ が，$h(x) \mid f(x)$ を満たすならば，次が成り立つ．

$$\|h\|_1 \leq L_{f,h}, \quad L_{f,h} = 2^{\deg(h)} \cdot \left|\frac{\mathrm{lc}(h)}{\mathrm{lc}(f)}\right| \cdot \|f\|_2$$

ここで，$\mathrm{lc}(f)$ は多項式 $f(x)$ の主係数である．この $L_{f,h}$ を**ランダウ・ミグノット (Landau-Mignotte) の上界**という． ◁

系 3-24（ミグノットの上界） $f(x), h(x) \in \mathbb{Z}[x]$ が，$h(x) \mid f(x)$ を満たすならば，次が成り立つ．

$$\|h\|_\infty \leq M_f, \quad M_f = 2^{\deg(f)-1} \|f\|_2$$

この M_f を**ミグノットの上界**という． ◁

これらの上界から，同時に複数多項式の因子となっている最大公約因子の特性から，その係数上界は，次のように見積もることができる．

系 3-25 $f(x), g(x), h(x) \in \mathbb{Z}[x]$ が，$h(x) \mid f(x)$ かつ $h(x) \mid g(x)$ を満たすならば，$\|h\|_\infty \leq M_{f,g}$ が成り立つ．ここで，$M_{f,g}$ は次式で定める．

$$M_{f,g} = 2^{\min\{\deg(f), \deg(g)\}} \gcd(\mathrm{lc}(f), \mathrm{lc}(g)) \cdot \min\left\{\frac{\|f\|_2}{|\mathrm{lc}(f)|}, \frac{\|g\|_2}{|\mathrm{lc}(g)|}\right\}$$

◁

ここまで，共通因子の係数の「絶対値」に関する議論であったことに気づいただろうか．合同式（有限体 $\mathbb{Z}/p\mathbb{Z}$ など）では，代表元のとり方が一意でないため，すべて非負にとることも，0 を中心に対称にとることも可能である．実際，法が 11 の場合，下記に記すように主な代表系のとり方だけでも 2 通りある．

		0 +1 +2 +3 +4 +5 +6 +7 +8 +9 +10
非負 →		
対称 →		−5 −4 −3 −2 −1 0 +1 +2 +3 +4 +5

逆像となる最大公約因子の係数の符号は不明なため，上側の代表系でなく，下側の対称な代表系を採用しなければならない．このとき，係数上界が表しているのは絶対値の上界であり，この例における ± 5 に対応している．すなわち，上界が 5 の符号を区別しようとするならば，その 2 倍である 10 を越えるところまでが必要となってくる．また，結果の係数は任意の代表系で十分でなく，絶対値が法の半分を越えないように正規化（0 を中心とする対称な代表系への変換を）する必要がある．

例えば，与えられたモニックな多項式 $f(x), g(x)$ に対して，その係数上界が $M_{f,g} = 15$ の場合に，$p = 17$ と設定したとする．有限体 $\mathbb{Z}/17\mathbb{Z}$ 上でのモニックな最大公約因子として，$h(x) = [1]x^3 + [3]x + [10]$ が得られたとき，実際の $\mathbb{Z}$ 上の最大公約因子が $x^3 + 3x + 10$ なのか，$x^3 - 14x + 10$ なのか，$x^3 - 14x - 7$ なのか，は判断できない．したがって，この場合は係数上界の 2 倍を越える $p = 31$ や，それより大きな素数を選択することになる．

3.4.2 ヘンゼルの補題を用いる方法（ヘンゼル構成）

前項にて p の大きさが十分でないため，最大公約因子が得られないケースを述べた．

一方，p が小さく計算機にはじめから備わる整数演算で計算が可能であれば，より計算コストの高い多倍長整数演算などを避けることができ，有限体上の計算が効率化できるメリットがある．そこで，小さい素数 p を用いて $\mathbb{Z}/p\mathbb{Z}$ 上で計算した結果から，係数上界の 2 倍を位数が越える $\mathbb{Z}/p^{d+1}\mathbb{Z}$ 上などの結果を得る方法（リフティング）として知られるヘンゼル (Hensel) の補題を紹介する．

補題 3-26（ヘンゼルの補題） 素数 p と多項式 $f(x), g_0(x), h_0(x) \in \mathbb{Z}[x]$ は次式を満たすとする．

$$f(x) \equiv \mathrm{lc}(f) g_0(x) h_0(x) \pmod{p},$$

$$p \nmid \mathrm{lc}(f), \ \deg(f) = \deg(g_0) + \deg(h_0), \ \gcd(g_0, h_0) \equiv 1 \pmod{p}$$

このとき，$\forall d \in \mathbb{N}$ に対して，次式を満たす $g_d(x), h_d(x) \in \mathbb{Z}[x]$ が存在する．

$$f(x) \equiv \mathrm{lc}(f)g_d(x)h_d(x) \pmod{p^{d+1}},$$
$$\deg(g_d) = \deg(g_0), \ \ g_d(x) \equiv g_0(x) \pmod{p},$$
$$\deg(h_d) = \deg(h_0), \ \ h_d(x) \equiv h_0(x) \pmod{p}$$

◁

証明 数学的帰納法により証明する．補題の主張では $d \in \mathbb{N}$ となっているが，$d = 0$ のときも補題の条件より，直ちに補題が正しいことが確認できる．そこで，$d = 0, 1, \ldots, k$ まで補題が正しいと仮定して，$d = k+1$ に対しても補題の条件を満たす多項式が存在することを示していく．

未知の多項式 $s_{k+1}(x), t_{k+1}(x) \in \mathbb{Z}[x]$ を用いて，$g_{k+1}(x), h_{k+1}(x)$ を次のように表す．

$$g_{k+1}(x) = g_k(x) + p^{k+1}t_{k+1}(x), \quad h_{k+1}(x) = h_k(x) + p^{k+1}s_{k+1}(x)$$

帰納法の仮定より，$g_k(x), h_k(x)$ は補題の条件を満たすため，$g_{k+1}(x) \equiv g_k(x) \equiv g_0(x) \pmod{p}$, $h_{k+1}(x) \equiv h_k(x) \equiv h_0(x) \pmod{p}$ がわかる．以下では，残りの条件である $f(x) \equiv \mathrm{lc}(f)g_{k+1}(x)h_{k+1}(x) \pmod{p^{k+2}}$ を満たす $s_{k+1}(x)$ と $t_{k+1}(x)$ の存在を示すことで証明を行う．

仮定より，$\mathrm{lc}(f)g_k(x)h_k(x) \equiv f(x) \pmod{p^{k+1}}$ なので，次数条件にも着目することで，次式を満たす多項式 $\Delta_{k+1}(x) \in \mathbb{Z}[x]$ の存在がわかる．

$$f(x) - \mathrm{lc}(f)g_k(x)h_k(x) = p^{k+1}\Delta_{k+1}(x), \quad \deg(\Delta_{k+1}) \leq \deg(f)$$

補題の仮定より $\gcd(g_0, h_0) \equiv 1 \pmod{p}$ であるので，定理 3-17 や系 3-19 により，次式を満たす多項式 $s_0(x), t_0(x) \in \mathbb{Z}[x]$ が存在する．

$$s_0(x)g_0(x) + t_0(x)h_0(x) \equiv 1 \pmod{p}$$

両辺に $\mathrm{lc}(f)^{-1}\Delta_{k+1}(x)$ を掛け，$h_0(x)$ による $\mathrm{lc}(f)^{-1}\Delta_{k+1}(x)s_0(x)$ の p を法とする商と剰余を $q(x), r(x) \in \mathbb{Z}[x]$ とすれば，次の式変形が可能である．

$\mathrm{lc}(f)^{-1}\Delta_{k+1}(x)$
$\equiv \mathrm{lc}(f)^{-1}\Delta_{k+1}(x)s_0(x)g_0(x) + \mathrm{lc}(f)^{-1}\Delta_{k+1}(x)t_0(x)h_0(x) \pmod{p}$
$\equiv (q(x)h_0(x) + r(x))g_0(x) + \mathrm{lc}(f)^{-1}\Delta_{k+1}(x)t_0(x)h_0(x) \pmod{p}$
$\equiv \underline{r(x)}g_0(x) + \underline{(\mathrm{lc}(f)^{-1}\Delta_{k+1}(x)t_0(x) + q(x)g_0(x))}h_0(x) \pmod{p}$

ここで下線部を，$s_{k+1}(x) = r(x), t_{k+1}(x) = \mathrm{lc}(f)^{-1}\Delta_{k+1}(x)t_0(x) + q(x)g_0(x)$

と置けば，以下のように，$f(x) \equiv \mathrm{lc}(f)g_{k+1}(x)h_{k+1}(x) \pmod{p^{k+2}}$ を満たすことが確認できる．

$$\begin{aligned}
&\mathrm{lc}(f)g_{k+1}(x)h_{k+1}(x) \\
&= \mathrm{lc}(f)\left(g_k(x) + p^{k+1}t_{k+1}(x)\right)\left(h_k(x) + p^{k+1}s_{k+1}(x)\right) \\
&\equiv \mathrm{lc}(f)g_k(x)h_k(x) + p^{k+1}\left(\mathrm{lc}(f)(s_{k+1}(x)g_k(x) + t_{k+1}(x)h_k(x))\right) \\
&\qquad\qquad\qquad\qquad\qquad\qquad\qquad\qquad\qquad\qquad \pmod{p^{k+2}} \\
&\equiv \mathrm{lc}(f)g_k(x)h_k(x) + p^{k+1}\left(\mathrm{lc}(f)(s_{k+1}(x)g_0(x) + t_{k+1}(x)h_0(x))\right) \\
&\qquad\qquad\qquad\qquad\qquad\qquad\qquad\qquad\qquad\qquad \pmod{p^{k+2}} \\
&\equiv \mathrm{lc}(f)g_k(x)h_k(x) + p^{k+1}\left(\mathrm{lc}(f)\mathrm{lc}(f)^{-1}\Delta_{k+1}(x)\right) \pmod{p^{k+2}} \\
&\equiv f(x) \pmod{p^{k+2}}
\end{aligned}$$

また，$\deg(s_{k+1}) < \deg(h_0), \deg(t_{k+1}) \leq \deg(g_0)$ であることから，$g_{k+1}(x)$ と $h_{k+1}(x)$ の次数に関する条件も満たしている． □

補題とその構成的な証明に基づき，補題 3-26 の条件を満たす多項式 $g_d(x), h_d(x) \in \mathbb{Z}[x]$ を求めるものがアルゴリズム 3-5 である．

アルゴリズム 3-5（ヘンゼル構成）

入力： 補題 3-26 の条件を満たす素数 p と $f(x), g_0(x), h_0(x) \in \mathbb{Z}[x], d \in \mathbb{N}$

出力： 補題 3-26 の条件を満たす多項式 $g_d(x), h_d(x) \in \mathbb{Z}[x]$

1: アルゴリズム 3-4 で，$s_0(x)g_0(x) + t_0(x)h_0(x) \equiv 1 \pmod{p}$ を満たす，$s_0(x), t_0(x) \in \mathbb{Z}[x]$ を求める；
2: **for** $k = 1$ **to** d **do**
3:   $f(x) - \mathrm{lc}(f)g_{k-1}(x)h_{k-1}(x) \equiv p^k\Delta_k(x) \pmod{p^{k+1}}$ を満たす，$\Delta_k(x) \in \mathbb{Z}[x]$ を求める；
4:   $s_k(x)g_0(x) + t_k(x)h_0(x) \equiv \mathrm{lc}(f)^{-1}\Delta_k(x) \pmod{p}$ と，$\deg(s_k) < \deg(h_0), \deg(t_k) \leq \deg(g_0)$ を満たす $s_k(x), t_k(x) \in \mathbb{Z}[x]$ を求める；
5:   $g_k(x) := g_{k-1}(x) + p^k t_k(x); h_k(x) := h_{k-1}(x) + p^k s_k(x);$
6: **end for**
7: **return** $g_d(x), h_d(x);$

定理 3-27 アルゴリズム 3-5 は正当性と停止性を有し，その整数環上の計算量は，$O(dm^2)$ である．ただし，$m = \deg(f)$ とする． ◁

証明 正当性と停止性は，補題 3-26 およびその証明により明らかである．以下では，その計算量が $O(dm^2)$ となることを証明する．

第 1 行の計算量は，$g_0(x)$ と $h_0(x)$ の次数が $f(x)$ の次数以下であることから，定理 3-7 より $O(m^2)$ で抑えられる（拡張ユークリッドの互除法の計算量は，ユークリッドの互除法と同じオーダーである）．第 2 行の **for** 文では，高々 m 次の多項式の乗算と除算を各 1 度，加減算を何度か行うため，d 回の繰り返しに要する計算量は，$O(dm^2)$ で抑えられる．したがって，計算量は $O(dm^2)$ となる． □

なお，補題 3-26 は条件を満たす多項式 $g_d(x), h_d(x)$ の存在性を保証しているだけで，アルゴリズム 3-5 で求まる $g_d(x), h_d(x)$ が補題条件を満たす唯一の多項式とは限らない．具体的には，主係数が固定されていない場合，次の例のように単元倍の不定性が存在する．

$$x^2 + 13x + 42 \equiv (x+6)(x+7) \equiv (7x+42)(18x+1) \pmod{5^3}$$

この不定性は主係数問題と呼ばれ，因子を持つ多項式がモニックでない場合，因子の主係数を決定し辛い状況を引き起こすため，注意が必要である．

一般には，アルゴリズム 3-6 のように因子自体をモニックで構成し，p^{d+1} を法として $f(x)$ の主係数を掛け，その $\mathbb{Z}$ 上の原始的部分を求めることで回避する（第 6 章の因数分解も，同様の方法で主係数問題を回避している）．

注意 3-28 本書では，$f(x) \equiv g_{k-1}(x)h_{k-1}(x) \pmod{p^k}$ を満たす多項式から，$f(x) \equiv g_k(x)h_k(x) \pmod{p^{k+1}}$ を満たす多項式を求めているが，法 p の指数 k を 2 乗した関係 $f(x) \equiv g_k(x)h_k(x) \pmod{p^{2k}}$ を満たす多項式を求めるヘンゼル構成も提案（参考文献 [88]）されており，ヘンゼル構成単体で考えた場合は，計算量の観点からはより優れている．

しかしながら，最大公約因子を求めるアルゴリズムの一部分としてヘンゼル構成を捉えた場合，線形 $(k \to k+1)$ と 2 乗 $(k \to k^2)$ のどちらのヘンゼル構成が優れているかは，必要とされる指数の大きさに依存するため一概には判断できない．例えば，$\pmod{p^5}$ の関係が必要な場合，線形では，$p \to p^2 \to p^3 \to p^4 \to p^5$ という構成を行うが，2 乗では，$p \to p^2 \to p^4 \to p^{16}$ という構成となり，柔軟

な構成を必要とする最大公約因子を求めるアルゴリズムを用いた場合は，無駄が多くなり損なこともありうる． ◁

ヘンゼルの補題を利用して最大公約因子の計算を行うためには，まず素数 p を選び最大公約因子の候補となる $h_0^*(x) = \gcd(\varphi_p(f), \varphi_p(g))$ を計算する（φ_p は係数環 R から有限体 $\mathbb{F}_p$ への標準全射）．次に，$f(x)$ または $g(x)$ を $h(x)$ と置き，候補 $h_0^*(x)$ による $h(x)$ の商 $\tilde{h}_0 \equiv h(x)/h_0^*(x) \pmod{p}$ を計算し，$h(x) \equiv h_0^*(x)\tilde{h}_0(x) \pmod{p}$ なる関係からヘンゼル構成を利用すれば良さそうである．しかしながら，**共通因子問題**と呼ばれる，ヘンゼル構成が利用できない例が存在する．

例題 3-29（共通因子問題） 多項式 $f(x)$ と $g(x)$ が，互いに素な多項式 $h_1(x)$, $h_2(x)$ によって $f(x) = h_1(x)h_2(x)^2$, $g(x) = h_1(x)^2 h_2(x)$ と表されるとする．このとき，$f(x)$ と $g(x)$ のどちらを $h(x)$ としても，任意の素数 p に対して，$h_0^*(x) = \gcd(\varphi_p(f), \varphi_p(g))$ と $\tilde{h}_0(x) \equiv h(x)/h_0^*(x) \pmod{p}$ は互いに素にならないため，ヘンゼルの補題の条件を満たさない． ◁

共通因子問題を避けるためには，ヘンゼルの補題の対象とする多項式 $h(x)$ を，整数 $\alpha, \beta \in \mathbb{Z}$ を適当に選び，次式のように置く方法が知られている（参考文献 [81]）．

$$h(x) = \alpha \cdot f(x) + \beta \cdot g(x)$$

補題 3-30 多項式 $f(x), g(x)$ と整数 α, β に対し，$h(x) = \alpha \cdot f(x) + \beta \cdot g(x)$ と置く．このとき，$h^*(x) = \gcd(f(x), g(x))$ と $\tilde{h}(x) = h(x)/h^*(x)$ が互いに素となる α, β は，高々 $\deg(h^*) + 1$ 回で決定可能である． ◁

証明 $\alpha_1, \alpha_2, \ldots, \alpha_{\deg(h^*)+1}$ を任意の相異なる整数とし，β を任意の 0 でない整数とする．このとき，$\deg(h^*) + 1$ 組の α_i, β の中に，$h^*(x)$ と $\tilde{h}(x)$ を互いに素にする α, β の組が存在することを背理法で示す．

$f(x), g(x)$ の $h^*(x)$ による商をそれぞれ $\tilde{f}(x), \tilde{g}(x)$ とし，$h_i(x) = \alpha_i \cdot f(x) + \beta \cdot g(x)$ とすれば，商 $\tilde{h}_i(x)$ は次のように表される（$i = 1, \ldots, \deg(h^*) + 1$）．

$$\tilde{h}_i(x) = h_i(x)/h^*(x) = \alpha_i \cdot \tilde{f}(x) + \beta \cdot \tilde{g}(x)$$

$\deg(h^*) + 1$ 個ある $\tilde{h}_i(x)$ の中に $h^*(x)$ と互いに素なものがあれば補題は正しいため，すべての $\tilde{h}_i(x)$ が $h^*(x)$ と互いに素でないと仮定する．この仮定によ

3.4 モジュラー法による効率化 57

り，$\tilde{h}_i(x)$ と $h^*(x)$ は少なくとも 1 つの共通根 $z_i \in \mathbb{C}$ を持つが，$h^*(x)$ は高々 $\deg(h^*)$ 個の根しか持たないため，$z_1, z_2, \ldots, z_{\deg(h^*)+1}$ の中には同じ複素数が存在することになる．それを z_j, z_k $(j \neq k)$ とする．すなわち，

$$\tilde{h}_j(z_j) = \alpha_j \cdot \tilde{f}(z_j) + \beta \cdot \tilde{g}(z_j) = \alpha_k \cdot \tilde{f}(z_k) + \beta \cdot \tilde{g}(z_k) = \tilde{h}_k(z_k) = 0$$

が成り立ち，$z_j = z_k$ かつ $\alpha_j \neq \alpha_k$ であることから，$\tilde{f}(z_j) = 0$ となり，さらに $\beta \neq 0$ であることから，$\tilde{g}(z_j) = 0$ を得る．これは $\gcd(\tilde{f}(x), \tilde{g}(x)) = 1$ であることに反するため，$\deg(h^*) + 1$ 個ある $\tilde{h}_i(x)$ の中には $h^*(x)$ と互いに素なものが存在する． □

以上の議論と例題 3-21 で示した試し割りに基づく方法が，アルゴリズム 3-6 である．なお，例題 3-21 のように逆像が最大公約因子とならない素数は，有限個しか存在しないことが 4.2 節の終結式を用いると容易に示せる．なお，アルゴリズム中に現れる **for each-end for** は，指定された集合の各要素に対して，**do** と **end for** で囲まれた手続きをそれぞれ行う処理を意味する．

ヘンゼル構成による最大公約因子計算の実際

$f(x) = 2x^4 - 9x^3 - 12x^2 + 21x - 98$ と $g(x) = 6x^4 - 89x^3 + 137x^2 - 274x - 14$ の最大公約因子をヘンゼル構成によるアルゴリズム 3-6 で求める．なお，$f(x)$ と $g(x)$ は原始的な多項式であり，第 1 行の結果は，$f_1(x) = f(x), g_1(x) = g(x)$ となる．以後，**loop** 文の中の手順を進めていく．

まず，素数として $p = 5$ を選択し，アルゴリズム 3-1 で $\gcd(\varphi_p(f_1), \varphi_p(g_1))$ を求めることで，$h_0^*(x) = x^2 + x + 1$ が得られる．$\deg(h_0^*) \neq 0$ であるため，第 5 行の **if** 文は実行しない．第 8 行では任意の整数として，$\mathcal{A} = \{0, 1\}, \beta = 1$ を選び，以降のヘンゼル構成と試し割りの手続きへと進む．

第 9 行の **for each** 文では，$\mathcal{A}$ のそれぞれの要素に対して計算を行うため，ひとまず $\alpha = 0$ とする．これにより，$h(x)$ と $\tilde{h}_0(x)$ が次のように求まる．

$$h(x) = 6x^4 - 89x^3 + 137x^2 - 274x - 14, \quad \tilde{h}_0(x) = x^2 + 1$$

$h_0^*(x)$ と $\tilde{h}(x)$ は $\mathbb{Z}/p\mathbb{Z}$ 上で互いに素なので，第 13 行で $d = 6$ （ミグノットの上界は $M_h = 8\sqrt{101998}$）となり，以降のヘンゼル構成の手続きへと進む．

ヘンゼル構成（アルゴリズム 3-5）の第 1 行では，拡張ユークリッドの互除法を用いることで次の関係式を得る．

アルゴリズム 3-6 (ヘンゼル構成による最大公約因子の計算)

入力： $f(x), g(x) \in \mathbb{Z}[x] \setminus \{0\}$
出力： $\gcd(f, g) \in \mathbb{Z}[x]$

1: $f_1(x) := \mathrm{pp}(f);\ g_1(x) := \mathrm{pp}(g);$
2: **loop**
3:   $p \nmid \mathrm{lc}(f_1) \cdot \mathrm{lc}(g_1)$ となる素数 p を選ぶ;   （未選択の素数とする）
4:   $h_0^*(x) := \gcd(\varphi_p(f_1), \varphi_p(g_1));$ （アルゴリズム 3-1 より）
    （ただし，単元倍の不定性があるため，$\mathrm{lc}(h_0^*) = 1$ と正規化する）
5:   **if** $\deg(h_0^*) = 0$ **then**
6:     **return** $\gcd(\mathrm{cont}(f), \mathrm{cont}(g));$ （アルゴリズム 3-1 より）
7:   **end if**
8:   相違なる $\deg(h_0^*)$ 個の整数からなる集合を $\mathcal{A}$ とし，
                                    β を任意の 0 でない整数とする;
9:   **for each** $\alpha \in \mathcal{A}$ **do**
10:     $h(x) := \alpha \cdot f_1(x) + \beta \cdot g_1(x);$
11:     $h(x) \equiv \mathrm{lc}(h) h_0^*(x) \tilde{h}_0(x) \pmod{p}$ を満たす $\tilde{h}_0(x)$ を求める;   （除算）
12:     **if** $h_0^*(x)$ と $\tilde{h}_0(x)$ が $\mathbb{Z}/p\mathbb{Z}$ 上で互いに素 **then**
13:       $d := \lceil \log_p(2|\mathrm{lc}(h)|M_h + 1) \rceil - 1;$ （M_h はミグノットの上界）
14:       ヘンゼル構成により，次式を満たす $h_d^*(x)$ を求める;

$$h(x) \equiv \mathrm{lc}(h) h_d^*(x) \tilde{h}_d(x) \pmod{p^{d+1}}$$

15:       次式を満たす $h^*(x)$ を求める;

$$h^*(x) \equiv \mathrm{lc}(h) h_d^*(x) \pmod{p^{d+1}},\ \|h^*\|_\infty < p^{d+1}/2$$

16:       **if** $\mathrm{pp}(h^*) \mid f_1(x)$ かつ $\mathrm{pp}(h^*) \mid g_1(x)$ **then**
17:         $\gamma := \gcd(\mathrm{cont}(f), \mathrm{cont}(g));$ （アルゴリズム 3-1 より）
18:         **return** $\gamma \cdot \mathrm{pp}(h^*);$
19:       **end if**
20:     **end if**
21:   **end for**
22: **end loop**

$$(4x)h_0^*(x) + (x+1)\tilde{h}_0(x) \equiv 1 \pmod{5} \tag{3.2}$$

$p \to p^2$ の構成

$h(x) - 6h_0^*(x)\tilde{h}_0(x) \equiv 5(x^3 + 4x + 1) \pmod{5^2}$ なので,$\Delta_1(x) = x^3 + 4x + 1$ となり,式 (3.2) の両辺に $\mathrm{lc}(h)^{-1}\Delta_1(x)$ を乗じ,補題 3-26 の証明に記した式変形を行うことで,$(4x+3)h_0^*(x) + (2x+3)\tilde{h}_0(x) \equiv 6^{-1}\Delta_1(x) \pmod{5}$ を得る.よって,$s_1(x) = 4x + 3$, $t_1(x) = 2x + 3$ となり,$h_1^*(x) = x^2 + 11x + 16$, $\tilde{h}_1(x) = x^2 + 20x + 16$ が求まる.

$p^2 \to p^3$ の構成

同様に,$\Delta_2(x) = 4x^3 + 3$ となり,$s_2(x) = 2x + 1$, $t_2(x) = 2x + 2$ が得られ,$h_2^*(x) = x^2 + 61x + 66$, $\tilde{h}_2(x) = x^2 + 70x + 41$ が求まる.

$p^3 \to p^4$ の構成

同様に,$\Delta_3(x) = 3x^3 + x^2 + x$ となり,$s_3(x) = x + 3$, $t_3(x) = 2x + 2$ が得られ,$h_3^*(x) = x^2 + 311x + 316$, $\tilde{h}_3(x) = x^2 + 195x + 416$ が求まる.

$p^4 \to p^5$ の構成

同様に,$\Delta_4(x) = x^2 + x + 3$ となり,$s_4(x) = 3x + 1$, $t_4(x) = 2x + 2$ が得られ,$h_4^*(x) = x^2 + 1561x + 1566$, $\tilde{h}_4(x) = x^2 + 2070x + 1041$ が求まる.

$p^5 \to p^6$ の構成

同様に,$\Delta_5(x) = 3x^3 + x^2 + x$ となり,$s_5(x) = x + 3$, $t_5(x) = 2x + 2$ が得られ,$h_5^*(x) = x^2 + 7811x + 7816$, $\tilde{h}_5(x) = x^2 + 5195x + 10416$ が求まる.

$p^6 \to p^7$ の構成

同様に,$\Delta_6(x) = x^2 + x + 3$ となり,$s_6(x) = 3x + 1$, $t_6(x) = 2x + 2$ が得られ,$h_6^*(x) = x^2 + 39061x + 39066$, $\tilde{h}_6(x) = x^2 + 52070x + 26041$ が求まる.

ヘンゼル構成の結果に基づき第 15 行の $h^*(x)$ を求めると,$6x^2 - 9x + 21$ となり,$\mathrm{pp}(h^*) = 2x^2 - 3x + 7$ が得られる.この多項式で $f_1(x)$ と $g_1(x)$ を試し割りしてみると,どちらも割り切ることがわかる.よって,第 16 行の条件を満たすため,最終的に,$\gcd(f, g) = 2x^2 - 3x + 7$ が得られる.

3.4.3 中国剰余定理

前々項・前項では1つの素数 p を利用したモジュラー法を紹介した．本項では複数の数 $p_1, p_2, \ldots$（素数である必要はない）を利用する**中国剰余定理**に基づく方法を紹介する．中国剰余定理は付録でも紹介しているが，最大公約因子の計算に適した形で改めて示しておく．

定理 3-31 $p_1, \ldots, p_\ell$ を互いに素な正の整数とする．法 p_i に対して多項式 $h_i(x) \in \mathbb{Z}[x]$ がそれぞれ与えられたとき，次を満たす多項式 $h(x) \in \mathbb{Z}[x]$ が $p = p_1 \cdots p_\ell$ を法として唯一存在する．

$$\begin{cases} h(x) \equiv h_1(x) \quad (\bmod\ p_1) \\ \quad \vdots \qquad\qquad \vdots \\ h(x) \equiv h_\ell(x) \quad (\bmod\ p_\ell) \end{cases} \tag{3.3}$$
◁

式 (3.3) を満たす $h(x)$ を求める方法として，ラグランジュ (Lagrange) の補間法とニュートン (Newton) の補間法などが知られている．ここでは，ラグランジュの補間法のみ紹介する．

定理 3-32（ラグランジュの補間法） $\ell+1$ 個の異なる座標点 $(x_i, y_i) \in \mathbb{Z}^2$ ($i = 0, \ldots, \ell$) が与えられたとき，この点を通る次数 ℓ の関数 $y = f(x)$ は，ラグランジュ基底と呼ばれる $L_i(x) = \prod_{j=0, j \neq i}^{\ell} \frac{(x - x_j)}{(x_i - x_j)}$ を用いて，$f(x) = \sum_{i=0}^{\ell} y_i L_i(x)$ と表される．
◁

補題 3-33 式 (3.3) を満たす $h(x)$ は，$s_i \cdot p_i + t_i \cdot \frac{p}{p_i} = 1$ を満たす $s_i, t_i \in \mathbb{Z}$ を用いて，次式で表される．

$$h(x) = h_1(x) L_1 + \cdots + h_\ell(x) L_\ell, \quad L_i = t_i \cdot \frac{p}{p_i}$$
◁

以上の補間法により中国剰余定理を用いて最大公約因子を求める手続きをまとめたものが，アルゴリズム 3-7 となる．なお，法 $p_1, \ldots, p_\ell$ は素数でなくてもよいが，ここでは $\mathbb{Z}/p_i\mathbb{Z}$ 上の最大公約因子を第 5 行のアルゴリズム 3-1 で求めるため，$\mathbb{Z}/p_i\mathbb{Z}$ が体となるよう素数に制限している．

3.4 モジュラー法による効率化　61

アルゴリズム 3-7 （中国剰余定理による最大公約因子の計算）

入力： $f(x), g(x) \in \mathbb{Z}[x] \setminus \{0\}$

出力： $\gcd(f, g) \in \mathbb{Z}[x]$

1: $f_1(x) := \mathrm{pp}(f);\ g_1(x) := \mathrm{pp}(g);$
2: **loop**
3: 　$p_i \nmid \mathrm{lc}(f_1)\mathrm{lc}(g_1)$ かつ $\prod_{i=1}^{\ell} p_i > 2|\mathrm{lc}(f_1)|M_{f_1,g_1}$ を満たす相違なる素数 $p_1, \ldots, p_\ell$ を選ぶ；$p := \prod_{i=1}^{\ell} p_i$;　　　（未選択の素数とする）
4: 　**for** $i = 1$ **to** ℓ **do**
5: 　　$h_i(x) := \gcd(\varphi_{p_i}(f_1), \varphi_{p_i}(g_1));$　　　（アルゴリズム 3-1 より）
6: 　　**if** $\deg(h_i) = 0$ **then**
7: 　　　**return** $\gcd(\mathrm{cont}(f), \mathrm{cont}(g));$　　　（アルゴリズム 3-1 より）
8: 　　**end if**
9: 　**end for**
10: 　補間法を用いて式 (3.3) の $h(x)$ を求め，次式を満たす $h^*(x)$ を求める；
$$h^*(x) \equiv \mathrm{lc}(f_1)\mathrm{lc}(h)^{-1}h(x) \pmod{p},\ \|h^*\|_\infty < p/2$$
11: 　**if** $\mathrm{pp}(h^*) \mid f_1(x)$ かつ $\mathrm{pp}(h^*) \mid g_1(x)$ **then**
12: 　　$\gamma := \gcd(\mathrm{cont}(f), \mathrm{cont}(g));$　　　（アルゴリズム 3-1 より）
13: 　　**return** $\gamma \cdot \mathrm{pp}(h^*);$
14: 　**end if**
15: **end loop**

演習問題

1. 定理 3-23 を証明せよ．

2. $f(x) = 3x^4 + 8x^3 - 30x^2 - 72x + 27$ と $g(x) = 2x^4 - x^3 - 33x^2 + 9x + 135$ の最大公約因子をヘンゼル構成による方法で求めよ．

3. 上記問題 2 を中国剰余定理による方法で求めよ．

3.5 無平方分解

ある 1 次以上の多項式 $g(x)$ が存在して，多項式 $f(x)$ が $g(x)^2$ で割り切られるとき，$g(x)$ を $f(x)$ の**重複因子**という．無平方分解は，与えられた多項式を互いに素な重複因子の積に分解する計算法であり，最大公約因子計算の代表的な応用の一つである．

第 5 章で扱う有限体上の 1 変数多項式の因数分解のアルゴリズムは，入力多項式が重複因子を持たない（無平方である）ことが必要であるため，因数分解を行う際は，あらかじめ無平方分解を行い，それによって得られたそれぞれの無平方な因子に対して因数分解を行う．

まず，無平方分解の定義を行ったのち，標数が 0 の一意分解整域 R 上の多項式環 $R[x]$ に対する無平方分解のアルゴリズムを説明し，その上で標数が 0 でない有限体上のアルゴリズムを紹介する．

定義 3-34（無平方） $f(x) \in R[x]$ が**無平方** (squarefree[4]) であるとは，$f(x)$ が重複因子を持たない，すなわち，$g(x) \in R[x]$ で $\deg(g) \geq 1$ かつ $g(x)^2 \mid f(x)$ を満たすものが存在しないことをいう． ◁

定義 3-35（無平方分解） $f(x) \in R[x]$ を原始的な多項式とする．$f(x)$ の**無平方分解** (squarefree decomposition[5]) とは，互いに素で無平方な多項式 $f_i(x) \in R[x]$ によって

$$f(x) = f_1(x)^1 f_2(x)^2 \cdots f_k(x)^k \tag{3.4}$$

と表現される $f(x)$ の分解のことをいう．また，1 でない $f_i(x)$ を，$f(x)$ の**無平方因子** (squarefree factor) という． ◁

なお，式 (3.4) において，$1 \leq i < j \leq k$ に対し，1 でない $f_i(x)$ と $f_j(x)$ は互いに素であるが，$f_i(x)$ や $f_j(x)$ は必ずしも R 上で既約とは限らない．

---

[4] 英語での綴り方には，square-free のようにハイフンを入れる場合（参考文献 [20] や [72]）と，そうでない場合（参考文献 [79]）がある．本書ではハイフンを入れない表記とする．

[5] squarefree factorization と呼ばれる場合もある（参考文献 [20]）．$f(x)$ の無平方分解を squarefree decomposition と呼び，それを求める操作（計算）を squarefree factorization という流儀もある（参考文献 [79]）．

例題 3-36（無平方分解） $f(x) = x^5 + 3x^4 - x^3 - 11x^2 - 12x - 4 \in \mathbb{Z}[x]$ は $f(x) = (x^2 - 4)^1(x + 1)^3$ と無平方分解される．$f_1(x) = (x^2 - 4), f_2(x) = 1, f_3(x) = x + 1$ であり，$f_1(x)$ は既約でない． ◁

3.5.1 標数 0 の一意分解整域上の無平方分解

標数 0 の一意分解整域 R 上の 1 変数多項環 $R[x]$ での無平方分解に用いる基本的な性質を述べる．

定理 3-37 原始的な多項式 $f(x) \in R[x]$ が重複因子を持つ（無平方でない）ことの必要十分条件は $\gcd(f, f') \neq 1$ が成り立つことである．ここで，$f'(x)$ は $f(x)$ の導関数を表す． ◁

証明 まず，必要性を示す．多項式 $f(x)$ が重複因子を持つと仮定すると，$f(x) = g(x)^2 h(x)$ を満たす多項式 $h(x) \in R[x]$ および次数が 1 以上の多項式 $g(x) \in R[x]$ が存在する．このとき，導関数 $f'(x)$ は

$$f'(x) = 2g(x)g'(x)h(x) + g(x)^2 h'(x) = g(x)\left(2'g(x)h(x) + g(x)h'(x)\right)$$

となる．ゆえに，$g(x) \mid \gcd(f, f')$ となり，$\gcd(f, f') \neq 1$ が成り立つ．

次に，十分性を示す．$\gcd(f, f') \neq 1$ のもとで，背理法を用いるため，$f(x)$ が無平方であると仮定する．$f(x)$ が無平方であることから，その因数分解は，$f(x) = f_1(x)f_2(x)\cdots f_k(x)$ と，R 上既約で $\deg(f_i) \geq 1$, $\gcd(f_i, f_j) = 1$ $(i \neq j)$ を満たす $f_i(x)$ の積で表される．ここで，$\gcd(f, f') \neq 1$ であることから，ある $f_s(x)$ $(1 \leq s \leq k)$ が存在して $f_s(x) \mid \gcd(f, f')$ を満たす．

一方，導関数 $f'(x)$ は次式で求まる．

$$f'(x) = \sum_{i=1}^{k} \frac{f_1(x)f_2(x)\cdots f_k(x)}{f_i(x)} f_i'(x)$$

$f_s(x) \mid \gcd(f, f')$ より，$f_s(x) \mid f'(x)$ であるが，右辺で $f_s(x)$ により割り切れるか不明な項は「$f_1(x)\cdots f_{s-1}(x)f_s'(x)f_{s+1}(x)\cdots f_k(x)$」だけである（ほかは $f_s(x)$ を因子に持つ項であり明らか）．すなわち，$\gcd(f_i, f_j) = 1$ $(i \neq j)$ より $f_s(x) \mid f_s'(x)$ が成り立たなければならない．ところが，$\deg(f_s) > \deg(f_s')$ より $f_s'(x) = 0$. 標数 0 より $f_1'(x) = 0$ ならば $f_1(x)$ は定数であるが，これは $\deg(f_i) \geq 1$ という仮定に矛盾する．ゆえに $\gcd(f, f') \neq 1$ が成り立つ． □

定理 3-38 $f(x) \in R[x]$ を原始的な多項式とする．$f(x)$ の無平方分解が式 (3.4) で与えられるとき，次式が成り立つ．

$$\gcd(f, f') = \prod_{i=2}^{k} f_i(x)^{i-1} \qquad \triangleleft$$

証明 式 (3.4) より

$$f'(x) = f_2(x) f_3(x)^2 \cdots f_k(x)^{k-1} \left(\sum_{i=1}^{k} i \cdot f'_i(x) \prod_{j=1, j \neq i}^{k} f_j(x) \right)$$

よって，

$$\gcd(f, f') = f_2(x) f_3(x)^2 \cdots f_k(x)^{k-1} \gcd\left(f_1 f_2 \cdots f_k, \sum_{i=1}^{k} i \cdot f'_i \prod_{j=1, j \neq i}^{k} f_j \right)$$

R は一意分解整域なので $f'_i(x) \neq 0$，かつ，$f_1(x), \ldots, f_k(x)$ は互いに素であり，

$$\gcd\left(f_1 f_2 \cdots f_k, \sum_{i=1}^{k} i \cdot f'_i \prod_{j=1, j \neq i}^{k} f_j \right) = \prod_{\ell=1}^{k} \gcd\left(f_\ell, \sum_{i=1}^{k} i \cdot f'_i \prod_{j=1, j \neq i}^{k} f_j \right)$$

$$= \prod_{\ell=1}^{k} \gcd(f_\ell, f'_\ell)$$

仮定より $f_\ell(x)$ は無平方であるので，定理 3-37 より，すべての $\ell \in \{1, \ldots, k\}$ に対し $\gcd(f_\ell, f'_\ell) = 1$．ゆえに，定理の式が成り立つ． $\square$

アルゴリズム 3-8 (標数 0 の一意分解整域上の無平方分解)

入力: 原始的な多項式 $f(x) \in R[x]$ (R は標数 0 の一意分解整域)

出力: $f_1(x), f_2(x), \ldots, f_k(x)$: $f(x)$ の R 上での無平方因子．

すなわち，$f(x) = f_1(x)^1 f_2(x)^2 \cdots f_k(x)^k$ なる無平方分解．

1: $s_0(x) := \gcd(f, f')$; $t_0(x) := f(x)/s_0(x)$; $i := 1$;
2: **while** $t_{i-1}(x) \neq 1$ **do**
3: $\quad u_i(x) := \gcd(s_{i-1}, t_{i-1})$; $f_i(x) := t_{i-1}(x)/u_i(x)$;
4: $\quad s_i(x) := s_{i-1}(x)/u_i(x)$; $t_i(x) := u_i(x)$;
5: $\quad i := i + 1$;
6: **end while**
7: **return** $f_1(x), \ldots, f_{i-1}(x)$;

3.5 無平方分解

定理 3-38 に基づき無平方分解を行うものとしては，マッサー (Musser) によるアルゴリズム 3-8 (参考文献 [44]) が直接的だが，より効率的なものも提案されている．本書では，その中でも代表的なものとして，ユン (Yun) によって提案されたものを，アルゴリズム 3-9 として示す (参考文献 [87])．

アルゴリズム 3-9 (標数 0 の一意分解整域上の無平方分解)

入力: 原始的な多項式 $f(x) \in R[x]$ (R は標数 0 の一意分解整域)
出力: $f_1(x), f_2(x), \ldots, f_k(x) : f(x)$ の R 上での無平方因子.
すなわち, $f(x) = f_1(x)^1 f_2(x)^2 \cdots f_k(x)^k$ なる無平方分解.

1: $s(x) := \gcd(f, f')$;
2: **if** $s(x) = 1$ **then**
3:    **return** $f(x)$;
4: **end if**
5: $t_0(x) := \frac{f(x)}{s(x)}$; $u_0(x) := \frac{f'(x)}{s(x)}$; $v_0(x) := u_0(x) - t_0'(x)$; $i := 1$;
6: **while** $t_{i-1}(x) \neq 1$ **do**
7:    $f_i(x) := \gcd(t_{i-1}, v_{i-1})$;
8:    $t_i(x) := \frac{t_{i-1}(x)}{f_i(x)}$; $u_i(x) := \frac{v_{i-1}(x)}{f_i(x)}$; $v_i(x) := u_i(x) - t_i'(x)$;
9:    $i := i + 1$;
10: **end while**
11: **return** $f_1(x), \ldots, f_{i-1}(x)$;

アルゴリズム 3-9 の計算量として次が知られている．ここでは，証明は割愛し読者に委ねる．

定理 3-39 アルゴリズム 3-9 は $f(x)$ の無平方分解を出力し，その R 上の計算量は $O(m(m_1 + \cdots + m_k))$ である．ただし，$m = \deg(f)$ かつ $m_i = \deg(f_i)$ ($i = 1, \ldots, k$) とする． ◁

例題 3-40 $f(x) = 6x^5 + 55x^4 + 170x^3 + 180x^2 - 27 \in \mathbb{Z}[x]$ の無平方分解をアルゴリズム 3-9 を用いて求める．

$f(x)$ の導関数 $f'(x)$ は $30x^4 + 220x^3 + 510x^2 + 360x$ であり，$s(x) = \gcd(f, f') = x^2 + 6x + 9$ となる．$s(x) \neq 1$ なので，第 5 行に進み $t_0(x) = \frac{f(x)}{s(x)} = 6x^3 +$

$19x^2 + 2x - 3$, $u_0(x) = \frac{f'(x)}{s(x)} = 30x^2 + 40x$, $v_0(x) = u_0(x) - t'_0(x) = 12x^2 + 2x - 2$ となり，**while** ループに進む．

$i = 1$ のとき

$f_1(x) = \gcd(t_0, v_0) = 6x^2 + x - 1$, $t_1(x) = \frac{t_0}{f_1} = x + 3$, $u_1(x) = \frac{v_0}{f_1} = 2$ となり，$v_1(x) = u_1(x) - t'_1(x) = 2 - 1 = 1$ を得る．

$i = 2$ のとき

$f_2(x) = \gcd(t_1, v_1) = 1$, $t_2(x) = \frac{t_1}{f_2} = x+3$, $u_2(x) = \frac{v_1}{f_2} = 1$ となり，$v_2(x) = u_2(x) - t'_2(x) = 1 - 1 = 0$ を得る．

$i = 3$ のとき

$f_3(x) = \gcd(t_2, v_2) = x+3$, $t_3(x) = \frac{t_2}{f_3} = 1$, $u_3(x) = \frac{v_2}{f_3} = 0$ となり，$v_3(x) = u_3(x) - t'_3(x) = 0$ を得る．

ここで，アルゴリズムは終了する．したがって，

$$f(x) = f_1(x) f_2(x)^2 f_3(x)^3 = (6x^2 + x - 1)(x+3)^3$$

が無平方分解である． ◁

3.5.2 有限体上の無平方分解

本項では，標数 p の素体 $\mathbb{F}_p$ の拡大体 $\mathbb{F}_q$ 上の 1 変数多項式環 $\mathbb{F}_q[x]$ での無平方分解をとりあげる（$q = p^\ell$ とする）．$f(x)$ が $\mathbb{F}_q$ 上の多項式の場合，例題 5-1 で紹介するように，$\deg(f) > 0$ かつ $f'(x) = 0$ なるものが存在する．

このような場合，定理 3-38 が成り立たず，前項に掲げた無平方分解のアルゴリズムが正しく動作しないので，工夫が必要になる．この修正をアルゴリズム 3-8 に行ったものがアルゴリズム 3-10 であり，以下の補題と定理に基づいている．これらの補題や定理の証明は演習問題とし，読者に委ねる．

補題 3-41 任意の $a, b \in \mathbb{F}_q$ に対し，次式が成り立つ．

$$a^{p^{\ell-1}} = a^{q/p} = a^{1/p}, \ (a+b)^{p^j} = a^{p^j} + b^{p^j} \quad (j = 1, \ldots, \ell) \qquad ◁$$

定理 3-42 $f(x) = a_m x^m + \cdots + a_1 x + a_0$ $(a_m \neq 0)$ を $\mathbb{F}_q[x]$ の多項式とする．このとき，$f'(x) = 0$ が成り立つための必要十分条件は，ある多項式 $g(x) \in \mathbb{F}_q[x]$

アルゴリズム 3-10 (有限体上の無平方分解)

入力: モニックな多項式 $f(x) \in \mathbb{F}_q[x]$ ($q = p^\ell$)

出力: $f_1(x), f_2(x), \ldots, f_k(x) : f(x)$ の $\mathbb{F}_q$ 上での無平方因子.
すなわち, $f(x) = f_1(x)^1 f_2(x)^2 \cdots f_k(x)^k$ なる無平方分解.

1: $s_0(x) := \gcd(f, f')$; $t_0(x) := f(x)/s_0(x)$; $i := 1$;
2: **while** $t_{i-1}(x) \neq 1$ **do**
3:     $u_i(x) := \gcd(s_{i-1}, t_{i-1})$; $f_i(x) := t_{i-1}(x)/u_i(x)$;
4:     $s_i(x) := s_{i-1}(x)/u_i(x)$; $t_i(x) := u_i(x)$;
5:     $i := i + 1$;
6: **end while**
7: **if** $s_{i-1}(x) \neq 1$ **then**
8:     $s_i(x) := s_{i-1}(x)^{1/p}$;
9:     $s_i(x)$ の無平方分解 $s_i(x) = f_1^*(x)^1 f_2^*(x)^2 \cdots f_{k^*}^*(x)^{k^*}$ を
                           再帰的にアルゴリズム 3-10 で求める;
10:     **while** $i \leq pk^*$ **do**
11:        $f_i(x) := 1$; $i := i + 1$;
12:     **end while**
13:     **for** $j = 1$ **to** k^* **do**
14:        $f_{jp}(x) := f_j^*(x)$;
15:     **end for**
16: **end if**
17: **return** $f_1(x), \ldots, f_{i-1}(x)$;

が存在して $f(x) = g(x)^p$ が成り立つことである.   ◁

定理 3-43 $f(x) \in \mathbb{F}_q[x]$ とする. $f(x)$ の因子のうち, 重複度が p で割り切れるものの積を $h(x)$ とし, $g(x) = f(x)/h(x) = \prod_{i=1}^{k} g_i(x)^{n_i}$ と置く. ただし, $1 \leq i < j \leq k$ に対し, $g_i(x)$ と $g_j(x)$ は互いに素でかつ $0 < n_1 < n_2 < \cdots < n_k$, $p \nmid n_i$ とする. このとき

$$\gcd(f(x), f'(x)) = h(x) \gcd(g(x), g'(x)) = h(x) \prod_{i=1}^{k} (g_i(x)^{n_i - 1})$$

が成り立つ. ◁

演習問題

1. 定理 3-39 を証明せよ.

2. 有限体 $\mathbb{F}_q$ 上の無平方分解アルゴリズムで用いられる補題 3-41, 定理 3-42, 定理 3-43 を証明し, アルゴリズム 3-10 の計算量を求めよ.

第 4 章

終結式とその応用

与えられた 2 つの多項式が共通因子を持つかどうか判定することは，数学のみならず多くの分野で重要である．この判定法の 1 つとして終結式を用いる方法が知られている．本章では終結式を紹介すると共に，その応用について述べる．

4.1 はじめに

終結式には共通因子の判定のみならず，最大公約因子計算の改良，根の数え上げ，限量子消去といった多くの応用があるものの，多くの読者にとっては馴染みが薄いと思われるので，本題に入る前に本章の構成をまず述べる．

4.2 節では，終結式と判別式を紹介する．終結式の応用の 1 つは共通零点を求めることである．例えば，円 $x^2+y^2=1$ と放物線 $y=x^2-1$ の交点の x 座標を求めることを考える．これは代入により y を消去することで

$$x^2+(x^2-1)^2-1=x^2(x-1)(x+1)=0$$

が得られるので，3 つの交点の x 座標を求められる．代入操作による方法は，与えられた多項式が「たまたま」その形だったため計算できたが，例えば，円 $x^2+y^2=1$ と楕円 $2x^2+xy+y^2=1$ のときはどうやって求めればよいだろうか？人は問題ごとに解く方法をうまく切り替える発見的方法が得意だが，計算機にそれを実現することは難しい．しかしながら，終結式を用いると，与えられた多項式の組によらず変数を消去できる．

4.3 節では終結式の拡張である部分終結式を紹介する．これは最大公約因子計算における係数膨張の抑止や 7.3 節で紹介するスツルム・ハビッチ列で利用される．

本章で述べるアルゴリズムとその理論は，d 次以下の 1 変数多項式全体からなる集合が，単項式を基底とするベクトル空間と同型であることと，1 変数多項式の

除算がそのベクトル空間の線形変換で表されることに基づいている．終結式や判別式，実根の数え上げは，いずれも第 3 章でとりあげた多項式剰余列と関連があり，多項式剰余列に現れる係数を，与えられた多項式の係数を成分に持つ行列で表し，それらの間の関係を本章では議論する．

なお，本章では，特に記載がなければ，R を単位的可換環，$f(x), g(x) \in R[x] \setminus R$ をそれぞれ，正の次数 m, n の次の多項式とする ($a_m \neq 0, b_n \neq 0$).

$$f(x) = a_m x^m + a_{m-1} x^{m-1} + \cdots + a_1 x + a_0,$$
$$g(x) = b_n x^n + b_{n-1} x^{n-1} + \cdots + b_1 x + b_0$$

4.2 終結式と共通零点

ここでは終結式を導入し，その性質として与えられた 2 つの多項式が自明でない共通因子を持つかどうかを判定できることを述べる．

4.2.1 多項式の行列による表現

本項では，終結式などの性質を調べるのに用いる行列式多項式を導入する．

定義 4-1（行列式多項式）　s, t を非負の整数とし，$M \in R^{s \times t}$ を $s \times t$ 行列とする．$M^{(i)} \in R^{s \times s}$ を M の最初の $s - 1$ 列と，i 列目から構成される以下の s 次正方行列とする．

$$M^{(i)} = \begin{pmatrix} M_{1,1} & \cdots & M_{1,(s-1)} & M_{1,i} \\ M_{2,1} & \cdots & M_{2,(s-1)} & M_{2,i} \\ \vdots & & \vdots & \vdots \\ M_{s,1} & \cdots & M_{s,(s-1)} & M_{s,i} \end{pmatrix}$$

$t \geq s$ のとき，行列 M の**行列式多項式** (determinant polynomial または associated polynomial) とは

$$\mathrm{dpol}(M) = \sum_{i=s}^{t} \det(M^{(i)}) x^{t-i}$$

である．このとき，$\mathrm{dpol}(M)$ は $t - s$ 次以下の多項式になる．$t < s$ のときは $\mathrm{dpol}(M) = 0$ とする．

また，多項式 $f_1(x), f_2(x), \ldots, f_s(x) \in R[x]$ に対し，$t = 1 + \max_{1 \leq i \leq s}\{\deg(f_i)\}$ とし，(i,j) 成分を $f_i(x)$ の x^{t-j} の係数とする行列を

$$\mathrm{pmat}(f_1, \ldots, f_s) \in R^{s \times t}$$

で定める．このとき，$f_1(x), \ldots, f_s(x)$ の**行列式多項式**を

$$\mathrm{dpol}(f_1, \ldots, f_s) = \mathrm{dpol}(\mathrm{pmat}(f_1, \ldots, f_s))$$

で定義する． ◁

例題 4-2 行列 $\mathrm{pmat}(f)$ は，$1 \times (m+1)$ 行列であり，$\mathrm{dpol}(f) = a_m x^m + a_{m-1} x^{m-1} + \cdots + a_1 x + a_0 = f(x)$ となる． ◁

例題 4-3 $m < n$ かつ $p \geq 0$ のとき，

$$\mathrm{dpol}(\overbrace{x^{p-1}g, x^{p-2}g, \ldots, xg, g}^{p \text{ 個}}, f)$$

$$= \mathrm{dpol}\left(\left.\begin{pmatrix} b_n & b_{n-1} & \cdots & b_0 & & & \\ & b_n & b_{n-1} & \cdots & b_0 & & \\ & & \ddots & \ddots & & \ddots & \\ & & & b_n & b_{n-1} & \cdots & b_0 \\ & & & & a_m & \cdots & a_0 \end{pmatrix}\right\}\begin{matrix} p \text{ 行} \\ \\ 1 \text{ 行} \end{matrix}\right)$$

$$= b_n^p \, \mathrm{dpol}(f) = b_n^p f(x)$$

が成り立ち，$m < n$ かつ $p < 0$ のとき，$\mathrm{dpol}(x^{p-1}g, x^{p-2}g, \ldots, xg, g, f) = \mathrm{dpol}(f) = f(x)$ となる．以上より，$m < n$ のとき，$d = \max\{p, 0\}$ とすると，

$$\mathrm{dpol}(x^{p-1}g, x^{p-2}g, \ldots, xg, g, f) = b_n^d \, \mathrm{dpol}(f) = b_n^d f(x)$$

が成り立つ． ◁

命題 4-4 多項式 $f_1(x), \ldots, f_s(x) \in R[x]$，$\alpha \in R$，$1 \leq i, j \leq s$ に対して，行列式多項式は以下の性質を満たす．

(1) 交換：

$$\mathrm{dpol}(\ldots, f_i, \ldots, f_j, \ldots) = -\mathrm{dpol}(\ldots, f_j, \ldots, f_i, \ldots). \tag{4.1}$$

(2) 定数倍：
$$\mathrm{dpol}(\ldots, \alpha f_i, \ldots) = \alpha \cdot \mathrm{dpol}(\ldots, f_i, \ldots). \tag{4.2}$$

(3) ほかの行に定数倍したものを加える：
$$\mathrm{dpol}(\ldots, f_i, \ldots, f_j, \ldots) = \mathrm{dpol}(\ldots, f_i + \alpha f_j, \ldots, f_j, \ldots), \tag{4.3}$$

これらは，$\mathrm{pmat}(f_1, \ldots, f_s)$ における行に対する操作に対応している． ◁

定理 4-5 整数 $k\ (\geq m)$ に対し，$d_k = \max\{k-n+1, 0\}$，$d_m = \max\{m-n+1, 0\}$ とする．このとき，
$$\mathrm{dpol}(x^{k-n}g, \ldots, xg, g, f) = b_n^{d_k - d_m} \mathrm{dpol}(x^{m-n}g, \ldots, xg, g, f)$$
が成り立つ． ◁

証明　次の 3 つの場合に分けて示す．$n > m$ の場合は，例題 4-3 から確かめられる．$0 = n \leq m \leq k$ の場合は，行列式多項式の定義より両辺とも 0 である．最後に，$0 < n \leq m \leq k$ の場合は，

$$(左辺) = \mathrm{dpol}\left(\begin{pmatrix} b_n & \cdots & b_0 & & & \\ & \ddots & & \ddots & & \\ & & b_n & \cdots & b_0 & \\ a_m & \cdots & a_n & \cdots & a_0 \end{pmatrix}\begin{matrix} \left.\vphantom{\begin{matrix}1\\2\\3\end{matrix}}\right\} d_k\ \text{行} \\ \\ \left.\vphantom{1}\right\} 1\ \text{行} \end{matrix}\right)$$

$$= b_n^{d_k - d_m} \mathrm{dpol}\left(\begin{pmatrix} b_n & \cdots & b_0 & & & \\ & \ddots & & \ddots & & \\ & & b_n & \cdots & b_0 & \\ a_m & \cdots & a_n & \cdots & a_0 \end{pmatrix}\begin{matrix} \left.\vphantom{\begin{matrix}1\\2\\3\end{matrix}}\right\} d_m\ \text{行} \\ \\ \left.\vphantom{1}\right\} 1\ \text{行} \end{matrix}\right) = (右辺)$$

により示される． □

次に，擬剰余が行列式多項式で表現されることを示す．

定理 4-6（擬剰余の行列式多項式による表現）　$\bar{d} = \max\{m-n+1, 0\}$ とする．このとき，
$$b_n^{\bar{d}} \mathrm{prem}(f, g) = b_n^{\bar{d}} \mathrm{dpol}(x^{m-n}g, \ldots, g, f) \tag{4.4}$$

証明 $f(x)$ を $g(x)$ で割った際の擬商を $q_{m-n}x^{m-n} + \cdots + q_0$ とすると,

$$b_n^{\bar{d}} f(x) = (q_{m-n}x^{m-n} + \cdots + q_0)g(x) + \mathrm{prem}(f, g)$$
$$= q_{m-n}x^{m-n}g(x) + \cdots + q_0 g(x) + \mathrm{prem}(f, g) \quad (4.5)$$

が成り立つ.まず,式 (4.2) より以下が得られる.

$$b_n^{\bar{d}} \mathrm{dpol}(x^{m-n}g, \ldots, g, f) = \mathrm{dpol}(x^{m-n}g, \ldots, g, b_n^{\bar{d}} f) \quad (4.6)$$

次に,式 (4.3) を繰り返し用いることにより,式 (4.6) の右辺は

$$\mathrm{dpol}(x^{m-n}g, \ldots, g, b_n^{\bar{d}} f(x) - q_{m-n}x^{m-n}g(x) - \cdots - q_0 g(x))$$

と変形されるが,式 (4.5) より,これは

$$\mathrm{dpol}(x^{m-n}g, \ldots, g, \mathrm{prem}(f, g)) \quad (4.7)$$

に等しい.$\deg(\mathrm{prem}(f, g)) < \deg(g)$ より,例題 4-3 から

$$\mathrm{dpol}(x^{m-n}g, \ldots, g, \mathrm{prem}(f, g)) = b_n^{\bar{d}} \mathrm{prem}(f, g)$$

が成り立つ.以上により,式 (4.4) が示された. □

式 (4.6) の右辺から式 (4.7) を導く操作は,行列

$$\mathrm{pmat}(x^{m-n}g, \ldots, g, b_n^{\bar{d}} f) = \begin{pmatrix} b_n & \cdots & b_0 & & \\ & \ddots & & \ddots & \\ & & b_n & \cdots & b_0 \\ b_n^{\bar{d}} a_m & \cdots & b_n^{\bar{d}} a_n & \cdots & b_n^{\bar{d}} a_0 \end{pmatrix}$$

において,$j = 1, \ldots, m-n+1$ に対し,最下行の第 j 列の成分を第 j 行で消去し,この行列を上三角化する操作に対応している.今後,(擬) 除算を上式のような行列の行消去に対応づけるアイデアを繰り返し用いる.

4.2.2 シルベスター写像と最大公約因子

本項では,シルベスター写像を導入し,最大公約因子との関係を述べる.

定義 4-7(シルベスター写像) 多項式 $f(x), g(x)$ に対し,次の写像 $\phi_{f,g}$ を $f(x)$

と $g(x)$ の**シルベスター写像** (Sylvester map) と呼ぶ.

$$\phi_{f,g}: \mathcal{P}_n \times \mathcal{P}_m \ni (s(x), t(x)) \longmapsto s(x)f(x) + t(x)g(x) \in \mathcal{P}_{m+n}$$

ここで $\mathcal{P}_d = \{h(x) \in R[x] \mid \deg(h) < d\}$, すなわち $\mathcal{P}_d$ は d 次未満の多項式全体からなる集合である. ◁

シルベスター写像は R 上の有限次元線形写像である. シルベスター写像の性質として次の補題がある.

補題 4-8 R を一意分解整域とする. $f(x)$ と $g(x)$ が自明でない共通因子を持つための必要十分条件は, $\phi_{f,g}(s,t) = 0$ を満たす $s(x) \in \mathcal{P}_n \setminus \{0\}$, $t(x) \in \mathcal{P}_m \setminus \{0\}$ が存在することである. ◁

証明 まず, 必要性を示す. $h(x) = \gcd(f,g)$ とする. $\deg(h) \geq 1$ ならば, $s(x) = g(x)/h(x)$, $t(x) = -f(x)/h(x)$ は $\phi_{f,g}(s,t) = 0$ を満たす.

次に十分性を, 背理法で示す. $\phi_{f,g}(s,t) = 0$ を満たす $s(x), t(x)$ が存在するとき, $\deg(h) = 0$ と仮定すると, $s(x)f(x) = -t(x)g(x)$ より, $f(x) \mid t(x)$ となる必要があるが, $t(x) \neq 0$ かつ $\deg(f) > \deg(t)$ より矛盾する. □

これは $\deg(\gcd(f,g)) = 0$ であるとき, $s(x)f(x) + t(x)g(x) = 0$ となる最も小さな次数の多項式 $s(x), t(x)$ が, 定数 $\alpha \neq 0$ を用いて $s(x) = \alpha g(x)$, $t(x) = -\alpha f(x)$ となることを示している.

補題 4-8 から, 次の補題が容易に得られる.

補題 4-9 R を一意分解整域とする. $f(x)$ と $g(x)$ が自明でない共通因子を持つための必要十分条件は, $\phi_{f,g}$ が単射でないことである. ◁

4.2.3 終結式とその性質

次が終結式の定義である. この終結式は, 次節で導入する部分終結式により一般化される.

定義 4-10 $f(x), g(x) \in R[x] \setminus \{0\}$ ($a_m b_n \neq 0$, $m, n \geq 0$) に対し, 次で定義される $(m+n)$ 次正方行列を $f(x)$ と $g(x)$ の**シルベスター行列** (Sylvester matrix) という.

$$\begin{pmatrix} a_m & \cdots & a_0 & & & \\ & \ddots & & \ddots & & \\ & & a_m & \cdots & a_0 \\ b_n & \cdots & b_0 & & & \\ & \ddots & & \ddots & & \\ & & b_n & \cdots & b_0 \end{pmatrix} \begin{matrix} \Big\} n\,行 \\ \\ \Big\} m\,行 \end{matrix}$$

$f(x)$ と $g(x)$ のシルベスター行列の行列式を $f(x)$ と $g(x)$ の**終結式** (resultant) といい, $\mathrm{res}(f,g)$ で表す. ◁

次の定理はシルベスター行列がシルベスター写像の行列表現となっており, 多項式の問題を線形代数の問題に帰着できることを示す.

定理 4-11 $\phi_{f,g}(s,t) = \mathrm{res}(f,g)$ を満たすような $s(x) \in \mathcal{P}_n \setminus \{0\}$, $t(x) \in \mathcal{P}_m \setminus \{0\}$ が存在する. ◁

証明 C_i をシルベスター行列の第 i 列とし, 第 $m+n$ 列を
$$x^{m+n-1}C_1 + x^{m+n-2}C_2 + \cdots + xC_{m+n-1} + C_{m+n}$$
で置き換えた新しい $(m+n)$ 次正方行列を

$$M^* = \begin{pmatrix} a_m & \cdots & a_0 & & & x^{n-1}f(x) \\ & \ddots & & \ddots & a_0 & \vdots \\ & & a_m & \cdots & a_1 & f(x) \\ b_n & \cdots & b_0 & & & x^{m-1}g(x) \\ & \ddots & & \ddots & b_0 & \vdots \\ & & b_n & \cdots & b_1 & g(x) \end{pmatrix} \begin{matrix} \Big\} n\,行 \\ \\ \Big\} m\,行 \end{matrix}$$

と置く. ある列の定数倍をほかの列に加える操作は行列式の値を変化させないので, $\mathrm{res}(f,g) = \det(M^*)$ が成り立つ. $\det(M^*)$ は, 第 $m+n$ 列に関して展開することにより, $s(x)f(x) + t(x)g(x)$ の形になり, $\deg(s(x)) < n$ および $\deg(t(x)) < m$ から $s(x) \in \mathcal{P}_n \setminus \{0\}$, $t(x) \in \mathcal{P}_m \setminus \{0\}$ も成り立つ. □

定理 4-11 により, $\mathrm{res}(f,g)$ は $f(x)$ と $g(x)$ の多項式の係数の一次結合によっ

て変数 x を消去していることが確認できる.

補題 4-9 と定理 4-11 から次の終結式の重要な性質が得られる.

定理 4-12 R を一意分解整域とする. $f(x)$ と $g(x)$ が自明でない共通因子を持つための必要十分条件は, $\mathrm{res}(f, g) = 0$ である. ◁

終結式は以下の性質を持つ. 証明は読者に委ねる.

補題 4-13 終結式 $\mathrm{res}(f, g)$ に対し, 以下が成り立つ.
$$\mathrm{res}(f, g) = \mathrm{dpol}(x^{n-1}f, \ldots, xf, f, x^{m-1}g, \ldots, xg, g) \tag{4.8}$$
$$\mathrm{res}(f, g) = (-1)^{nm} \mathrm{res}(g, f) \tag{4.9}$$

◁

次の定理により, 終結式と根の関係を確認できる.

定理 4-14（終結式の根による表現） R を整域, $f(x) = a_m \prod_{i=1}^{m}(x - \alpha_i)$, $g(x) = b_n \prod_{j=1}^{n}(x - \beta_j) \in R[x] \setminus \{0\}$ $(m, n \geq 0)$ とする ($\alpha_1, \ldots, \alpha_m, \beta_1, \ldots, \beta_n$ は R の適当な拡大体の元とする) とき,
$$\mathrm{res}(f, g) = a_m^n \prod_{i=1}^{m} g(\alpha_i) \tag{4.10}$$
$$= (-1)^{nm} b_n^m \prod_{j=1}^{n} f(\beta_j) \tag{4.11}$$
$$= a_m^n b_n^m \prod_{i=1}^{m} \prod_{j=1}^{n} (\alpha_i - \beta_j) \tag{4.12}$$

が成り立つ. ◁

証明 式 (4.10), (4.11), (4.12) の右辺の 3 式が等しいことは容易に確認できる. そこで, これらの右辺を $h(f, g)$ と置き, $\mathrm{res}(f, g) = h(f, g)$ を示す. $f(x)$ と $g(x)$ が自明でない共通因子を持つとき, 定理 4-12 より左辺は 0 に等しく, また右辺が 0 になることも容易に確かめられる.

以下, $\deg(f) \geq \deg(g)$ とし, $f(x)$ と $g(x)$ が自明でない共通因子を持たない場合について, $n = \deg(g)$ に関する帰納法で示す. $n = 0$ のとき, $g(x)$ は定数

b_0 なので，$\mathrm{res}(f,g) = h(f,g) = b_0^m$ となり成立する．$n > 0$ の場合を以下に示すが，$\mathrm{res}(f,g) \in R$ であるので，R の商体を K として，K および $K[x]$ において $\mathrm{res}(f,g) = h(f,g)$ を示していく．$r(x)$ を $f(x)$ の $g(x)$ による剰余とし，$\ell = \deg(r) < n$ とする．このとき，式 (4.9) および (4.8) より

$$\mathrm{res}(f,g) = (-1)^{nm} \mathrm{res}(g,f)$$
$$= (-1)^{nm} \mathrm{dpol}(x^{m-1}g, \ldots, xg, g, x^{n-1}f, \ldots, xf, f)$$

が成り立つ．ここで，$f(x)$ がある多項式 $q(x)$ で $f(x) - q(x)g(x) = r(x)$ と表せることから，式 (4.3) の操作を繰り返し用いて，

$$\mathrm{res}(f,g) = (-1)^{nm} \mathrm{dpol}(x^{m-1}g, \ldots, xg, g, x^{n-1}r, \ldots, xr, r)$$

を得る．さらに，定理 4-5 の証明に準じた操作と補題 4-13 により

$$\mathrm{res}(f,g) = (-1)^{nm} b_n^{m-\ell} \mathrm{res}(g,r) \tag{4.13}$$

が成り立つ．このとき，帰納法の仮定より，式 (4.10) から

$$\mathrm{res}(g,r) = h(g,r) = b_n^\ell \prod_{j=1}^n r(\beta_j)$$

が成り立つので，これを式 (4.13) に代入することにより

$$\mathrm{res}(f,g) = (-1)^{nm} b_n^m \prod_{j=1}^n r(\beta_j)$$

を得る．$f(\beta_j) = r(\beta_j)$ と式 (4.11) より，定理が示された． □

終結式の応用として，多変数多項式系の変数消去や，係数にパラメータ含む多項式の変数消去がある．また，多変数多項式系の共通零点を求めたり，多項式同士が共通因子を持つためのパラメータの条件を求めることができる．以下，2 変数多項式に対応するため，終結式の定義を拡張し，上で述べた応用例を示す．

定義 4-15 $f(x,y), g(x,y) \in R[x,y] \setminus \{0\}$ を多項式とする．このとき，$\mathrm{res}(f,g;y)$ を，$f(x,y), g(x,y)$ を $R[x]$ を係数環とする 1 変数多項式として得られる終結式で定義する． ◁

例題 4-16 $f(x) = x^2 + y^2 - 1$, $g(x) = y - x^2 + 1$, $h(x) = 2x^2 + xy + y^2 - 1$ とするとき，

$$\mathrm{res}(f,g;y) = \begin{vmatrix} 1 & 0 & x^2-1 \\ 1 & -x^2+1 & 0 \\ 0 & 1 & -x^2+1 \end{vmatrix}$$

$$= x^4 - x^2 = x^2(x+1)(x-1)$$

$$\mathrm{res}(f,h;y) = \begin{vmatrix} 1 & 0 & x^2-1 & 0 \\ 0 & 1 & 0 & x^2-1 \\ 1 & x & 2x^2-1 & 0 \\ 0 & 1 & x & 2x^2-1 \end{vmatrix}$$

$$= 2x^4 - x^2 = x^2(\sqrt{2}x+1)(\sqrt{2}x-1)$$

となり，$f(x)$ と $g(x)$ の共通零点が $x=0,\pm 1$，$f(x)$ と $h(x)$ の共通零点が $x=0$，$\pm\frac{1}{\sqrt{2}}$ であることがわかる． ◁

例題 4-17 $f(x) = -x^2+1$, $g(x) = (x-t)^2+t$ とする．このとき，$\mathrm{res}(f,g;x) = t^4 + 2t^3 - t^2 + 2t + 1 = (t^2+3t+1)(t^2-t+1) = 0$ は，$f(x)$ と $g(x)$ が自明でない共通因子を持つための t の条件である． ◁

次に，多項式が無平方であるかの判定を実現する判別式を定義する．

定義 4-18 $f(x)$ の**判別式** (discriminant) $\mathrm{discrim}(f)$ を

$$\mathrm{discrim}(f) = (-1)^{\frac{m(m-1)}{2}} \frac{1}{a_m} \mathrm{res}(f,f')$$

により定義する． ◁

定理 3-37 を判別式を用いて記述すると以下のようになる．

定理 4-19 R が標数 0 の一意分解整域のとき，$f(x) \in R[x] \setminus R$ が無平方であるための必要十分条件は $\mathrm{discrim}(f) \neq 0$ が成り立つことである． ◁

例題 4-20 2次の多項式 $f(x) = ax^2 + bx + c$ ($a \neq 0$) では，

$$\mathrm{res}(f, f') = \begin{vmatrix} a & b & c \\ 2a & b & 0 \\ 0 & 2a & b \end{vmatrix} = a(4ac - b^2)$$

から，$f(x)$ の判別式 $\mathrm{discrim}(f) = (-1)^{\frac{2\cdot 1}{2}}(4ac - b^2) = b^2 - 4ac$ である．◁

4.2.4 終結式の応用：単純拡大表現の導出

本項では，$\mathbb{Q}(\sqrt{2}, \sqrt{3}) = \mathbb{Q}(\sqrt{2} + \sqrt{3})$ のように，$\mathbb{Q}$ に代数的数 α と β を添加した拡大体 $\mathbb{Q}(\alpha, \beta)$ と等しい単純拡大表現 $\mathbb{Q}(\gamma)$ を終結式を用いて計算する方法を紹介する．なお，代数拡大の概念自体は本書の対象範囲を超えるので，本項はとばしても差し支えない．

次の定理は，$\mathbb{Q}$ 上の代数的数に対する四則演算を与える．

定理 4-21 R を整域とし，$f(x) = a_m \prod_{i=1}^{m}(x - \alpha_i)$, $g(x) = b_n \prod_{j=1}^{n}(x - \beta_j)$ を $R[x] \setminus \{0\}$ の多項式とする．このとき，以下が成り立つ．

$$\mathrm{res}(f(x-y), g(y); y) = (-1)^{mn} a_m^n b_n^m \prod_{i=1}^{m} \prod_{j=1}^{n} (x - (\alpha_i + \beta_j)), \tag{4.14}$$

$$\mathrm{res}(f(x+y), g(y); y) = (-1)^{mn} a_m^n b_n^m \prod_{i=1}^{m} \prod_{j=1}^{n} (x - (\alpha_i - \beta_j)), \tag{4.15}$$

$$\mathrm{res}(y^m f(x/y), g(y); y) = (-1)^{mn} a_m^n b_n^m \prod_{i=1}^{m} \prod_{j=1}^{n} (x - (\alpha_i \beta_j)), \tag{4.16}$$

$$\mathrm{res}(f(xy), g(y); y) = g(0)^m a_m^n \prod_{i=1}^{m} \prod_{j=1}^{n} (x - (\alpha_i / \beta_j))$$
$$(g(0) \neq 0) \tag{4.17}$$

◁

証明 式 (4.14) のみ示す（残りは演習問題とする）．定理 4-14 より

$$(\text{左辺}) = (-1)^{mn} b_n^m \prod_{j=1}^{n} f(x - \beta_j)$$
$$= (-1)^{mn} a_m^n b_n^m \prod_{i=1}^{m} \prod_{j=1}^{n} (x - (\alpha_i + \beta_j)) = (\text{右辺})$$

が成り立つ． □

通常，代数的数 α を扱う際は，定義多項式 $f(x)$ を用い，共役な元を区別しな

いが，α が実数の場合，計算機代数においては，それらの符号や大きさを区別して扱う必要が生じる．そこで，α を定義多項式 $f(x)$ と以下で定義する分離区間 I の組 (f, I) により扱う．

定義 4-22 R をアルキメデス的順序整域，$f(x) \in R[x]$ を多項式，α を $f(x)$ の根（定義 7-1）とする．$\alpha \in I$ を満たす区間 I が α 以外の $f(x)$ の根を含まないとき，I を**分離区間** (isolating interval) という． ◁

アルゴリズム 4-1 は，上記の定理を用いて，整域 R の商体 K に対し，2 個の代数的数で与えられた K の代数拡大の単純拡大による表現を出力する．なお，アルゴリズム中に現れる **repeat-until** は，until の条件に関係なく一度は記述された手続きを行い，その上で条件が満たされる間，その手続きを繰り返す処理を意味する．

アルゴリズム 4-1 （代数拡大の単純拡大表現の導出）

入力： R：アルキメデス的順序整域，K：R の商体，$f(x), g(x) \in R[x]$：次数正，原始的，無平方の多項式，α, β：それぞれ $f(x)$ および $g(x)$ の実根，I_f, I_g：それぞれ α および β の分離区間（すなわち $\alpha = (f, I_f)$, $\beta = (g, I_g)$）

出力： 組 (h, I_h, h_f, h_g)；$h(x) \in R[x]$：原始的，無平方の多項式，I_h：分離区間，$h_f(x), h_g(x) \in R[x]$：$\gamma = (h, I_h)$ に対し $K(\alpha, \beta) = K(\gamma)$, $h_f(\gamma) = \alpha$, $h_g(\gamma) = \beta$ を満たすもの

1: $r(x,t) := \mathrm{res}(f(x - ty), g(y); y);\ k := 0;$
2: **repeat**
3: $\quad k := k + 1;$
4: **until** $\deg(\gcd(r(x,k), r'(x,k))) = 0;$
5: $h(x) := r(x,k);\ \gamma := \alpha + k\beta$
6: **repeat**
7: $\quad$ 分離区間 I_f, I_g の区間幅を半分にする;
8: $\quad I_h := I_f + kI_g;$
9: **until** I_h が $h(x)$ の唯一の根を含む;
10: $s(x) := \gcd(f(\gamma - kx), g(x));$ （本演算は，$K(\gamma)$ 上で行う）
11: $h_g(x) := (-1) \times (s(x)$ の定数項) の γ を x で置き換えた多項式;
12: **return** $(h(x), I_h, x - k \times h_g(x), h_g(x));$

定理 4-23 アルゴリズム 4-1 は正当性と停止性を有する. ◁

証明 最初に正当性を示す. $f(x)$ と $g(x)$ の根をそれぞれ $\alpha_1 < \cdots < \alpha_m$, $\beta_1 < \cdots < \beta_n$ とする. 第 1 行において, $r(x,t)$ は定理 4-21 から $\gamma_{ij} = \alpha_i + t\beta_j$ ($1 \leq i \leq m, 1 \leq j \leq n$) を根とする多項式となる. 第 5 行において, $h(x)$ は無平方なので, $h(x)$ は $\gamma = \alpha + k\beta$ による K の単純拡大表現 $K(\gamma)$ を与える. 第 6 行から第 9 行により, I_h は $h(x)$ の分離区間を与え, $\gamma = (h, I_h)$ が成り立つ. 第 10 行において, $f(\gamma - kx)$ は $g(x)$ の根の中で唯一つ β を根に持つので, $\deg(s) = 1$ であり, $s(x) = x - \beta$ となる. また, 第 12 行において, $s(x) = x - \beta$ より, $s(x)$ の定数項の -1 倍は $h_g(\gamma) = \beta$ の表現を与え, $\gamma = \alpha + k\beta$ より, $x - ks(x)$ は $\alpha = \gamma - k\beta$ の表現を与える.

停止性については, 第 2 行と第 6 行で始まるループがそれぞれ有限回で停止することを示せばよい. 前者は, 第 4 行の停止条件が満たされたとき, $r(x,k)$ の根 γ_{ij} ($1 \leq i \leq m, 1 \leq j \leq n$) はすべて異なることから, 任意の $1 \leq i_1 < i_2 \leq m$, $1 \leq j_1 < j_2 \leq n$ に対し, $\alpha_{i_2} - \alpha_{i_1} \neq k(\beta_{j_2} - \beta_{j_1})$ が成り立つ. k 回目のループ時には, $m+n$ 個の α_i, β_j を変数として, 少なくとも k 個の方程式を満たす必要があり, 高々 $m+n+1$ 回のループ時には, $\alpha_{i_2} - \alpha_{i_1} \neq k(\beta_{j_2} - \beta_{j_1})$ を満たす. 後者は, 第 7 行, 第 8 行で I_h の区間幅が半分になることから示される. □

例題 4-24 有理数体 $\mathbb{Q}$ の代数拡大体 $\mathbb{Q}(\sqrt{2}, \sqrt{3})$ の単純拡大表現をアルゴリズム 4-1 で求める. 入力は $\sqrt{2} = (x^2 - 2, [0,2])$, $\sqrt{3} = (x^2 - 3, [0,2])$ とする. $r(x,t) := 9t^4 - 6t^2x^2 + x^4 - 12t^2 - 4x^2 + 4$ であり, $k=1$ のとき, $h(x) := x^4 - 10x^2 + 1$ (根は $\pm\sqrt{2} \pm \sqrt{3}$ の 4 個, $\gamma = \sqrt{2} + \sqrt{3}$) となる. $I_h := [0,4]$ のとき, $h(x)$ の実根を 2 つ ($\sqrt{3} \pm \sqrt{2}$) 含む. $I_f := [1,2]$, $I_g := [1,2]$ と区間幅を半分にすると, $I_h := [2,4]$ となり $h(x)$ の唯一の実根を含む. $s(x) := \gcd(f(\gamma - x), g(x)) = x + \frac{1}{2}\gamma^3 - \frac{11}{2}\gamma$ より, アルゴリズムは $(x^4 - 10x^2 + 1, [2,4], \frac{1}{2}x^3 - \frac{9}{2}x, -\frac{1}{2}x^3 + \frac{11}{2}x)$ を出力する. ◁

演習問題

1. 命題 4-4 の式 (4.1), (4.2), (4.3) が成り立つことを示せ.

2. 補題 4-9 を証明せよ.

3. 補題 4-13 を証明せよ.

4. 3次多項式 $ax^3 + bx^2 + cx + d$ の判別式を求めよ.

5. R を一意分解整域とし，$f(x), g(x), h(x) \in R[x]$ を次数正の多項式，$b \in R$ とするとき，以下が成り立つことを示せ.

    - $\mathrm{res}((x-b)f(x), g(x)) = g(b) \cdot \mathrm{res}(f(x), g(x))$
    - $\mathrm{res}(f(x)h(x), g(x)) = \mathrm{res}(f(x), g(x)) \cdot \mathrm{res}(h(x), g(x))$
    - $\mathrm{discrim}(f(x)g(x)) = \mathrm{discrim}(f(x)) \cdot \mathrm{discrim}(g(x)) \cdot \mathrm{res}(f(x), g(x))^2$

6. 定理 4-21 の式 (4.15), (4.16), (4.17) を証明せよ.

4.3 部分終結式と最大公約因子

本節では，前節で導入した終結式を一般化し，最大公約因子の計算における係数膨張の抑止や，実根の数え上げで用いられる，部分終結式を導入する．本節では，4.3.1 項で部分終結式を定義し，その後 4.3.2 項，4.3.3 項では，部分終結式と部分終結式列の性質を紹介し，4.3.4 項で部分終結式列の定理を証明するという構成になっている．

4.3.1 部分終結式

ここでは，部分終結式と関連する用語の定義を行う．

定義 4-25（部分終結式） 多項式 $f(x), g(x)$ $(a_m \neq 0, b_n \neq 0)$ に対し，次の $(n+m-2j)$ 次正方行列 S_j $(0 \leq j < \min\{m,n\})$ を $f(x)$ と $g(x)$ の j 次シルベスター行列という.

$$S_j = \begin{pmatrix} a_m & \cdots & a_1 & a_0 & & & x^{n-j-1}f(x) \\ & \ddots & & \ddots & \ddots & & \vdots \\ & & a_m & \cdots & a_{j+1} & a_j & xf(x) \\ & & & a_m & \cdots & a_{j+1} & f(x) \\ b_n & \cdots & b_1 & b_0 & & & x^{m-j-1}g(x) \\ & \ddots & & \ddots & \ddots & & \vdots \\ & & b_n & \cdots & b_{j+1} & b_j & xg(x) \\ & & & b_n & \cdots & b_{j+1} & g(x) \end{pmatrix} \begin{matrix} \left.\vphantom{\begin{matrix}1\\1\\1\\1\end{matrix}}\right\} n-j \text{ 行} \\ \\ \left.\vphantom{\begin{matrix}1\\1\\1\\1\end{matrix}}\right\} m-j \text{ 行} \end{matrix}$$

4.3 部分終結式と最大公約因子 83

さらに, S_j の行列式 $\det(S_j)$ を $f(x)$ と $g(x)$ の j 次の**部分終結式** (subresultant) といい, $\text{sres}_j(f,g)$ で表す. ◁

0 次シルベスター行列 S_0 は定理 4-11 の証明における M^* と等しい. したがって, $\text{sres}_0(f,g) = \text{res}(f,g)$ が成り立つ.

例題 4-26 $m = n + 1$ のとき,

$$S_{n-1} = \begin{pmatrix} a_{n+1} & a_n & f(x) \\ b_n & b_{n-1} & xg(x) \\ 0 & b_n & g(x) \end{pmatrix}$$

であり, $g(\omega) = 0$ であれば, $\text{sres}_{n-1}(f,g)(\omega) = b_n^2 f(\omega)$ となる. ◁

通常,部分終結式の定義は上記で十分だが,部分終結式列の定理の証明で用いるため,定義を拡張する.

$$\underline{d} = \min\{m,n\}, \quad \bar{d} = \max\{m,n\} - 1$$

とする. $j = \underline{d} < \bar{d}$ のとき, $n > m+1$ または, $m > n+1$ である. $j = \underline{d} = n$ に対し, $m > n+1$ の場合は

$$\text{sres}_j(f,g) = \begin{vmatrix} b_n & \cdots & & x^{m-n-1}g(x) \\ & \ddots & & \vdots \\ & & b_n & xg(x) \\ & & & g(x) \end{vmatrix}$$

より $\text{sres}_j(f,g) = b_n^{m-n-1} g(x) = \text{lc}(g)^{m-n-1} g(x)$ とする. 同様に, $n > m+1$ の場合は $\text{sres}_j(f,g) = a_m^{n-m-1} f(x) = \text{lc}(f)^{n-m-1} f(x)$ とする.

$\underline{d} < j < \bar{d}$ に対しては $\text{sres}_j(f,g) = 0$ とする.

まとめると,整数 j $(0 \leq j < \bar{d})$ に対して,

$$\text{sres}_j(f,g) = \begin{cases} \det(S_j) & (0 \leq j < \underline{d}) \\ \text{lc}(f)^{n-m-1} f(x) & (j = \underline{d} = m < \bar{d} = n-1) \\ \text{lc}(g)^{m-n-1} g(x) & (j = \underline{d} = n < \bar{d} = m-1) \\ 0 & (\underline{d} < j < \bar{d}) \end{cases}$$

と定義する.ここで, S_j は $f(x)$ と $g(x)$ の j 次シルベスター行列である.

定義 4-27 (部分終結式列)

$$v = \begin{cases} \max\{m,n\} - 1 & (m \neq n) \\ m & (m = n) \end{cases}$$

とする．次の $(v+2)$ 個の多項式の列

$$\langle\!\langle \mathfrak{s}_{v+1} = f(x), \mathfrak{s}_v = g(x), \mathfrak{s}_{v-1} = \mathrm{sres}_{v-1}(f,g), \ldots, \mathfrak{s}_0 = \mathrm{sres}_0(f,g) \rangle\!\rangle$$

を $f(x)$ と $g(x)$ の**部分終結式列** (subresultant chain) という． ◁

次の定理は，部分終結式の行列式多項式による表現を与える．

定理 4-28 (部分終結式の行列式多項式による表現) $\underline{d} = \min\{m,n\}$, $\bar{d} = \max\{m,n\} - 1$ とする．このとき，

$$\mathrm{sres}_j(f,g) = \begin{cases} \mathrm{dpol}(x^{n-j-1}f, \ldots, xf, f, x^{m-j-1}g, \ldots, xg, g) & \\ & (0 \leq j < \underline{d}) \\ \mathrm{dpol}(x^{n-j-1}f, \ldots, xf, f) & (j = \underline{d} = m < \bar{d} = n-1) \\ \mathrm{dpol}(x^{m-j-1}g, \ldots, xg, g) & (j = \underline{d} = n < \bar{d} = m-1) \\ 0 & (\underline{d} < j < \bar{d}) \end{cases}$$

が成り立つ． ◁

証明 まず，$0 \leq j < \underline{d}$ のときを示す．$i = 1, \ldots, m+n-2j-1$ に対し，S_j の第 i 列に $-x^{m+n-i}$ を掛けて，最後の列に加える操作を行うと，

$\mathrm{sres}_j(f, g)$

$$= \begin{vmatrix} a_m & \cdots & a_1 & a_0 & & & 0 \\ & \ddots & & \ddots & \ddots & & \vdots \\ & & a_m & \cdots & a_{j+1} & a_j & \sum_{i=0}^{j-1} x^{i+1} a_i \\ & & & a_m & \cdots & a_{j+1} & \sum_{i=0}^{j} x^i a_i \\ b_n & \cdots & b_1 & b_0 & & & 0 \\ & \ddots & & \ddots & \ddots & & \vdots \\ & & b_n & \cdots & b_{j+1} & b_j & \sum_{i=0}^{j-1} x^{i+1} b_i \\ & & & b_n & \cdots & b_{j+1} & \sum_{i=0}^{j} x^i b_i \end{vmatrix} \left.\begin{matrix} \\ \\ \\ \\ \end{matrix}\right\} n-j \text{ 行} \atop \left.\begin{matrix} \\ \\ \\ \\ \end{matrix}\right\} m-j \text{ 行} \quad (4.18)$$

が得られる.したがって,$(m+n-2j) \times (m+n-j)$ 行列

$$M_j = \begin{pmatrix} a_m & \cdots & a_0 & & & \\ & \ddots & & \ddots & & \\ & & a_m & \cdots & a_0 & \\ b_n & \cdots & b_0 & & & \\ & \ddots & & \ddots & & \\ & & b_n & \cdots & b_0 & \end{pmatrix} \left.\begin{matrix} \\ \\ \\ \end{matrix}\right\} m-j \text{ 行} \atop \left.\begin{matrix} \\ \\ \\ \end{matrix}\right\} n-j \text{ 行}$$

に対し,

$$\mathrm{sres}_j(f, g) = \mathrm{dpol}(M_j) = \mathrm{dpol}(x^{n-j-1}f, \ldots, xf, f, x^{m-j-1}g, \ldots, xg, g)$$

が成り立つ.

次に,$j = \underline{d} = m$ のときを示すが,$j = \underline{d} = n$ のときも同様となる.

$$\mathrm{dpol}(x^{n-m-1}f, \ldots, xf, f)$$
$$= \mathrm{dpol}\left(\begin{pmatrix} b_n & \cdots & b_0 & & \\ & \ddots & & \ddots & \\ & & b_n & \cdots & b_0 \end{pmatrix} \left.\begin{matrix} \\ \\ \end{matrix}\right\} n-m \text{ 行}\right)$$
$$= b_n^{n-m-1} f(x) = \mathrm{sres}_j(f, g)$$

が成り立つ.

最後に,$\underline{d} < j < \bar{d}$ のときは,定義より明らかである. □

ここで,M_j は $(m+n-2j) \times (m+n-j)$ 行列なので,定義 4-1 より j 次部分終結式は $(m+n-j) - (m+n-2j) = j$ 次以下である.

定義 4-29(部分終結式主係数) 整数 $0 \leq j < \max\{\deg(f), \deg(g)\}$ に対し,$f(x)$ と $g(x)$ の j 次の部分終結式 $\mathrm{sres}_j(f,g)$ の x^j の係数を j 次**部分終結式主係数** (principal subresultant coefficient) といい,$\mathrm{psc}_j(f,g)$ で表す. ◁

次項で紹介する定理を用いると,部分終結式より計算量が小さい部分終結主係数により最大公約因子の次数が求められる.

定義 4-30 $f(x)$ と $g(x)$ の j 次部分終結式 $\mathrm{sres}_j(f,g)$ の次数が j のとき,$\mathrm{sres}_j(f,g)$ は**正則**または**正常** (regular) であるという. ◁

$\mathrm{sres}_j(f,g)$ が正則であることと,$\mathrm{psc}_j(f,g) \neq 0$ は同値である.

例題 4-31 $R = \mathbb{Q}$,$f(x) = (2x^3 - 1)(x+3)(3x-2)^2$,$g(x) = (x-5)(3x-2)^2$ とする.$\underline{d} = 3$,$\bar{d} = 5$ であり,

$$\mathrm{sres}_4(f,g) = 0, \quad \mathrm{sres}_3(f,g) = 3^4 \cdot g(x),$$
$$\mathrm{sres}_2(f,g) = 117625608x^2 - 156834144x + 52278048$$
$$= 2^3 \cdot 3^9 \cdot 83 \cdot (3x-2)^2,$$
$$\mathrm{sres}_1(f,g) = 0, \quad \mathrm{sres}_0(f,g) = 0$$

となる.$\mathrm{sres}_3(f,g)$,$\mathrm{sres}_2(f,g)$ のみ正則で,

$$\mathrm{psc}_3(f,g) = 3^6, \quad \mathrm{psc}_2(f,g) = 2^3 \cdot 3^{11} \cdot 83$$

である.$\mathrm{sres}_j(f,g)$ が正則でないときには $\mathrm{psc}_j(f,g) = 0$ である. ◁

終結式の場合(補題 4-13)と同様に,以下の補題が成り立つ.

補題 4-32 $\alpha, \beta \in \bar{R}$ とする.整数 j $(0 \leq j < \max\{m,n\} - 1)$ に対し,

$$\mathrm{sres}_j(f,g) = (-1)^{(m-j)(n-j)} \mathrm{sres}_j(g,f), \tag{4.19}$$
$$\mathrm{sres}_j(\alpha f, \beta g) = \alpha^{n-j} \beta^{m-j} \mathrm{sres}_j(f,g) \tag{4.20}$$

が成り立つ. ◁

証明 $\min\{m,n\} \le j < \max\{m,n\} - 1$ のときは容易に確認できるので，$0 \le j < \min\{m,n\}$ のときのみ示す.

$$\mathrm{dpol}(x^{n-j-1}f, \ldots, xf, f, x^{m-j-1}g, \ldots, xg, g)$$

に対して，$(m-j)(n-j)$ 回の交換の操作で

$$\mathrm{dpol}(x^{m-j-1}g, \ldots, xg, g, x^{n-j-1}f, \ldots, xf, f)$$

が得られる. よって，行列式多項式の交換の性質 (4.1) を用いると，式 (4.19) が示される.

次に，式 (4.20) を示す. まず，定理 4-28 より，以下が成り立つ.

$$\mathrm{sres}_j(\alpha f, \beta g) = \mathrm{dpol}(\alpha x^{n-j-1}f, \ldots, \alpha xf, \alpha f, \beta x^{m-j-1}g, \ldots, \beta xg, \beta g)$$

次に，この式の右辺は，行列式多項式の定数倍の性質 (4.2) により，

$$\alpha^{n-j}\beta^{m-j} \mathrm{dpol}(x^{n-j-1}f, \ldots, xf, f, x^{m-j-1}g, \ldots, xg, g)$$

に等しく，定理 4-28 により，式 (4.20) が成り立つことが示される. □

次の補題で，$n-1$ 次部分終結式と擬剰余の関係が得られる. 残りの部分終結式と擬剰余の関係は部分終結式列の定理（定理 4-45）により得られる.

補題 4-33 $m \ge n > 0$ のとき

$$\mathrm{lc}(g)^{m-n+1} \mathrm{sres}_{n-1}(f, g) = (-1)^{m-n+1} \mathrm{lc}(g)^{m-n+1} \mathrm{prem}(f, g)$$

が成り立つ. 特に，R が整域のとき，

$$\mathrm{sres}_{n-1}(f, g) = (-1)^{m-n+1} \mathrm{prem}(f, g)$$

が成り立つ. ◁

証明 定理 4-28 より

$$\mathrm{lc}(g)^{m-n+1} \mathrm{sres}_{n-1}(f, g) = \mathrm{lc}(g)^{m-n+1} \mathrm{dpol}(f, x^{m-n}g, \ldots, xg, g)$$

が成り立つ. 補題 4-32 により，この式の右辺は $(-1)^{m-n+1}\mathrm{lc}(g)^{m-n+1} \times \mathrm{dpol}(x^{m-n}g, \ldots, xg, g, f)$ に等しい. さらに，定理 4-6 により，この式は $(-1)^{m-n+1}\mathrm{lc}(g)^{m-n+1} \mathrm{prem}(f, g)$ に等しいことが示される. □

4.3.2 部分終結式と共通因子

ここでは，部分終結式と最大公約因子の関係を考える．

補題 4-34 $m \geq n > 0$ とする．このとき，整数 $0 \leq j < \max\{m,n\} - 1$ に対して，ある多項式 $s_j(x), t_j(x) \in R[x]$ が存在し，

$$f(x)s_j(x) + g(x)t_j(x) = \text{sres}_j(f,g)$$

$$\deg(s_j) < \max\{n-j, 1\}, \quad \deg(t_j) < \max\{m-j, 1\}$$

が成り立つ． ◁

証明 $\min\{m,n\} \leq j < \max\{m,n\} - 1$ の場合は容易に確認できるので，$0 \leq j < \min\{m,n\}$ の場合を示す．j 次シルベスター行列 S_j (定義 4-25) に対し，$\det(S_j)$ を最後の列で余因子展開する．このとき，最後の列以外の要素はすべて多項式の係数 (すなわち，R の元) のため，ある $c_1, \ldots, c_{m+n-2j} \in R$ を用いて，$\det(S_j)$ は次のように展開される．

$$\begin{aligned}\text{sres}_j(f,g) &= x^{n-j-1}f(x)c_1 + \cdots + f(x)c_{n-j} \\ &\quad + x^{m-j-1}g(x)c_{n-j+1} + \cdots + g(x)c_{m+n-2j} \\ &= f(x)(\underline{x^{n-j-1}c_1 + \cdots + c_{n-j}}) \\ &\quad + g(x)(\underline{x^{m-j-1}c_{n-j+1} + \cdots + c_{m+n-2j}})\end{aligned}$$

ここで，下線部を順に $s_j(x), t_j(x)$ と置けば，それぞれ $\deg(s_j) < n-j$，$\deg(t_j) < m-j$ を満たすことが確認できる． □

補題 4-35 R を整域とし，整数 $0 \leq j < \max\{m,n\} - 1$ に対して，ある多項式 $s_j(x), t_j(x) \in R[x] \setminus \{0\}$ が存在し，

$$f(x)s_j(x) + g(x)t_j(x) = 0 \tag{4.21}$$

$$\deg(s_j) < \max\{n-j, 1\}, \quad \deg(t_j) < \max\{m-j, 1\}$$

が成り立つとする．このとき，$\text{sres}_j(f,g) = 0$ が成り立つ． ◁

証明 この補題も，$0 \leq j < \min\{m,n\}$ の場合のみを示す．

$$s_j(x) = s_{j,n-j-1}x^{n-j-1} + \cdots + s_{j,0},$$
$$t_j(x) = t_{j,m-j-1}x^{m-j-1} + \cdots + t_{j,0}$$

とする．これを式 (4.21) に代入すると

$$(a_m x^m + \cdots + a_0)(s_{j,n-j-1}x^{n-j-1} + \cdots + s_{j,0})$$
$$+ (b_n x^n + \cdots + b_0)(t_{j,m-j-1}x^{m-j-1} + \cdots + t_{j,0}) = 0$$

となる．これを展開すると，仮定からすべての x^i の係数が 0 になるので，次の $(m+n-2j)$ 変数からなる $(m+n-j)$ 個の連立線形方程式を得る．

$$s_{j,n-j-1}a_m + t_{j,m-j-1}b_n = 0 \tag{4.22}$$

$$s_{j,n-j-1}a_{m-1} + s_{j,n-j-2}a_m + t_{j,m-j-1}b_{n-1} + t_{j,m-j-2}b_n = 0 \tag{4.23}$$

$$\vdots$$

$$s_{j,j+1}a_0 + \cdots + s_{j,0}a_{j+1} + t_{j,j+1}b_0 + \cdots + t_{j,0}b_{j+1} = 0 \tag{4.24}$$

$$s_{j,j}a_0 + \cdots + s_{j,0}a_j + t_{j,j}b_0 + \cdots + t_{j,0}b_j = 0 \tag{4.25}$$

$$\vdots$$

$$s_{j,1}a_0 + s_{j,0}a_1 + t_{j,1}b_0 + t_{j,0}b_1 = 0 \tag{4.26}$$

$$s_{j,0}a_0 + t_{j,0}b_0 = 0 \tag{4.27}$$

上の連立方程式において，最後の $j+1$ 個の方程式 (4.25)–(4.27) の両辺にそれぞれ x^j, $x^{j-1}, \ldots, x, 1$ を掛けたものの和をとると，

$$s_{j,j}x^j a_0 + \cdots + s_{j,1}x \sum_{i=0}^{j-1} x^i a_i + s_{j,0} \sum_{i=0}^{j} x^i a_i$$
$$+ t_{j,j}x^j b_0 + \cdots + t_{j,1}x \sum_{i=0}^{j-1} x^i b_i + t_{j,0} \sum_{i=0}^{j} x^i b_i = 0 \tag{4.28}$$

となり，$(m+n-2j)$ 変数からなる $(m+n-2j)$ 個の連立線形方程式 (4.22)–(4.24)，(4.28) を得る．これが自明でない解を持つには，対応する行列 (4.18) の転置行列の行列式が 0 となることが必要である．すなわち，$\mathrm{sres}_j(f,g) = 0$ を得る． □

補題 4-36 R を一意分解整域とする．整数 $0 \leq i < \min\{m,n\}$ に対し，次は同値である．

(1) $f(x), g(x)$ は次数が i よりも大きな共通因子を持つ.

(2) すべての整数 $0 \leq j \leq i$ に対し, $\mathrm{sres}_j(f, g) = 0$ が成り立つ.

(3) すべての整数 $0 \leq j \leq i$ に対し, $\mathrm{psc}_j(f, g) = 0$ が成り立つ. ◁

証明 以下では, $h(x) = \gcd(f, g)$, その次数を d として, 同値性を示す.

まず, 「(1) ⇒ (2)」を示す. $d > i$ と仮定し, $s(x) = g(x)/h(x)$, $t(x) = -f(x)/h(x)$ とすると, $f(x)s(x) + g(x)t(x) = 0$ が成り立つ. このとき, 任意の j ($0 \leq j \leq i < d$) に対し, $\deg(s) = \deg(g) - d = m - d < m - i \leq m - j$, 同様に, $\deg(t) \leq n - j$ が成り立つ. 補題 4-35 より (2) が得られる.

次に, 「(2) ⇒ (3)」については, 自明であり, 証明は省略する.

最後に, 「(3) ⇒ (1)」を, i に関する帰納法で示す. $i = 0$ のとき, $\mathrm{psc}_0(f,g) = \mathrm{sres}_0(f,g) = \mathrm{res}(f,g) = 0$ なので, 定理 4-12 から $d > 0$ である. 次に, 任意の j ($0 \leq j \leq i$) に対して $\mathrm{psc}_j(f,g) = 0$ かつ $d > i - 1$ と仮定する. $\mathrm{psc}_i(f,g) = 0$ なので, 補題 4-34 より次数が i より小さい $u_i(x) \in R[x]$ が存在し, $f(x)s_i(x) + g(x)t_i(x) = u_i(x)$ が成り立つ. ここで $\deg(s_i) < n - i$, $\deg(t_i) < m - i$ である. $h(x)$ は $f(x)$ と $g(x)$ の最大公約因子であるから $u_i(x)$ も割り切り, しかも仮定より $\deg(u_i) < i \leq d$ であるので, $u_i(x) = 0$ でなければならない. $f(x) = f^*(x)h(x), g(x) = g^*(x)h(x)$ とすると, $f^*(x)s(x) + g^*(x)t(x) = 0$ が成り立つことになる. $f^*(x)$ と $g^*(x)$ が自明な共通因子しかもたないことから, $f^*(x)$ は $t(x)$ を割り切る必要がある. したがって, $\deg(f^*) = m - d \leq \deg(t) < m - i$ より $d > i$ が得られる. □

次の系により, 最大公約因子の次数が部分終結式を利用して得られる.

系 4-37 R を一意分解整域とするとき, 次は同値である.

(1) $\deg(\gcd(f,g)) = d$.

(2) $\mathrm{sres}_d(f,g) \neq 0$ かつすべての整数 $0 \leq j < d$ に対し, $\mathrm{sres}_j(f,g) = 0$.

(3) $\mathrm{psc}_d(f,g) \neq 0$ かつすべての整数 $0 \leq j < d$ に対し, $\mathrm{psc}_j(f,g) = 0$. ◁

以下, $R = \mathbb{Z}[a_{n+1}, \ldots, a_0, b_n, \ldots, b_0]$ とし, $f(x), g(x) \in R[x]$ を

$$f(x) = a_{n+1}x^{n+1} + \cdots + a_1 x + a_0, \quad a_{n+1} \neq 0,$$
$$g(x) = b_n x^n + \cdots + b_1 x + b_0, \qquad b_n \neq 0, \quad \deg(g) = n > 0$$
(4.29)

とする．また，本項の最後までは，任意の j ($0 \leq j \leq n+1$) に対し，j 次部分終結式 $\mathrm{sres}_j(f,g)$ は正則，すなわち $\mathrm{psc}_j(f,g) \neq 0$ と仮定し，この性質を満たす $f(x)$ と $g(x)$ のみを対象とした議論を行っていく．

補題 4-38 $f(x)$, $g(x)$ が式 (4.29) を満たすとき，次が成り立つ．

(1) $\mathrm{sres}_{n-1}(f,g) = \mathrm{prem}(f,g)$．

(2) すべての $j = 0, \ldots, n-2$ に対し，次が成り立つ．
$$b_n^{2(n-j-1)} \mathrm{sres}_j(f,g) = \mathrm{sres}_j(g, \mathrm{prem}(f,g)) \tag{4.30}$$

◁

証明 (1) は補題 4-33 から示される．(2) は以下の通り示される．$r(x) = \mathrm{prem}(f,g)$ とする．定理 4-28 より

$$b_n^{2(n-j)} \mathrm{sres}_j(f,g) = b_n^{2(n-j)} \mathrm{dpol}(x^{n-j-1}f, \ldots, xf, f, x^{n-j}g, \ldots, xg, g)$$

が成り立つ．行列式多項式の定数倍の性質 (4.2) により，

$$b_n^{2(n-j)} \mathrm{sres}_j(f,g) = \mathrm{dpol}(x^{n-j-1}b_n^2 f, \ldots, x b_n^2 f, b_n^2 f, x^{n-j}g, \ldots, xg, g)$$

を得る．式 (4.7) のように式 (4.3) の操作を繰り返し用いることにより

$$b_n^{2(n-j)} \mathrm{sres}_j(f,g) = \mathrm{dpol}(x^{n-j-1}r, \ldots, xr, r, x^{n-j}g, \ldots, xg, g)$$

を得る．この式の右辺において，式 (4.1) により

$$\mathrm{dpol}(x^{n-j-1}r, \ldots, xr, r, x^{n-j}g, \ldots, xg, g)$$
$$= (-1)^{(n-j)(n-j-1)} \mathrm{dpol}(x^{n-j}g, \ldots, xg, g, x^{n-j-1}r, \ldots, xr, r)$$

を得るが，$(-1)^{(n-j)(n-j-1)} = 1$ より

$$b_n^{2(n-j)} \mathrm{sres}_j(f,g) = \mathrm{dpol}(x^{n-j}g, \ldots, xg, g, x^{n-j-1}r, \ldots, xr, r)$$

が成り立つ．定理 4-5 より，この式の右辺は

$$b_n^2 \mathrm{dpol}(x^{n-j-2}g, \ldots, xg, g, x^{n-j-1}r, \ldots, xr, r)$$

に等しく，さらに，これは定理 4-28 により $b_n^2 \operatorname{sres}_j(g,r)$ に等しい．R は整域であり，$b_n \neq 0$ より式 (4.30) が成り立つ． □

定理 4-39（ハビッチ (Habicht) の定理） $f(x), g(x)$ が式 (4.29) を満たすとする．$\langle\!\langle \mathfrak{s}_{n+1}, \ldots, \mathfrak{s}_0 \rangle\!\rangle$ を $f(x)$ と $g(x)$ の部分終結式列とし，

$$p_j(x) = \begin{cases} \operatorname{psc}_j(f,g) & (j = 0, \ldots, n) \\ 1 & (j = n+1) \end{cases}$$

とする．このとき，$j = n, \ldots, 1$ に対し，

$$p_{j+1}^{2(j-i)} \mathfrak{s}_i = \operatorname{sres}_i(\mathfrak{s}_{j+1}, \mathfrak{s}_j) \quad (i = 0, \ldots, j-1), \tag{4.31}$$

$$p_{j+1}^2 \mathfrak{s}_{j-1} = \operatorname{prem}(\mathfrak{s}_{j+1}, \mathfrak{s}_j) \tag{4.32}$$

が成り立つ． ◁

証明 式 (4.31) を j に関する帰納法で示す．$j = n$ のときは部分終結式の定義から自明である．次に，$j+1, \ldots, n$ で成り立つと仮定すれば

$$p_{j+1}^{2(j-i)} (p_{j+2}^{2(j-i+1)} \mathfrak{s}_i) = p_{j+1}^{2(j-i)} \operatorname{sres}_i(\mathfrak{s}_{j+2}, \mathfrak{s}_{j+1})$$

が成り立つが，補題 4-38 より

$$p_{j+1}^{2(j-i)} \operatorname{sres}_i(\mathfrak{s}_{j+2}, \mathfrak{s}_{j+1}) = \operatorname{sres}_i(\mathfrak{s}_{j+1}, \operatorname{prem}(\mathfrak{s}_{j+2}, \mathfrak{s}_{j+1}))$$

が成り立つ．再び帰納法の仮定より

$$\operatorname{sres}_i(\mathfrak{s}_{j+1}, \operatorname{prem}(\mathfrak{s}_{j+2}, \mathfrak{s}_{j+1})) = \operatorname{sres}_i(\mathfrak{s}_{j+1}, p_{j+2}^2 \mathfrak{s}_j)$$

となるが，補題 4-32 より，次が成り立つ．

$$\operatorname{sres}_i(\mathfrak{s}_{j+1}, p_{j+2}^2 \mathfrak{s}_j) = p_{j+2}^{2(j-i+1)} \operatorname{sres}_i(\mathfrak{s}_{j+1}, \mathfrak{s}_j)$$

R が整域で $p_{j+2} \neq 0$ なので，$p_{j+1}^{2(j-i)} \mathfrak{s}_i = \operatorname{sres}_i(\mathfrak{s}_{j+1}, \mathfrak{s}_j)$ が得られ，式 (4.31) が j のときに成り立つ．式 (4.32) は，補題 4-38 から式 (4.31) の $i = j-1$ の場合に帰着される． □

4.3.3 環準同型

ハビッチの定理では，$f(x)$ と $g(x)$ の係数がすべて未定係数で与えられ，かつすべての部分終結式主係数が 0 でないと仮定した．しかし，これらの係数に具体

的な値を代入したときに，一部の部分終結式主係数が 0 になる場合がある．このときの部分終結式の性質を調べるため，単位的可換環 R, R^* に対し，R から R^* への環の準同型写像 ϕ を考える．また，次の $R[x]$ から $R^*[x]$ への準同型写像

$$\begin{array}{ccc} R[x] & \longrightarrow & R^*[x] \\ \cup & & \cup \\ f(x) = a_m x^m + \cdots + a_0 & \mapsto & \phi(f) = \phi(a_m) x^m + \cdots + \phi(a_0) \end{array}$$

もまた ϕ で表す．多項式 $f_1(x), \ldots, f_r(x) \in R[x]$ に対し，ϕ が

$$\phi(\mathrm{dpol}(f_1, \ldots, f_r)) = \mathrm{dpol}(\phi(f_1), \ldots, \phi(f_r))$$

を満たすとき，$\max_{1 \leq i \leq r} \{\deg(f_i)\} = \max_{1 \leq i \leq r} \{\deg(\phi(f_i))\}$ が成り立つ．

まず，環準同型と擬剰余の関係を示す．

定理 4-40 $b_n = \mathrm{lc}(g)$ とし，$m^* = \deg(\phi(f)) \leq m$, $n = \deg(\phi(g))$, $d = \max\{m - n + 1, 0\}$, $d^* = \max\{m^* - n + 1, 0\}$ とする．このとき，

$$\phi(b_n)^d \phi(\mathrm{prem}(f, g)) = \phi(b_n)^{2d - d^*} \mathrm{prem}(\phi(f), \phi(g))$$

が成り立つ． ◁

証明 まず $\phi(b_n)^d \phi(\mathrm{prem}(f, g)) = \phi(b_n^d \mathrm{prem}(f, g))$ が成り立ち，定理 4-6 より

$$\phi(b_n^d \mathrm{prem}(f, g)) = \phi(b_n^d \mathrm{dpol}(x^{m-n} g, \ldots, g, f))$$
$$= \phi(b_n)^d \mathrm{dpol}(x^{m-n} \phi(g), \ldots, \phi(g), \phi(f))$$

となる．ところが，$m^* = \deg(\phi(f)) \leq m = \deg(f)$ であるから，$\deg(\phi(g)) = n = \deg(g)$ に注意すると，定理 4-5 より

$$\phi(b_n^d \mathrm{prem}(f, g)) = \phi(b_n)^{2d - d^*} \mathrm{dpol}(x^{m^* - n} \phi(g), \ldots, \phi(g), \phi(f))$$

が成り立ち，定理 4-6 より，上式の右辺は $\phi(b_n)^{2d - d^*} \mathrm{prem}(\phi(f), \phi(g))$ に等しいことがわかる． □

次に，環準同型と部分終結式との関係を示す．

補題 4-41 $\deg(\phi(f)) = m$, $0 \leq \deg(\phi(g)) = n^* \leq n$ のとき，整数 j ($0 \leq j < \max\{m, n^*\} - 1$) に対して，

$$\phi(\mathrm{sres}_j(f,g)) = \phi(a_m)^{n-n^*}\mathrm{sres}_j(\phi(f),\phi(g)) \qquad (4.33)$$

が成り立つ． ◁

証明 $\bar{d} = \max\{m,n\} - 1$, $\bar{d}^* = \max\{m,n^*\} - 1$, $\underline{d} = \min\{m,n\}$, $\underline{d}^* = \min\{m,n^*\}$ とする．

$0 \leq j < \underline{d}^* \leq \underline{d}$ のときは，定理 4-28 より式 (4.33) の左辺は

$$\mathrm{dpol}(x^{n-j-1}\phi(f),\ldots,x\phi(f),\phi(f),x^{m-j-1}\phi(g),\ldots,x\phi(g),\phi(g))$$

と等しい．次数に関する仮定に注意すると，定理 4-5 より，これは

$$\phi(a_m)^{n-n^*}\mathrm{dpol}(x^{n^*-j-1}\phi(f),\ldots,\phi(f),x^{m-j-1}\phi(g),\ldots,\phi(g))$$

に等しい．そして，再び定理 4-28 により，式 (4.33) を得る．

$j = \underline{d}^* = n^* < \underline{d}$ のときは，定理 4-28 より式 (4.33) の左辺は

$$\mathrm{dpol}(x^{n-n^*-1}\phi(f),\ldots,x\phi(f),\phi(f),x^{m-n^*-1}\phi(g),\ldots,x\phi(g),\phi(g))$$

と等しい．これは

$$\mathrm{dpol}\left(\left(\begin{array}{ccccccc}\phi(a_m) & \cdots & & \cdots & & \cdots & \phi(a_0) \\ & \ddots & & & & & \ddots \\ & & \phi(a_m) & \cdots & \cdots & \cdots & \cdots & \phi(a_0) \\ \phi(b_n) & \cdots & \cdots & \phi(b_{n^*}) & \cdots & \phi(b_0) & \\ & \ddots & & & \ddots & & \ddots \\ & & \phi(b_n) & \cdots & \cdots & \phi(b_{n^*}) & \cdots & \phi(b_0)\end{array}\right)\begin{array}{l}\left.\vphantom{\begin{array}{c}a\\a\\a\end{array}}\right\}n-n^*\text{ 行} \\ \left.\vphantom{\begin{array}{c}a\\a\\a\end{array}}\right\}m-n^*\text{ 行}\end{array}\right)$$

だが，次数に関する仮定より $\phi(b_n) = \cdots = \phi(b_{n^*+1}) = 0$ なので，これは

$$\mathrm{dpol}\left(\begin{array}{ccccccc}\phi(a_m) & \cdots & & \cdots & & \cdots & \phi(a_0) \\ & \ddots & & & & & \ddots \\ & & \phi(a_m) & \cdots & \cdots & \cdots & \cdots & \phi(a_0) \\ 0 & \cdots & 0 & \phi(b_{n^*}) & \cdots & \phi(b_0) & \\ & \ddots & & \ddots & \ddots & & \ddots \\ & & 0 & \cdots & 0 & \phi(b_{n^*}) & \cdots & \phi(b_0)\end{array}\right)$$

$$= \phi(a_m)^{n-n^*}\mathrm{dpol}(x^{m-n^*-1}\phi(g),\ldots,\phi(g))$$

に等しい. そして, 再び定理 4-28 により, 式 (4.33) を得る.

$j = \underline{d}^* = m < \underline{d}$ のときは, 定理 4-28 より

$$\phi(\mathrm{sres}_j(f,g)) = \mathrm{dpol}(x^{n-m-1}\phi(f),\ldots,x\phi(f),\phi(f))$$

が成り立ち, 上の場合と同様にして

$$\phi(\mathrm{sres}_j(f,g)) = \phi(a_m)^{n-n^*}\mathrm{dpol}(x^{n^*-m-1}\phi(f),\ldots,\phi(f))$$

を得る. そして, 再び定理 4-28 により, 式 (4.33) を得る.

$\underline{d}^* < j < \bar{d}^*$ のときは, 式 (4.33) の右辺は定義から 0 になり, 左辺も上記と同様に行列を展開することで 0 になることが確認できる. □

補題 4-41 から次の系が得られる.

系 4-42 $\deg(\phi(f)) = m^* \leq m,\ 0 \leq \deg(\phi(g)) = n^* \leq n$ のとき, 整数 j $(0 \leq j < \max\{m^*, n^*\} - 1)$ に対して,

$$\phi(\mathrm{sres}_j(f,g)) = \begin{cases} \mathrm{sres}_j(\phi(f),\phi(g)) & (m = m^*,\ n = n^*) \\ \phi(b_n)^{m-m^*}\mathrm{sres}_j(\phi(f),\phi(g)) & (m > m^*,\ n = n^*) \\ \phi(a_m)^{n-n^*}\mathrm{sres}_j(\phi(f),\phi(g)) & (m = m^*,\ n > n^*) \\ 0 & (m > m^*,\ n > n^*) \end{cases}$$

が成り立つ. ◁

以下では, $m = n+1$, $R = \mathbb{Z}[a_{n+1},\ldots,a_0,b_n,\ldots,b_0]$ とする. R^* を単位的可換環とし, R から R^* への準同型写像 ϕ を次式で定める:

$$\begin{aligned}
&\phi(a_i) = a_i^* \quad (i=0,\ldots,n+1), \qquad \phi(b_i) = b_i^* \quad (i=0,\ldots,n), \\
&\phi(1) = 1, \quad \phi(0) = 0, \qquad\qquad \phi(k) = k \cdot 1 \quad (k \in \mathbb{Z}).
\end{aligned} \quad (4.34)$$

この ϕ は, $f(x)$ と $g(x)$ の未定係数 a_i, b_j に, それぞれ a_i^* $(i=0,\ldots,n+1)$, b_j^* $(j=0,\ldots,n)$ を代入する操作に対応するもので, **評価準同型** (evaluation homomorphism または substitution homomorphism, 参考文献 [23]) という. 部分終結式列における評価準同型に関し, 次の性質が成り立つ.

補題 4-43 $\langle\!\langle \mathfrak{s}_{n+1},\ldots,\mathfrak{s}_0 \rangle\!\rangle$ を $f(x)$ と $g(x)$ の部分終結式列とする. R^* を単位的可換環とし, R から R^* への準同型写像 ϕ を式 (4.34) で定める. このとき, $\phi(\mathfrak{s}_{j+1})$

が正則で，$\phi(\mathfrak{s}_j)$ が正則でないとする．$d = \deg(\phi(\mathfrak{s}_j))$, $p_{j+1} = \mathrm{psc}_{j+1}(f, g)$ とする（ただし，$p_{n+1} = 1$）と，以下が成り立つ．

$$\phi(p_{j+1})^2 \phi(\mathfrak{s}_{j-1}) = \cdots = \phi(p_{j+1})^{2(j-d)} \phi(\mathfrak{s}_{d+1}) = 0 \tag{4.35}$$

$$\phi(p_{j+1})^{2(j-d)} \phi(\mathfrak{s}_d) = (\mathrm{lc}(\phi(\mathfrak{s}_{j+1})) \mathrm{lc}(\phi(\mathfrak{s}_j)))^{j-d} \phi(\mathfrak{s}_j) \tag{4.36}$$

$$\mathrm{lc}(\phi(\mathfrak{s}_j))^{j-d+2} \phi(p_{j+1})^{2(j-d+1)} \phi(\mathfrak{s}_{d-1})$$
$$= (-1)^{j-d+2} \mathrm{lc}(\phi(\mathfrak{s}_{j+1}))^{j-d} \mathrm{lc}(\phi(\mathfrak{s}_j))^{j-d+2} \tag{4.37}$$
$$\times \mathrm{prem}(\phi(\mathfrak{s}_{j+1}), \phi(\mathfrak{s}_j)) \qquad \triangleleft$$

証明 定理 4-39 より，$i = 0, \ldots, j-1$ に対して $p_{j+1}^{2(j-i)} \mathfrak{s}_i = \mathrm{sres}_i(\mathfrak{s}_{j+1}, \mathfrak{s}_j)$ が成り立つ．この両辺に ϕ を適用させることで $\phi(p_{j+1})^{2(j-i)} \phi(\mathfrak{s}_i) = \phi(\mathrm{sres}_i(\mathfrak{s}_{j+1}, \mathfrak{s}_j))$ が成り立つが，補題 4-41 より，これは $\phi(\mathrm{lc}(\mathfrak{s}_{j+1}))^{j-d} \mathrm{sres}_i(\phi(\mathfrak{s}_{j+1}), \phi(\mathfrak{s}_j))$ に等しい．さらに，仮定より $\phi(\mathfrak{s}_{j+1})$ は正則なので，次に等しい

$$\mathrm{lc}(\phi(\mathfrak{s}_{j+1}))^{j-d} \mathrm{sres}_i(\phi(\mathfrak{s}_{j+1}), \phi(\mathfrak{s}_j)) \tag{4.38}$$

$i = d+1, \ldots, j-1$ のとき，定義から $\mathrm{sres}_i(\phi(\mathfrak{s}_{j+1}), \phi(\mathfrak{s}_j)) = 0$ なので，これを式 (4.38) に代入することで，式 (4.35) を得る．

$i = d$ かつ $d+1 < j+1$ のとき，定理 4-28 から，$\mathrm{sres}_i(\phi(\mathfrak{s}_{j+1}), \phi(\mathfrak{s}_j)) = \mathrm{lc}(\phi(\mathfrak{s}_j))^{j-d} \phi(\mathfrak{s}_j)$ なので，式 (4.38) に代入することで，式 (4.36) を得る．

$i = d-1$ のとき，補題 4-33 より

$$\mathrm{lc}(\phi(\mathfrak{s}_j))^{j-d+2} \mathrm{sres}_i(\phi(\mathfrak{s}_{j+1}), \phi(\mathfrak{s}_j))$$
$$= (-1)^{j-d+2} \mathrm{lc}(\phi(\mathfrak{s}_j))^{j-d+2} \mathrm{prem}(\phi(\mathfrak{s}_{j+1}), \phi(\mathfrak{s}_j))$$

が成り立つ．式 (4.38) とあわせて式 (4.37) が得られる． □

補題 4-43 から次の系が得られる．

系 4-44 補題 4-43 と同じ条件下で，$\phi(\mathfrak{s}_{j+1})$ が正則で，$\phi(\mathfrak{s}_j)$ が正則でなく，$d = \deg(\phi(\mathfrak{s}_j)) < j$ のとき，以下が成り立つ．

(1) $\phi(\mathfrak{s}_{j-1}) = \cdots = \phi(\mathfrak{s}_{d+1}) = 0$.

(2) (a) $j = n$ のとき，$p_{n+1} = 1$ より

$$\phi(\mathfrak{s}_d) = (\mathrm{lc}(\phi(\mathfrak{s}_{n+1})) \mathrm{lc}(\phi(\mathfrak{s}_n)))^{n-d} \phi(\mathfrak{s}_n).$$

(b) $j < n$ のとき，$\phi(p_{j+1}) = \mathrm{lc}(\phi(\mathfrak{s}_{j+1}))$ より

$$\phi(p_{j+1})^{j-d}\phi(\mathfrak{s}_d) = \mathrm{lc}(\phi(\mathfrak{s}_j))^{j-d}\phi(\mathfrak{s}_j). \tag{4.39}$$

(3) (a) $j = n$ のとき，$p_{n+1} = 1$ より

$$\phi(\mathfrak{s}_{d-1}) = (-\mathrm{lc}(\phi(\mathfrak{s}_{n+1})))^{n-d}\,\mathrm{prem}(\phi(\mathfrak{s}_{n+1}), \phi(\mathfrak{s}_n)).$$

(b) $j < n$ のとき，$\phi(p_{j+1}) = \mathrm{lc}(\phi(\mathfrak{s}_{j+1}))$ より

$$\phi(-p_{j+1})^{j-d+2}\phi(\mathfrak{s}_{d-1}) = \mathrm{prem}(\phi(\mathfrak{s}_{j+1}), \phi(\mathfrak{s}_j)). \tag{4.40}$$

◁

以上，準備が整ったので，次項では部分終結式列の定理を紹介する．

4.3.4 部分終結式列の定理

本項では，部分終結式列の定理を示した上で，それによる最大公約因子計算の効率化について紹介する．

定理 4-45（部分終結式列の定理） R^* を整域とし，次数 m^*, n^* ($m^* \geq n^*$) の $R^*[x]$ の多項式

$$f^*(x) = a_{m^*}^* x^{m^*} + \cdots + a_0^*, \quad g^*(x) = b_{n^*}^* x^{n^*} + \cdots + b_0^*$$

に対し，形式的に $f^*(x)$ を $v^* + 1$ 次，$g^*(x)$ を v^* 次となるようにする．

$$a_{m+1}^* = b_n^* = \cdots = b_{n^*+1}^* = 0, \quad v^* = \begin{cases} m^* - 1 & (m^* > n^*) \\ n^* & (m^* = n^*) \end{cases}$$

$\langle\!\langle \mathfrak{s}_{v^*+1}^*, \ldots, \mathfrak{s}_0^* \rangle\!\rangle$ を $f^*(x)$ と $g^*(x)$ の部分終結式列とし，$p_j^* = \mathrm{psc}_j(f^*, g^*)$ ($j = 0, \ldots, v^*$)，$p_{v^*+1}^* = 1$ とする．このとき，$j = 1, \ldots, v^*$ に対して，$\mathfrak{s}_{j+1}^*$ が正則であれば，$d = \deg(\mathfrak{s}_j^*)$ ($d \leq j$) とすると，

$$\mathfrak{s}_{j-1}^* = \cdots = \mathfrak{s}_{d+1}^* = 0, \quad (d < j - 1) \tag{4.41}$$

$$(p_{j+1}^*)^{j-d}\mathfrak{s}_d^* = \mathrm{lc}(\mathfrak{s}_j^*)^{j-d}\mathfrak{s}_j^*, \quad (0 \leq d) \tag{4.42}$$

$$(-p_{j+1}^*)^{j-d+2}\mathfrak{s}_{d-1}^* = \mathrm{prem}(\mathfrak{s}_{j+1}^*, \mathfrak{s}_j^*) \quad (0 < d) \tag{4.43}$$

が成り立つ．ただし，$\deg(0) = -1$ とする．

◁

図 4-1 は部分終結式列の定理を可視化したものである．横棒の長さが次数を表

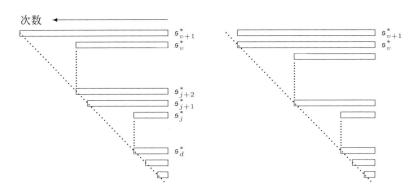

図 4-1 部分終結式列の構造 (左：$\deg(f^*) > \deg(g^*)$，右：$\deg(f^*) = \deg(g^*)$)

しており，斜線と同じ長さのときに正則になることを表す．$\mathfrak{s}_j^*$ は j 次以下なので，左下には棒が現れない．また，$\mathfrak{s}_j^*$ が正則でなく，次数が d の場合には，$\mathfrak{s}_d^*$ まで恒等的に零となり，$\mathfrak{s}_d^*$ が正則となる様子を表現している．

証明 $\mathfrak{s}_j^*$ が正則なときは，系 4-44 から容易に得られるので，$d < j$ のときを示す．$R = \mathbb{Z}[x, a_{v+1}, \ldots, a_0, b_v, \ldots, b_0]$ とし，
$$f(x) = a_{v+1}x^{v+1} + \cdots + a_0, \quad g(x) = b_v x^v + \cdots + b_0$$
を $R[x]$ の多項式とする．$\langle\!\langle \mathfrak{s}_{v+1}, \ldots, \mathfrak{s}_0 \rangle\!\rangle$ を $f(x)$ と $g(x)$ から生成される部分終結式列とし，2 つの準同型写像 ϕ_1, ϕ_2 を次のように定義する．

(i) $m^* > n^*$ ($v = m^* - 1$) のとき，$\phi_1 : R \to R^*$ を次式で定める：
$$\phi_1(a_i) = a_i^* \ (i = 0, \ldots, m^* = v+1), \quad \phi_1(b_j) = b_j^* \ (j = 0, \ldots, n^*),$$
$$\phi_1(b_j) = 0 \ (j = n^* + 1, \ldots, v), \qquad \phi_1(1) = 1, \quad \phi_1(0) = 0.$$

(ii) $m^* = n^*$ ($v = n^*$) のとき，$\phi_2 : R \to R^*$ を次式で定める：
$$\phi_2(a_i) = a_i^* \ (i = 0, \ldots, m^*), \qquad \phi_2(a_{v+1}) = 0,$$
$$\phi_2(b_j) = b_j^* \ (j = 0, \ldots, n^* = v), \qquad \phi_2(1) = 1, \quad \phi_2(0) = 0.$$

$k = 1, 2$ に対して，次が系 4-42 から容易に得られる．

- $0 \le i < v$ に対して，以下が成り立つ．

$$\phi_k(\mathfrak{s}_i) = \phi_k(\operatorname{sres}_i(f,g))$$
$$= \begin{cases} \phi_1(a_{v+1})^{v-n^*} \operatorname{sres}_i(\phi_1(f), \phi_1(g)) & (k=1 \text{ のとき}) \\ \phi_2(b_v)^{v+1-m^*} \operatorname{sres}_i(\phi_2(f), \phi_2(g)) & (k=2 \text{ のとき}) \end{cases}$$
$$= \begin{cases} (a_{v+1}^*)^{v-n^*} \mathfrak{s}_i^* & (k=1 \text{ のとき}) \\ (b_v^*)^{v+1-m^*} \mathfrak{s}_i^* & (k=2 \text{ のとき}) \end{cases} \tag{4.44}$$

- $0 \leq i \leq v+1$ に対し,$\phi_k(\mathfrak{s}_i)$ が正則であるための必要十分条件は $\mathfrak{s}_i^*$ が正則であることである.

- $\mathfrak{s}_i^*$ $(0 \leq i \leq v)$ が正則であるとき,以下が成り立つ.

$$\phi_k(p_i) = \phi_k(\operatorname{lc}(\mathfrak{s}_i)) = \operatorname{lc}(\phi_k(\mathfrak{s}_i)) = \begin{cases} (a_{v+1}^*)^{v-n^*} p_i^* & (k=1) \\ (b_v^*)^{v-m^*+1} p_i^* & (k=2) \end{cases}$$

(A) $j = v$ のとき:定義から $\mathfrak{s}_{v+1}^*$ は正則であり,仮定より $\mathfrak{s}_v^*$ は正則でなく,その次数を $d < v$ とすると,

$$\mathfrak{s}_{v+1}^* = a_{v+1}^* x^{v+1} + \cdots + a_0^*, \quad \mathfrak{s}_v^* = b_d^* x^d + \cdots + b_0^*$$

と書ける.したがって,$m^* > n^*$ であり,$\underline{d} = \min\{v+1, d\} = d$ なので,部分終結式の定義から,式 (4.41) を得る.次に,式 (4.42) の左辺は $(p_{v+1}^*)^{v-d} \mathfrak{s}_d^*$ であるが,定義から $p_{v+1}^* = 1$ であるので,これは $\mathfrak{s}_d^*$ に等しく,部分終結式の定義から,これは $\operatorname{lc}(\mathfrak{s}_v^*)^{(v+1)-d-1} \mathfrak{s}_v^*$ に等しいので,式 (4.42) を得る.さらに,式 (4.43) の左辺は $(-p_{v+1}^*)^{v-d+2} \mathfrak{s}_{d-1}^*$ であるが,定義から $p_{v+1}^* = 1$ であるので,これは $(-1)^{v-d+2} \mathfrak{s}_{d-1}^*$ に等しく,補題 4-33 から,これは $(-1)^{v-d+2}(-1)^{(v+1)-d+1} \operatorname{prem}(\mathfrak{s}_{v+1}^*, \mathfrak{s}_v^*)$ に等しいので,式 (4.43) を得る.

(B) $j < v$ のとき:系 4-44 から,$k = 1, 2$ に対して $\phi_k(\mathfrak{s}_{j-1}) = \phi_k(\mathfrak{s}_{j-2}) = \cdots = \phi_k(\mathfrak{s}_{d+1}) = 0$ が得られ,式 (4.44) から

$$\begin{cases} (a_{v+1}^*)^{v-n^*} \mathfrak{s}_{j-1}^* = \cdots = (a_{v+1}^*)^{v-n^*} \mathfrak{s}_{d+1}^* = 0 & (k=1 \text{ のとき}) \\ (b_v^*)^{v-m^*+1} \mathfrak{s}_{j-1}^* = \cdots = (b_v^*)^{v-m^*+1} \mathfrak{s}_{d+1}^* = 0 & (k=2 \text{ のとき}) \end{cases}$$

が成り立つ.よって,k の値によらず,式 (4.41) を得る.また,系 4-44 の式 (4.39) から $k = 1, 2$ に対して $\phi_k(p_{j+1})^{j-d} \phi_k(\mathfrak{s}_d) = \operatorname{lc}(\phi_k(\mathfrak{s}_j))^{j-d} \times$

$\phi_k(\mathfrak{s}_j)$ が得られる．したがって，式 (4.44) から

$$\begin{cases} (a_{v+1}^*)^{(j-d)(v-n^*)}(p_{j+1}^*)^{j-d}(a_{v+1}^*)^{v-n^*}\mathfrak{s}_d^* \\ \quad = ((a_{v+1}^*)^{v-n^*}\mathrm{lc}(\mathfrak{s}_j^*))^{j-d}(a_{v+1}^*)^{v-n^*}\mathfrak{s}_j^* & (k=1 \text{ のとき}) \\ (b_v^*)^{(j-d)(v-m^*+1)}(p_{j+1}^*)^{j-d}(b_v^*)^{v-m^*+1}\mathfrak{s}_d^* \\ \quad = ((b_v^*)^{n-m^*+1}\mathrm{lc}(\mathfrak{s}_j^*))^{j-d}(b_v^*)^{v-m^*+1}\mathfrak{s}_j^* & (k=2 \text{ のとき}) \end{cases}$$

が成り立つ．各式の両辺の共通因子を除くことで，式 (4.42) を得る．最後に，$k=1,2$ に対して式 (4.40) から $\phi(-p_{j+1})^{j-d+2}\phi(\mathfrak{s}_{d-1}) = \mathrm{prem}(\phi(\mathfrak{s}_{j+1}), \phi(\mathfrak{s}_j))$ が得られる．したがって，式 (4.44) から

$$\begin{cases} (-(a_{v+1}^*)^{v-n^*}p_{j+1}^*)^{j-d+2}(a_{v+1}^*)^{v-n^*}\mathfrak{s}_{d-1}^* \\ \quad = \mathrm{prem}((a_{v+1}^*)^{v-n^*}\mathfrak{s}_{j+1}^*, (a_{v+1}^*)^{v-n^*}\mathfrak{s}_j^*) \\ \quad = (a_{v+1}^*)^{v-n^*}(a_{v+1}^*)^{(v-n^*)(j-d+2)}\mathrm{prem}(\mathfrak{s}_{j+1}^*, \mathfrak{s}_j^*) & (k=1 \text{ のとき}) \\ (-(b_v^*)^{v-m^*+1}p_{j+1}^*)^{j-d+2}(b_v^*)^{v-m^*+1}\mathfrak{s}_{d-1}^* \\ \quad = \mathrm{prem}((b_v^*)^{v-m^*+1}\mathfrak{s}_{j+1}^*, (b_v^*)^{v-m^*+1}\mathfrak{s}_j^*) \\ \quad = (b_v^*)^{v-m^*+1}(b_v^*)^{(v-m^*+1)(j-d+2)}\mathrm{prem}(\mathfrak{s}_{j+1}^*, \mathfrak{s}_j^*) & (k=2 \text{ のとき}) \end{cases}$$

が成り立つ．各式の両辺の共通因子を除くことで，式 (4.43) を得る． □

例題 4-46 例題 4-31 において，$v^* = 5$ であり，

$\mathfrak{s}_6^* = f(x) = (2x^3 - 1)(x+3)(3x-2)^2$, $\quad \mathfrak{s}_5^* = g(x) = (x-5)(3x-2)^2$,

$\mathfrak{s}_4^* = 0$, $\qquad\qquad\qquad\qquad\qquad\qquad \mathfrak{s}_3^* = 9^2 \cdot g(x)$,

$\mathfrak{s}_2^* = 2^3 \cdot 3^9 \cdot 83 \cdot (3x-2)^2$, $\qquad\qquad \mathfrak{s}_1^* = 0$, $\quad \mathfrak{s}_0^* = 0$

である．$\mathfrak{s}_{j+1}^*$ が正則である $j = 5$ のときを考えると，$d = 3$ で，式 (4.42) は，$(p_6^*)^2 \mathfrak{s}_3^* - \mathrm{lc}(\mathfrak{s}_5^*)^2 \mathfrak{s}_5^* = 1^2 \cdot (9^2 \cdot g(x)) - 9^2 \cdot g(x) = 0$ から成り立つ．式 (4.43) も同様に $\mathrm{prem}(f, g) = \mathfrak{s}_2^*$ から確認できる． ◁

次は定理 4-45 の系である．

系 4-47 $0 \leq j < d$ を満たすすべての j に対して，$\mathrm{sres}_j(f, g) = 0$ かつ $\mathrm{sres}_d(f, g) \neq 0$ であるとき，$\mathrm{pp}(\gcd(f, g))$ と $\mathrm{pp}(\mathrm{sres}_d(f, g))$ は同伴である． ◁

また，部分終結式列の定理から係数膨張を抑止する最大公約因子計算のアルゴ

4.3 部分終結式と最大公約因子　101

アルゴリズム 4-2　（部分終結式を利用した最大公約因子の計算）
入力：$f(x), g(x) \in R[x] \setminus \{0\}$ （R は一意分解整域かつユークリッド整域）
出力：$\gcd(f, g) \in R[x]$

1: $f_1(x) := \mathrm{pp}(f);\ f_2(x) := \mathrm{pp}(g);\ i := 1;\ \beta_1 := 1;\ \gamma_1 := 1;$
2: $n_1 := \deg(f_1);\ n_2 := \deg(f_2);\ \beta_2 := \mathrm{lc}(f_2);\ \gamma_2 := \beta_2^{n_1 - n_2};$
3: **while** $f_{i+1}(x) \neq 0$ **do**
4: 　　$i := i + 1;\ f_{i+1}(x) := (-1)^{n_{i-1} - n_i + 1} \mathrm{prem}(f_{i-1}, f_i)/(\beta_{i-1} \gamma_{i-1}^{n_{i-1} - n_i});$
5: 　　$\beta_{i+1} := \mathrm{lc}(f_{i+1});\ n_{i+1} := \deg(f_{i+1});\ \gamma_{i+1} := \beta_{i+1}^{n_i - n_{i+1}} \gamma_i^{1 - n_i + n_{i+1}};$
6: **end while**
7: $\alpha := \gcd(\mathrm{cont}(f), \mathrm{cont}(g));$ 　　　　　　　　　（アルゴリズム 3-1 より）
8: **return** $\alpha \cdot \mathrm{pp}(f_i);$

リズムとして，アルゴリズム 4-2 が得られる．

定理 4-48　アルゴリズム 4-2 は正当性と停止性を有する． ◁

証明　停止性と計算量はユークリッド互除法（定理 3-15）に準ずるので，$\deg(f) \geq \deg(g)$ として，正当性のみを示す．$f(x)$ と $g(x)$ から生成される部分終結式列を，$\langle\!\langle \mathfrak{s}_{v+1}, \mathfrak{s}_v, \ldots, \mathfrak{s}_0 = \mathrm{sres}_0 \rangle\!\rangle$ とする．(A) $f_1(x) = f(x)$, $f_2(x) = g(x)$, $f_i(x) = \mathfrak{s}_{n_{i-1}-1}$ $(i > 2)$, (B) $\gamma_i = \mathrm{lc}(\mathfrak{s}_{n_i})$ となることを帰納法で示す．

$i = 0, 1, 2$ の場合に正しいことは，容易に確認できる．(A), (B) が i まで正しいと仮定して，第 4 行を定理 4-45 を利用して変換すると，

$$(-1)^{n_{i-1} - n_i + 1} \gamma_{i-1}^{n_{i-1} - n_i} \beta_{i-1} f_{i+1}(x)$$

$$= \mathrm{prem}(f_{i-1}, f_i) = \mathrm{prem}(\mathfrak{s}_{n_{i-2}-1}, \mathfrak{s}_{n_{i-1}-1})$$

$$= \mathrm{prem}\left(\left(\frac{\mathrm{lc}(\mathfrak{s}_{n_{i-1}})}{\mathrm{lc}(\mathfrak{s}_{n_{i-2}-1})}\right)^{n_{i-2} - n_{i-1} - 1} \mathfrak{s}_{n_{i-1}}, \mathfrak{s}_{n_i - 1}\right)$$

$$= \left(\frac{\mathrm{lc}(\mathfrak{s}_{n_{i-1}})}{\mathrm{lc}(\mathfrak{s}_{n_{i-2}-1})}\right)^{n_{i-2} - n_{i-1} - 1} \mathrm{prem}(\mathfrak{s}_{n_{i-1}}, \mathfrak{s}_{n_i - 1})$$

$$= \left(\frac{\gamma_{i-2}}{\beta_{i-1}}\right)^{n_{i-2} - n_{i-1} - 1} (-\gamma_{i-1})^{n_{i-1} - n_i + 1} \mathfrak{s}_{n_i - 1}$$

$$= (-1)^{n_{i-1}-n_i+1}\gamma_{i-1}^{n_{i-1}-n_i}\left(\gamma_{i-1}\left(\frac{\gamma_{i-2}}{\beta_{i-1}}\right)^{n_{i-2}-n_{i-1}-1}\right)\mathfrak{s}_{n_i-1}$$

$$= (-1)^{n_{i-1}-n_i+1}\gamma_{i-1}^{n_{i-1}-n_i}\beta_{i-1}\mathfrak{s}_{n_i-1}$$

となり，R が整域なので，$f_{i+1}(x) = \mathfrak{s}_{n_i-1}$ が示される．また，(A) が $i+1$ まで，(B) が i まで正しいと仮定すると，

$$\gamma_{i+1} = \beta_{i+1}^{n_i-n_{i-1}}\gamma_i^{1-n_i+n_{i-1}} = \mathrm{lc}(f_{i+1})^{n_i-n_{i-1}}\gamma_i^{1-n_i+n_{i-1}}$$

が得られる．定理 4-45 (4.42) の主係数を比較すると，次が得られる．

$$\gamma_{i-1}^{n_i-n_{i-1}-1}\mathrm{lc}(\mathfrak{s}_{n_i}) = \mathrm{lc}(\mathfrak{s}_{n_{i-1}-1})^{n_{i+1}-n_i}$$
$$= \mathrm{lc}(f_i)^{n_{i+1}-n_i} = \gamma_i^{n_i-n_{i-1}-1}\gamma_{i+1} \qquad \square$$

例題 4-49 3.2.5 項の最大公約因子をアルゴリズム 4-2 で計算する．

$f_1 := x^4 + x^3 + 2x^2 + 5x + 3$

$f_2 := 2x^3 + 2x^2 + x + 1$

$f_3 := (-1)^{4-3+1}\mathrm{prem}(f_1, f_2) = 6x^2 + 18x + 12,\ \beta_3 = 6,\ \gamma_3 = 6^{3-2} = 6$

$f_4 := (-1)^{3-2+1}\mathrm{prem}(f_2, f_3)/(4\cdot 4^{3-2}) = 81x + 81,\ \beta_4 = 81,\ \gamma_4 = 81$

$f_5 := (-1)^{2-1+1}\mathrm{prem}(f_3, f_4)/(81\cdot 81^{2-1}) = 0$

まだ十分ではないが，アルゴリズム 3-2 に比較すると係数の膨張を抑えられていることがわかる． ◁

演習問題

1. 例題 4-31 において，系 4-37 が成り立つことを確認せよ．

2. R を単位的可換環とし，$M \in R^{m\times n}$ とする．任意の $U \in R^{m\times m}$ に対して，$\mathrm{dpol}(UM) = \det(U)\cdot \mathrm{dpol}(M)$ を証明せよ．

3. $\mathrm{sres}_j(f, f')$ が正則でないような多項式 $f(x)$ の例を作成せよ．

第 5 章
有限体上の因数分解

有限体上の 1 変数多項式の因数分解は，次章において扱う一意分解整域上の因数分解の基本になるほか，有限体上の多項式に対する様々な計算の上でも欠かせないものであり，計算機代数の根幹をなす計算の一つと位置付けられる．そのアルゴリズムには，線型代数，環や有限体の性質が巧妙に用いられ，数学的にも興味深い理論を構成している．

5.1 有限体上の多項式

本章では，特に断りがない限り，p を素数，$q = p^\ell$（ℓ は正整数）とし，位数 q（標数 p）の有限体を $\mathbb{F}_q$ で表す（$\ell > 1$ ならば素体 $\mathbb{F}_p$ の拡大体となる）．本節では，有限体 $\mathbb{F}_q$ 上の 1 変数多項式の例を挙げたのち，本章を通して用いられる，有限体上の多項式に関する重要な性質（定理）を挙げる．

例題 5-1（有限体 $\mathbb{F}_q$ 上の 1 変数多項式の例） 有限体上の多項式は，整数，有理数や実数上の多項式にはない性質を持つことがある．以下，そのような例を挙げる．なお，理解しやすいよう $\mathbb{F}_2$ の元を $\mathbb{Z}/2\mathbb{Z}$ の代表元を用いて表現している．

- 多項式 $x^2 + 1$ は，整数環 $\mathbb{Z}$, 有理数体 $\mathbb{Q}$, 実数体 $\mathbb{R}$ 上で既約であるが，有限体 $\mathbb{F}_2$ 上では可約である．実際，$\mathbb{F}_2[x]$ において
$$(x+1)^2 = x^2 + 2x + 1 = x^2 + 1$$
であり，$x^2 + 1$ は $x + 1$ で割り切れる．
- $f(x) = (x - \alpha)^m \in \mathbb{F}_q[x]$ のとき，$q \mid m$ ならば $f'(x) = 0$. たとえば，$\mathbb{F}_2[x]$ において $f(x) = (x+1)^4 = x^4 + 1$ のとき，$f'(x) = 4x^3 = 0$. ◁

フェルマーの小定理は第 2 章でも触れたが，本章での重要な役割を担うため再

掲し，その結果として導かれる多項式の性質について述べる．

定理 5-2（フェルマーの小定理（有限体版）） 有限体 $\mathbb{F}_q$ の任意の元を α とする．このとき，$\alpha^q = \alpha$ が成り立つ． ◁

定理 5-3 多項式 $x^q - x \in \mathbb{F}_q[x]$ は，$\mathbb{F}_q$ 上において

$$x^q - x = \prod_{\alpha \in \mathbb{F}_q} (x - \alpha) \tag{5.1}$$

と因数分解される． ◁

証明 $\mathbb{F}_q$ の任意の元を α とするとき，多項式 $x - \alpha$ は $x^q - x$ を割り切る．なぜならば，定理 5-2 より，$\alpha^q = \alpha$，すなわち $\alpha^q - \alpha = 0$．因数定理より，$x - \alpha$ は $x^q - x$ を割り切る．さらに，α^* を α と異なる $\mathbb{F}_q$ の元とするとき，多項式 $x - \alpha$ と $x - \alpha^*$ は互いに素であるので，$\prod_{\alpha \in \mathbb{F}_q} (x - \alpha)$ は $x^q - x$ を割り切る．ところが，$\prod_{\alpha \in \mathbb{F}_q} (x - \alpha)$ および $x^q - x$ はともにモニックで次数も等しいので，両者は等しい． □

5.2 バールカンプアルゴリズム

　有限体上の 1 変数多項式の因数分解を行う初めての実用的な（決定的）アルゴリズムは，バールカンプ (Berlekamp) によって示された（参考文献 [5]）．現在では，後の節で述べるカンター・ザッセンバウス (Cantor-Zassenhaus) アルゴリズム（確率的アルゴリズム）が主流であるが，バールカンプアルゴリズムの理論的背景の面白さや歴史的な流れに鑑み，最初にバールカンプアルゴリズムについて述べる．

　まず，次項でバールカンプアルゴリズムの理論的背景を示し，それに基づくアルゴリズムの大まかな流れを述べる．そこで述べる理論の証明や，アルゴリズムの具体的な構成は，それ以降の項で順を追って述べる．

　以下，因数分解の対象とする 1 次以上の多項式を $f(x) \in \mathbb{F}_q[x]$ とし，$f(x)$ はモニックかつ無平方とする．また $f_1(x), \ldots, f_k(x) \in \mathbb{F}_q[x]$ を $f(x)$ の既約因子（モニックかつ無平方）とし，$f(x) = f_1(x) \cdots f_k(x)$ と因数分解されるものとする（$f(x)$ が既約の場合は，$k = 1$ となる）．

5.2.1 バールカンプアルゴリズムの流れとその理論的背景

バールカンプアルゴリズムで求められる計算は単純なものであるが，その理論的な背景は多少複雑であり，本項では既約因子を決定するまでの流れを概観し，詳細については以後の項で説明していく．以下では，$f(x)$ で生成されるイデアルを $\langle f \rangle$ で表す．

中国剰余定理による $f(x)$ とその既約因子による剰余環の関係

中国剰余定理より

$$\mathbb{F}_q[x]/\langle f \rangle \cong \mathbb{F}_q[x]/\langle f_1 \rangle \times \cdots \times \mathbb{F}_q[x]/\langle f_k \rangle \tag{5.2}$$

が成り立つ．ここで，右辺に現れる $\mathbb{F}_q[x]/\langle f_1 \rangle, \ldots, \mathbb{F}_q[x]/\langle f_k \rangle$ は，それぞれ $f_i(x)$ が既約であることから体をなしており，この性質を活用し以下で導入する f-簡約多項式の集合（$\mathbb{F}_q[x]/\langle f_i \rangle$ の部分集合）が $\mathbb{F}_q$ と同型となることを利用し，既約因子を求めるのが全体の流れとなる．

キーコンセプトである f-簡約多項式の導入

因数分解の対象とする多項式 $f(x)$ に対し，多項式 $g(x) \in \mathbb{F}_q[x]$ で

$$g(x)^q \equiv g(x) \pmod{f(x)} \tag{5.3}$$

を満たす f-**簡約多項式**（f-reducing polynomial）[1] が存在する（後述の定理 5-5）．また，そのような f-簡約多項式全体の集合を $G \subset \mathbb{F}_q[x]/\langle f \rangle$ とする．バールカンプアルゴリズムでは，この集合 G の元を用いて因数分解を行っていく．

f-簡約多項式の個数と $f(x)$ の既約因子の個数の関係

中国剰余定理の関係式 (5.2) により，次の写像 φ は環同型である．

$$\begin{array}{rccc} \varphi: & \mathbb{F}_q[x]/\langle f \rangle & \longrightarrow & \mathbb{F}_q[x]/\langle f_1 \rangle \times \cdots \times \mathbb{F}_q[x]/\langle f_k \rangle \\ & \cup & & \cup \\ & g(x) & \mapsto & (g(x) \bmod f_1(x), \ldots, g(x) \bmod f_k(x)) \end{array} \tag{5.4}$$

このとき，$g(x)^q \equiv g(x) \pmod{f(x)}$ ならば，$i = 1, \ldots, k$ に対し，$g(x)^q \equiv g(x) \pmod{f_i(x)}$ が成り立つので，f-簡約多項式の集合 G に対応する，$\mathbb{F}_q[x]/\langle f_i \rangle$ の

---

[1]「f-reducing polynomial」の呼称は，リドル (Lidl) とニーデレイター (Niederreiter)（参考文献 [36]）による．

部分集合 G_i を

$$G_i = \{\, g(x) \in \mathbb{F}_q[x]/\langle f_i \rangle \mid g(x)^q = g(x) \,\} \tag{5.5}$$

と置くと，写像 φ は G から $G_1 \times \cdots \times G_k$ への環準同型を引き起こす．ここで，φ を G から $G_1 \times \cdots \times G_k$ への写像に制限した写像を φ_G と置くと，φ_G が環同型であることが示される（定理 5-6）．さらに，$i = 1, \ldots, k$ に対し，$G_i \cong \mathbb{F}_q$ が成り立つ（補題 5-7）ことから，次の関係が成り立つ．

$$\begin{array}{ccccc}
\mathbb{F}_q[x]/\langle f \rangle & \cong & \mathbb{F}_q[x]/\langle f_1 \rangle & \times \cdots \times & \mathbb{F}_q[x]/\langle f_k \rangle \\
\cup & & \cup & & \cup \\
G & \cong & G_1 & \times \cdots \times & G_k \\
& & \| & & \| \\
& & \mathbb{F}_q & \times \cdots \times & \mathbb{F}_q
\end{array} \tag{5.6}$$

これより，$G \cong \mathbb{F}_q^k$，すなわち，その次元は $f(x)$ の既約因子の個数 k に等しいことがわかる（定理 5-8）．

f-簡約多項式をどのように求めるか

剰余環 $\mathbb{F}_q[x]/\langle f \rangle$ 上の写像で $g(x)$ を $g(x)^q - g(x)$ に写すものは，$\mathbb{F}_q[x]/\langle f \rangle$ をベクトル空間と見なした場合，その上の線形写像で表すことができる（これを $\mathcal{B}$ と置く）．すると，$G \cong \ker(\mathcal{B})$ が成り立つことから，すべての f-簡約多項式は $\ker(\mathcal{B})$ の基底から生成されることがわかる（定理 5-11）．また，$\mathcal{B}$ が線形写像であることから，$\ker(\mathcal{B})$ の基底計算は行簡約行列 (reduced row echelon form) への変換などを通して行える．

f-簡約多項式を用いた既約因子の計算方法

中国剰余定理から導かれる同型関係 ($G \cong \mathbb{F}_q^k$) より，それぞれの f-簡約多項式 $g(x)$ に対し，$\varphi(g(x)) = (\alpha_1, \ldots, \alpha_k) \in \mathbb{F}_q^k$ なる関係が成り立つ．この関係を $\mathbb{F}_q[x]$ で考えると，$g(x) \equiv \alpha_i \pmod{f_i(x)}$ となり，$f_i(x) \mid g(x) - \alpha_i$ が成り立つ．$f_i(x)$ は $f(x)$ の既約因子であるから $f_i(x) \mid f(x)$ であり，$f_i(x)$ は $f(x)$ と $g(x) - \alpha_i$ の共通因子であるので，$f_i(x) \mid \gcd(g - \alpha_i, f)$ が成り立つ．よって，$\gcd(g - \alpha_i, f)$ を計算することにより，$f_i(x)$ を含む $f(x)$ の因子を取り出すことが可能になる（定理 5-14）．

実際には，どの f-簡約多項式 $g(x)$ および $\alpha_i \in \mathbb{F}_q$ を選べば目的とする $f_i(x)$

を取り出すことができるかは不明であるが，原理的には，自明でない f-簡約多項式 $g(x)$ および $\mathbb{F}_q$ の元 α のすべての組合せに対し，$\gcd(g-\alpha,f)$ を計算することにより，$f(x)$ のすべての既約因子を取り出せる（定理 5-15）.

5.2.2 f-簡約多項式の存在性

本項では，バールカンプアルゴリズムを構成する鍵となる「f-簡約多項式」の存在性や中国剰余定理との関係に関する基本的性質を明らかにする.

定義 5-4（f-簡約多項式） 多項式 $f(x), g(x) \in \mathbb{F}_q[x]$ が
$$g(x)^q \equiv g(x) \pmod{f(x)} \tag{5.7}$$
を満たすとき，$g(x)$ を f-**簡約多項式**と呼ぶ. ◁

定理 5-5 多項式 $f(x) \in \mathbb{F}_q[x]$ をモニックかつ無平方とする．このとき，f-簡約多項式，すなわち式 (5.7) を満たす $g(x) \in \mathbb{F}_q[x]$ で，$\deg(g) < \deg(f)$ を満たすものが存在する. ◁

証明 $f(x)$ の因数分解を $f_1(x) \cdots f_k(x)$ とする．このとき，中国剰余定理により，任意の $\alpha_1, \ldots, \alpha_k \in \mathbb{F}_q$ に対し，$\mathbb{F}_q[x]$ の多項式 $g(x)$ で
$$g(x) \equiv \alpha_i \pmod{f_i(x)}, \quad \deg(g) < \deg(f)$$
を満たすものが存在する．すべての $i = 1, \ldots, k$ に対し，$g(x)^q \equiv \alpha_i^q \pmod{f_i(x)}$ が成り立つが，定理 5-2 により $\alpha_i^q = \alpha_i$ であるので，$g(x)^q \equiv \alpha_i \equiv g(x)$ $\pmod{f_i(x)}$，ゆえに $f_i(x) \mid (g(x)^q - g(x))$ が成り立つ．ところが，$f_i(x)$ は無平方な $f(x)$ の既約因子であり，$1 \leq i < j \leq k$ に対し，$f_i(x)$ と $f_j(x)$ は互いに素であるので，$f(x) \mid (g(x)^q - g(x))$，すなわち式 (5.7) が成り立ち，$g(x)$ は f-簡約多項式であることがわかる. □

なお，定理 5-2 より，任意の $\alpha \in \mathbb{F}_q$ はすべて f-簡約多項式となるため，**自明な f-簡約多項式**と呼ぶ．

定理 5-6 f-簡約多項式全体の集合を G（式 (5.6) の G と同一）とする．また，$G_1, \ldots, G_k$ を式 (5.5) の通り定め，式 (5.4) の φ を G から $G_1 \times \cdots \times G_k$ への写像に制限した環準同型写像を φ_G と置く．このとき，φ_G は環同型である. ◁

証明 $\mathbb{F}_q$ では,$(a-b)^q = a^q - b^q$ かつ $(ab)^q = a^q b^q$ が成立するため,集合 G が $\mathbb{F}_q[x]/\langle f \rangle$ の部分環で,G_i が $\mathbb{F}_q[x]/\langle f_i \rangle$ の部分環となることに留意しつつ,環準同型写像 φ_G が全単射であることを示す.φ_G が単射であることは,φ が単射であることから従う.よって,φ_G が全射であることを示す.φ は $\mathbb{F}_q[x]/\langle f \rangle$ から $\mathbb{F}_q[x]/\langle f_1 \rangle \times \cdots \times \mathbb{F}_q[x]/\langle f_k \rangle$ への全射であるので,$(g_1, \ldots, g_k) \in G_1 \times \cdots \times G_k$ に対し,ある $g(x) \in \mathbb{F}_q[x]/\langle f \rangle$ が存在して $\varphi(g) = (g_1, \ldots, g_k)$ が成り立つ.このとき,$\varphi(g^q) = (g_1^q, \ldots, g_k^q)$ であるが,$G_1, \ldots, G_k$ の定義 (5.5) より $(g_1^q, \ldots, g_k^q) = (g_1, \ldots, g_k)$ が成り立つ.よって

$$\varphi(g^q) = (g_1^q, \ldots, g_k^q) = (g_1, \ldots, g_k) = \varphi(g)$$

が成り立つが,φ は同型写像であり $g(x)^q = g(x)$,すなわち $g(x) \in G$ を得る.ゆえに φ_G が全射であることが示された. □

補題 5-7 式 (5.5) の G_i は $\mathbb{F}_q$ に同型,すなわち,$G_i \cong \mathbb{F}_q$ が成り立つ. ◁

証明 どの $f_i(x)$ も既約であるので,$\mathbb{F}_q[x]/\langle f_i \rangle$ は体をなし,これを係数体とする変数 X に関する多項式環 R を考えることができる.このとき,G_i の要素は R における方程式 $X^q - X = 0$ の解となる.ところが,$\mathbb{F}_q[x]/\langle f_i \rangle$ において代表元 α の剰余類を $[\alpha]$ で表すとすれば,定理 5-3 より,$X^q - X = \prod_{\alpha \in \mathbb{F}_q} (X - [\alpha])$ が成り立つので,方程式 $X^q - X = 0$ の解は $\mathbb{F}_q$ の元を代表元とする剰余類で尽くされる.よって,$G_i \cong \mathbb{F}_q$ が成り立つ. □

定理 5-6 および補題 5-7 より,次の性質が成り立つ.

定理 5-8 f-簡約多項式全体の集合を G とするとき,$G \cong \mathbb{F}_q^k$ となり,その $\mathbb{F}_q$ 上のベクトル空間としての次元は k,すなわち,$f(x)$ の既約因子の個数に等しい. ◁

5.2.3 f-簡約多項式の計算

本項では,前項の内容を受けて,f-簡約多項式の計算法を示す.以下,$f(x) \in \mathbb{F}_q[x]$ に対し,$g(x) \in \mathbb{F}_q[x]$ を $\deg(g) < \deg(f) = m$ を満たす f-簡約多項式とし,その係数を $b_i \in \mathbb{F}_q$ $(i = 0, \ldots, m-1)$,すなわち,$g(x) = b_{m-1} x^{m-1} + \cdots + b_0$ で表す.まず,基本的な性質を確認する.

補題 5-9 任意の $h(x) \in \mathbb{F}_q[x]$ に対し，$h(x)^q = h(x^q)$ が成り立つ． ◁

証明 与式を $h(x) = c_n x^n + c_{n-1} x^{n-1} + \cdots + c_1 x + c_0$ ($c_i \in \mathbb{F}_q$) とし，$h(x)^q$ を二項展開の繰り返しにより展開することで，定理 5-2 により $c_i^q = c_i$ であることから，以下の通り $h(x^q)$ に展開される．

$$h(x)^q = (c_n x^n + c_{n-1} x^{n-1} + \cdots + c_1 x + c_0)^q$$
$$= (c_n x^n)^q + (c_{n-1} x^{n-1})^q + \cdots + (c_1 x)^q + (c_0)^q \quad (5.8)$$
$$= c_n x^{nq} + c_{n-1} x^{(n-1)q} + \cdots + c_1 x^q + c_0 \quad \square$$

以下，$\mathbb{F}_q[x]$ の元 $h(x)$ を代表元とする剰余環 $\mathbb{F}_q[x]/\langle f \rangle$ の元 (剰余類) を $[h(x)]$ で表す．すると，補題 5-9 の証明に現れた式 (5.8) は次のように表せる．

$$[h(x)^q] = [h(x^q)]$$
$$= [c_n][x^{nq}] + [c_{n-1}][x^{(n-1)q}] + \cdots + [c_1][x^q] + [c_0]$$

この関係を f-簡約多項式の定義 (式 (5.7)) に当てはめると，次式が成り立つ．

$$[g(x)^q] = [g(x^q)] = [b_{m-1}][x^{(m-1)q}] + \cdots + [b_0] \quad (5.9)$$
$$= [g(x)] \ = [b_{m-1} x^{m-1} + \cdots + b_0] \quad (5.10)$$

このとき，$\mathbb{F}_q[x]/\langle f \rangle$ の完全代表系として，m 次未満の多項式をとれば，式 (5.9) の各 $[x^{(m-i)q}]$ を式 (5.10) のように $m-1$ 次以下の多項式で表せる．その結果を代入した式の両辺を比較することで，f-簡約多項式の係数 b_i が満たすべき条件が得られる．そこで，式 (5.9) に現れる $[x^{0 \cdot q}], [x^q], \ldots, [x^{(m-1)q}]$ を $m-1$ 次の多項式としてそれぞれ以下のように表す．

$$[x^{0 \cdot q}] = [b_{0,0}^* x^0 + b_{0,1}^* x^1 + \cdots + b_{0,m-1}^* x^{m-1}]$$
$$[x^{1 \cdot q}] = [b_{1,0}^* x^0 + b_{1,1}^* x^1 + \cdots + b_{1,m-1}^* x^{m-1}]$$
$$\vdots$$
$$[x^{(m-1) \cdot q}] = [b_{m-1,0}^* x^0 + b_{m-1,1}^* x^1 + \cdots + b_{m-1,m-1}^* x^{m-1}]$$

これらをそれぞれ式 (5.9) の各項に代入し，式 (5.10) と，x^j ($j = 0, \ldots, m-1$) の各係数を比較することにより，$b_0, \ldots, b_{m-1}$ に関する次の連立線形方程式が得

られる(本項では,$(b_0,\ldots,b_{m-1}) \in \mathbb{F}_q^m$ で行ベクトルを表し,行列 B の左上成分は $b_{0,0}^*$ となる).

$$(b_0,\ldots,b_{m-1}) \cdot B = (b_0,\ldots,b_{m-1}), \quad B = (b_{i,j}^*) \in \mathbb{F}_q^{m \times m}$$

この方程式に現れる行列 B は,**ピーター・バールカンプ行列** (Petr-Berlekamp 行列) と呼ばれる.行列 B を構成する手続きをアルゴリズム 5-1 に示すが,その前に,必要となる多項式とその係数ベクトルを相互変換する記法を導入しておく.

定義 5-10 $h(x) \in \mathbb{F}_q[x]/\langle f \rangle$ $(\deg(h) < m)$ の x^j の係数を第 j 成分(本項では成分の添字が 0 から始まることに注意)とする行ベクトルを $\mathrm{vect}(h) \in \mathbb{F}_q^m$ と表す.逆に,$\vec{h} \in \mathbb{F}_q^m$ の第 j 成分を x^j の係数とする多項式を $\mathrm{poly}(\vec{h}) \in \mathbb{F}_q[x]/\langle f \rangle$ で表す. ◁

アルゴリズム 5-1 (ピーター・バールカンプ行列)

入力: $f(x) \in \mathbb{F}_q[x]$ (モニックかつ無平方)
出力: $f(x)$ のピーター・バールカンプ行列 B
1: $m := \deg(f);\ B := O \in \mathbb{F}_q^{m \times m};$
　　　　　　　(O は零行列,以下 B の第 i 行ベクトルを $\vec{b_i}$ と表す)
2: $g_0(x) := 1;\ \vec{b_0} := \mathrm{vect}(g_0);\ g_1(x) := \mathrm{rem}(x^q, f);\ \vec{b_1} := \mathrm{vect}(g_1);$
3: **for** $i = 1$ **to** $m - 2$ **by** 1 **do**
4: 　　$g_{i+1}(x) := \mathrm{rem}(g_i \cdot g_1, f);\ \vec{b_{i+1}} := \mathrm{vect}(g_{i+1});$
5: **end for**
6: **return** B;

---

f-簡約多項式が満たすべき条件(方程式)は,m 次単位行列を E_m として,ピーター・バールカンプ行列を用いて,次のように整理できる.

$$(b_0,\ldots,b_{m-1}) \cdot (B - E_m) = \vec{0} \tag{5.11}$$

ゆえに,次の定理を得る.

定理 5-11 式 (5.11) の $B - E_m$ が表す線形写像を $\mathcal{B}$ と置く.このとき,f-簡約多項式の集合は $\ker(\mathcal{B})$ に等しい.すなわち,$G \cong \ker(\mathcal{B})$ が成り立つ. ◁

注意 5-12 剰余環 $\mathbb{F}_q[x]/\langle f \rangle$ の剰余類で定数 $\alpha \in \mathbb{F}_q$ を代表元に持つものは,常

に f-簡約多項式である（定理 5-2）．よって，$\ker(\mathcal{B})$ の基底の一つとして常に $(1, 0, \ldots, 0)$ が存在する．基底 $(1, 0, \ldots, 0)$ によって定まる f-簡約多項式は「自明な f-簡約多項式」であり，$f(x)$ が $\mathbb{F}_q$ 上既約のときには，f-簡約多項式としては自明な f-簡約多項式のみが存在する． ◁

以上の議論より，f-簡約多項式の計算は，式 (5.11) における行列 $B - E_m$ の左零空間（の基底）の計算に帰着されたことになる．零空間は普通に連立線形方程式を解けば得られるので，例えば，1) $B - E_m$ を $\tilde{L}$（転置 $\tilde{L}^T$ が行簡約行列となるよう）に列基本変形で変換し，2) 列主成分（ピボット）が対角成分になるよう（列）零ベクトルを適宜 $\tilde{L}$ に追加した行列 L を構成し，3) $E_m - L$ を求めれば，その非零の行ベクトルが $\ker(\mathcal{B})$ の 1 組の基底となる．これを簡易的にまとめたものが，アルゴリズム 5-2 である．

なお，アルゴリズム中に現れる **continue** は，以降の手続きを行わず直前の **for** 文の次の値の処理に移ることを，**except** は，例外的に **for** 文の処理を行わない値を，それぞれ意味する．

アルゴリズム 5-2 （f-簡約多項式）

入力： $B = (b_{i,j}^*) \in \mathbb{F}_q^{m \times m}$ （$f(x)$ のピーター・バールカンプ行列）
出力： f-簡約多項式の集合

1: $B := B - E_m$;
2: **for** $i = 0$ **to** $m - 2$ **by** 1 **do**
3:   **if** $b_{i,i}^* = \cdots = b_{i,m-1}^* = 0$ **then continue**;
4:   **else** $b_{i,i}^* \neq 0$ となるよう列交換を行う; **end if**
5:   $\vec{b_i^*} := (1/b_{i,i}^*) \cdot \vec{b_i^*}$;　　　　　　（$B$ の第 i 列ベクトルを $\vec{b_i^*}$ と表す）
6:   **for** $j = 0$ **to** $m - 1$ **by** 1 **except** i **do**
7:     $\vec{b_j^*} := \vec{b_j^*} - b_{i,j}^* \cdot \vec{b_i^*}$;
8:   **end for**
9: **end for**
10: $B := E_m - B$;
11: **return** B の非零な行ベクトル $\vec{b}$ に対応する $\mathrm{poly}(\vec{b}) \in \mathbb{F}_q[x]$ の集合;

5.2.4　f-簡約多項式を用いた既約因子の計算方法

本項では，前項までに求めた f-簡約多項式を用いて，どのように $f(x)$ の既約因子を計算するのかを述べる．この計算で重要な役割を担うことになる，f-簡約多項式の基本的な性質を以下の補題や定理で示しておく．

補題 5-13　任意の f-簡約多項式 $g(x)$ に対し，$g(x) \equiv \alpha_i \pmod{f_i(x)}$ $(i = 1, \ldots, k)$ を満たす $\alpha_1, \ldots, \alpha_k \in \mathbb{F}_q$ が存在する． ◁

証明　f-簡約多項式の定義より $g(x)^q \equiv g(x) \pmod{f(x)}$ が成り立ち，$f(x)$ は $\prod_{\alpha \in \mathbb{F}_q} (g(x) - \alpha)$ を割り切る（定理 5-3 を参照）．このとき，任意の $\alpha, \tilde{\alpha} \in \mathbb{F}_q$ $(\alpha \neq \tilde{\alpha})$ に対し，$g(x) - \alpha$ と $g(x) - \tilde{\alpha}$ は互いに素であり，$f(x)$ の各既約因子 $f_i(x)$ はそれぞれ特定の $g(x) - \alpha_i$ のみを割り切ることになる．すなわち，$g(x) \equiv \alpha_i \pmod{f_i(x)}$ $(i = 1, \ldots, k)$ を満たす $\alpha_1, \ldots, \alpha_k \in \mathbb{F}_q$ が存在する． □

定理 5-14　多項式 $f(x) \in \mathbb{F}_q[x]$ をモニックかつ無平方とする．このとき，任意のモニックな f-簡約多項式 $g(x) \in \mathbb{F}_q[x]$ に対し，次式が成り立つ．

$$f(x) = \prod_{\alpha \in \mathbb{F}_q} \gcd(f(x), g(x) - \alpha)$$ ◁

証明　補題 5-13 の条件を満たす $\alpha_1, \ldots, \alpha_k$ からなる $\mathbb{F}_q$ の部分集合を $\mathcal{A}$ とすれば，$f(x) = \prod_{\alpha \in \mathcal{A}} \gcd(f, g - \alpha)$ と書ける（同伴でなく等号なのはモニックのため）．一方，同じ理由から，$\prod_{\alpha \in \mathbb{F}_q \setminus \mathcal{A}} \gcd(f, g - \alpha) = 1$ であり，これらの積を求めることで，$f(x) = \prod_{\alpha \in \mathbb{F}_q} \gcd(f, g - \alpha)$ が成り立つ． □

定理 5-15　多項式 $f(x) \in \mathbb{F}_q[x]$ の既約因子を $f_1(x), \ldots, f_k(x)$ とし，$\ker(\mathcal{B})$ の 1 組の基底に対応する f-簡約多項式のうち，自明でないものを $g_2(x), \ldots, g_k(x)$ とする．このとき，任意の $f_i(x), f_j(x)$ $(i \neq j)$ に対して，次式を満たす $g_s(x)$ $(2 \leq s \leq k)$ と $\alpha \in \mathbb{F}_q$ が存在する．

$$f_i(x) \mid g_s(x) - \alpha, \quad f_j(x) \nmid g_s(x) - \alpha$$

すなわち，$f_i(x)$ と $f_j(x)$ は $\gcd(f, g_s - \alpha)$ により分離可能である． ◁

証明　背理法を用いて示す．ある $f_i(x), f_j(x)$ $(i \neq j)$ があって，すべての $g_s(x)$

$(2 \leq s \leq k)$ と $\alpha \in \mathbb{F}_q$ に対して,次式が成立していると仮定する.

$$f_i(x) \mid g_s(x) - \alpha \implies f_j(x) \mid g_s(x) - \alpha \tag{5.12}$$

補題 5-13 により,各 $g_s(x)$ に対して,$g_s(x) \equiv \alpha_s \pmod{f_i(x)}$ となる $\alpha_s \in \mathbb{F}_q$ が存在するので,仮定 (5.12) より,$g_s(x) \equiv \alpha_s \pmod{f_j(x)}$ となる.ここで,各 $g_s(x)$ は f-簡約多項式全体の集合のベクトル空間としての基底に含まれるため,任意の f-簡約多項式に対して,$\alpha \in \mathbb{F}_q$ が存在し,$f_i(x)$ を法とした場合も,$f_j(x)$ を法とした場合も,ともに α に合同であることになる.しかしながら,定理 5-5 の証明で示したように,$\alpha_i \neq \alpha_j$ なる $\alpha_i, \alpha_j \in \mathbb{F}_q$ に対しても,$g(x) \equiv \alpha_i \pmod{f_i(x)}$ かつ $g(x) \equiv \alpha_j \pmod{f_j(x)}$ となる f-簡約多項式が存在しなければならず矛盾する. □

この定理により,自明でない f-簡約多項式と $\mathbb{F}_q$ の元を組み合わせたものと,最大公約因子計算を繰り返すことで,$f(x)$ のすべての既約因子を分離できることが示された.以上の議論をまとめたのが,アルゴリズム 5-3 である.

定理 5-16 アルゴリズム 5-3 は正当性と停止性を有し,$\mathbb{F}_q$ 上の計算量は,$m = \deg(f)$ とし既約因子の個数を k とすれば,$O(m^3 + qkm^2)$ である. ◁

証明 アルゴリズムの正当性と停止性は,本節を通して示したので,以下では計算量が $O(m^3 + qkm^2)$ となることを証明する.まず,ピーター・バールカンプ行列 B を求めるアルゴリズム 5-1 に関しては,$g_1(x)$ の計算量は剰余計算のため $O(qm)$,それ以外の $g_i(x)$ の計算量は積,剰余ともそれぞれ $O(m^2)$ であり,合計で $O(qm + m^3)$ の計算量となる.零空間の計算で f-簡約多項式 $g_1(x), \ldots, g_k(x)$ を求めるアルゴリズム 5-2 の計算量は,連立線形方程式の解法の計算量と同じであり $O(m^3)$ となる.第 3 行から第 13 行にかけての既約因子の分離に関しては,第 4 行の **for** 文を最大 $k-1$ 回,第 6 行の **for each** 文を次数の和が m となる因子を対象に,第 7 行の最大公約因子計算をそれぞれ q 回行うことから,その計算量は $O(qkm^2)$ となる.以上より,全体の計算量は $O(m^3 + qkm^2)$ となる. □

5.2.5 バールカンプアルゴリズムの効率化

5.2.1 項 (f-簡約多項式を用いた既約因子の計算方法) でも述べたが,定理 5-15 が保証するのは,$f(x)$ の既約因子の分離可能性のみである.したがって,どの f-

アルゴリズム 5-3 （バールカンプアルゴリズム）

入力： $f(x) \in \mathbb{F}_q[x]$ （モニックかつ無平方）
出力： $f(x)$ の $\mathbb{F}_q$ 上の因数分解を与える既約因子の集合 $\{f_1(x), \ldots, f_k(x)\}$

1: アルゴリズム 5-1 で $f(x)$ のピーター・バールカンプ行列 B を求める;
2: アルゴリズム 5-2 で f-簡約多項式 $g_1(x), \ldots, g_k(x)$ を求める;
         （自明な f-簡約多項式を $g_1(x)$ とする）
3: **if** $k = 1$ **then return** $\{f(x)\}$; **else** $F := \{f(x)\}$; **end if**
4: **for** $i = 2$ **to** k **by** 1 **do**
5: $F' := \phi$;
6: **for each** $\bar{f}(x) \in F$ **do**
7:   $\tilde{F} := \{\gcd(\bar{f}, g_i - \alpha) \mid \alpha \in \mathbb{F}_q\} \setminus \mathbb{F}_q$; $\bar{f}(x) := \bar{f}(x) / \prod_{h \in \tilde{F}} h(x)$;
8:   **if** $\bar{f}(x) \neq 1$ **then** $\tilde{F} := \tilde{F} \cup \{\bar{f}(x)\}$; **end if**
9:   $F' := F' \cup \tilde{F}$;
10: **end for**
11: **if** $\mathrm{card}(F') = k$ **then return** F'; **end if**
12: $F := F'$;
13: **end for**

簡約多項式 $g(x)$ および $\alpha_i \in \mathbb{F}_q$ を選べば目的とする既約因子 $f_i(x)$ を取り出すことができるかは不明である．そのため，アルゴリズム 5-3 の後半のように，自明でない f-簡約多項式 $g(x)$ および $\mathbb{F}_q$ の元 α のすべての組合せに対し，最大公約因子を求める必要があり，特に，$\mathbb{F}_q$ の位数が大きい場合には効率が悪い．

この問題を改善する方法がザッセンハウス（Zassenhaus, 参考文献 [88]）により提案されている．次の定理により，f-簡約多項式 $g(x)$ に対し，$g(x) - \alpha$ が $f(x)$ と互いに素とならない $\alpha \in \mathbb{F}_q$ を事前計算できるため，位数が巨大な場合の全探索に比べ効率が改善される．

定理 5-17 任意の f-簡約多項式 $g(x)$ に対し，$h(x)$ を次式で定める．

$$h(x) = \prod_{\alpha \in \mathcal{A}} (x - \alpha), \quad \mathcal{A} = \{\alpha \in \mathbb{F}_q \mid \gcd(f(x), g(x) - \alpha) \neq 1\}$$

このとき，$h(x)$ は，$g(x)$ の $\mathbb{F}_q[x]/\langle f \rangle$ における最小多項式（すなわち，$h(g(x)) \equiv 0 \pmod{f(x)}$ を満たす最小次数の $h(x)$）である． ◁

証明 補題 5-13 により,各 $f_i(x)$ に対して,$g(x) \equiv \alpha_i \pmod{f_i(x)}$ となる $\alpha_i \in \mathbb{F}_q$ が存在するので,$f_i(x) \mid (g(x) - \alpha_i)$ $(i = 1, \ldots, k)$ が成り立つ.すなわち,$h(x)$ の定義より $\alpha_i \in \mathcal{A}$ となり,$f_i(x) \mid h(g(x))$ $(i = 1, \ldots, k)$ を得る.$f(x)$ は無平方なので,$f(x) \mid h(g(x))$ となり,$h(g(x)) \equiv 0 \pmod{f(x)}$ を満たすことが示せた.

次に,$h(x)$ の次数最小性を示すため,$\deg(\tilde{h}) < \deg(h)$ を満たす最小多項式 $\tilde{h}(x)$ の存在を仮定する.すなわち,$\mathcal{A}$ の元 x のうち $\tilde{h}(x) = 0$ を満たさないものが少なくとも 1 つある.その元を α とすれば,$\tilde{h}(x)$ は $x - \alpha$ で割り切れないため,ある $q(x) \in \mathbb{F}_q[x], r \in \mathbb{F}_q \setminus \{0\}$ を用いて,$\tilde{h}(x) = (x - \alpha)q(x) + r$ と表せる.ところが,集合 $\mathcal{A}$ の定義より,$f_i(x) \mid (g(x) - \alpha)$ となる $f_i(x)$ が存在する.また,$f_i(x) \mid f(x) \mid \tilde{h}(g(x))$ であることから,$f_i(x) \mid r$ となるが,これは矛盾である. □

定理 5-17 に基づくバールカンプアルゴリズムを,アルゴリズム 5-4 としてまとめる.なお,最小多項式とその零点計算については,参考程度にシンプルなアルゴリズムを採用している.

5.2.6 バールカンプアルゴリズムの実際

本項では,実際に $\mathbb{F}_5[x]$ における多項式 $f(x)$ の因数分解を,前項までに導いたアルゴリズムで計算する.なお,本項では簡単のため,$\mathbb{F}_5$ の元を整数を用いて表す.実際には,$\mathbb{F}_5$ に同型な $\mathbb{Z}/5\mathbb{Z}$ における,それぞれの整数を代表元とする剰余類を表していることに注意されたい.

$$f(x) = x^7 + 2x^5 + x^4 + 2x^3 + x^2 + x + 1$$

まず,アルゴリズム 5-1 でピーター・バールカンプ行列 B を求める.

$$B = \begin{pmatrix} 1 & 0 & 0 & 0 & 0 & 0 & 0 \\ 0 & 0 & 0 & 0 & 0 & 1 & 0 \\ 1 & 3 & 3 & 3 & 4 & 3 & 2 \\ 4 & 4 & 4 & 0 & 4 & 4 & 0 \\ 3 & 1 & 2 & 1 & 1 & 1 & 3 \\ 0 & 4 & 4 & 3 & 4 & 3 & 4 \\ 4 & 1 & 0 & 1 & 0 & 1 & 2 \end{pmatrix} \begin{matrix} \leftarrow x^0 \equiv 1 \\ \leftarrow x^5 \equiv x^5 \\ \leftarrow x^{10} \equiv 2x^6 + 3x^5 + 4x^4 + 3x^3 + 3x^2 + 3x + 1 \\ \leftarrow x^{15} \equiv 4x^5 + 4x^4 + 4x^2 + 4x + 4 \\ \leftarrow x^{20} \equiv 3x^6 + x^5 + x^4 + x^3 + 2x^2 + x + 3 \\ \leftarrow x^{25} \equiv 4x^6 + 3x^5 + 4x^4 + 3x^3 + 4x^2 + 4x \\ \leftarrow x^{30} \equiv 2x^6 + x^5 + x^3 + x + 4 \end{matrix}$$

アルゴリズム 5-4 （バールカンプアルゴリズムの改善）

入力： $f(x) \in \mathbb{F}_q[x]$（モニックかつ無平方）
出力： $f(x)$ の $\mathbb{F}_q$ 上の因数分解を与える既約因子の集合 $\{f_1(x), \ldots, f_k(x)\}$

1: アルゴリズム 5-1 で $f(x)$ のピーター・バールカンプ行列 B を求める;
2: アルゴリズム 5-2 で f-簡約多項式 $g_1(x), \ldots, g_k(x)$ を求める;
　　　　　　　　　　　　　　　　　（自明な f-簡約多項式を $g_1(x)$ とする）
3: **if** $k = 1$ **then return** $\{f(x)\}$; **else** $F := \{f(x)\}$; **end if**
4: **for** $i = 2$ **to** k **by** 1 **do**
5: 　　$F' := \phi$;
6: 　　**for each** $\bar{f}(x) \in F$ **do**
7: 　　　　アルゴリズム 5-5 で, $g_i(x)$ の最小多項式の零点集合 $\mathcal{A}$ を求める;
8: 　　　　$\tilde{F} := \{\gcd(\bar{f}, g_i - \alpha) \mid \alpha \in \mathcal{A}\} \setminus \mathbb{F}_q$; $\bar{f}(x) := \bar{f}(x) / \prod_{h \in \tilde{F}} h(x)$;
9: 　　　　**if** $\bar{f}(x) \neq 1$ **then** $\tilde{F} := \tilde{F} \cup \{\bar{f}(x)\}$; **end if**
10: 　　　$F' := F' \cup \tilde{F}$;
11: 　　**end for**
12: 　　**if** $\mathrm{card}(F') = k$ **then return** F'; **end if**
13: 　　$F := F'$;
14: **end for**

アルゴリズム 5-5 （最小多項式の零点集合）

入力： $f(x), g(x) \in \mathbb{F}_q[x]$（次数は正とする）
出力： $g(x)$ の $\mathbb{F}_q[x]/\langle f \rangle$ における最小多項式 $h(x) = \sum_i c_i x^i$ の零点集合

1: $g_0(x) := 1$; $n := 0$;
2: **repeat**
3: 　　$g_{n+1}(x) := \mathrm{rem}(g_n(x) \cdot g(x), f(x))$; $n := n+1$;
4: **until** $\exists c_i \in \mathbb{F}_q$, $\sum_{i=0}^{n} c_i \cdot g_i(x) = 0$ が非自明解を持つ;
5: **return** $\{\alpha \in \mathbb{F}_q \mid h(\alpha) = 0\}$;

次に，アルゴリズム 5-2 で f-簡約多項式 $g_1(x), \ldots, g_k(x)$ を求める．このとき，$B - E_7$ の列簡約は次のように進むため，結果として，f-簡約多項式 $g_1(x) = 1$, $g_2(x) = x^4 + 4x^3 + x^2$, $g_3(x) = x^6 + x^5 + 4x^3 + x$ を得る．

$$\begin{pmatrix} 0 & 0 & 0 & 0 & 0 & 0 & 0 \\ 0 & 4 & 0 & 0 & 0 & 1 & 0 \\ 1 & 3 & 2 & 3 & 4 & 3 & 2 \\ 4 & 4 & 4 & 4 & 4 & 4 & 0 \\ 3 & 1 & 2 & 1 & 0 & 1 & 3 \\ 0 & 4 & 4 & 3 & 4 & 2 & 4 \\ 4 & 1 & 0 & 1 & 0 & 1 & 1 \end{pmatrix} \xrightarrow[\text{列簡約}]{} \begin{pmatrix} 0 & 0 & 0 & 0 & 0 & 0 & 0 \\ 0 & 1 & 0 & 0 & 0 & 0 & 0 \\ 0 & 0 & 1 & 0 & 0 & 0 & 0 \\ 0 & 0 & 0 & 1 & 0 & 0 & 0 \\ 0 & 0 & 4 & 1 & 0 & 0 & 0 \\ 0 & 0 & 0 & 0 & 0 & 1 & 0 \\ 0 & 4 & 0 & 1 & 0 & 4 & 0 \end{pmatrix}$$

$$\xrightarrow[E_7 - B]{} \begin{pmatrix} 1 & 0 & 0 & 0 & 0 & 0 & 0 \\ 0 & 0 & 0 & 0 & 0 & 0 & 0 \\ 0 & 0 & 0 & 0 & 0 & 0 & 0 \\ 0 & 0 & 0 & 0 & 0 & 0 & 0 \\ 0 & 0 & 1 & 4 & 1 & 0 & 0 \\ 0 & 0 & 0 & 0 & 0 & 0 & 0 \\ 0 & 1 & 0 & 4 & 0 & 1 & 1 \end{pmatrix}$$

f-簡約多項式のベクトル空間としての次元 $\dim(\ker(\mathcal{B}))$ が 3 であるため，$f(x)$ は既約でないことがわかる．そこで，アルゴリズム 5-4 の第 4 行以降の既約因子の分離手順を進める．まず，$g_2(x)$ の最小多項式を求めると，$h(x) = x^3 + x^2 + 3x$ であり，その零点集合は $\{0, 1, 3\}$ である．そこで，これらの元を対象に最大公約因子計算を行うと，次の 3 つの因子が得られた．

$$\gcd(f, g_2 - 0) = x^2 + 4x + 1$$
$$\gcd(f, g_2 - 1) = x^3 + x + 1$$
$$\gcd(f, g_2 - 3) = x^2 + x + 1$$

これら因子の積は $f(x)$ に等しく，因子集合の濃度が 3 となり，f-簡約多項式のベクトル空間としての次元に一致するため，アルゴリズムは終了し，次の因数分解が得られたことになる．

$$f(x) = (x^2 + 4x + 1)(x^3 + x + 1)(x^2 + x + 1)$$

演習問題

1. バールカンプアルゴリズムが求める仮定（$f(x)$ はモニックかつ無平方）を不要とする上位のアルゴリズムを，第 3 章も参考にして組み立てよ．

2. 通常，$\mathbb{F}_q$ 上の演算は，$\mathbb{F}_p$ 上のベクトル空間として計算することが多い．このことを前提に，本節の各アルゴリズムの $\mathbb{F}_p$ 上の計算量を求めよ．

3. アルゴリズム 5-4 の正当性と停止性を証明し，その計算量を求めよ．なお，$h(\alpha)$ の評価は，ホーナー法を用いること．

5.3 因子次数分離分解・同次因子分離分解と効率化

本節では，カンター (Cantor) とザッセンバウスによるアルゴリズム 5-6 について述べる[2]．このアルゴリズムも，無平方な有限体上の 1 変数多項式を入力とすることは同じであるが，バールカンプアルゴリズムと異なり，確率的アルゴリズムであるということと，以下の 2 つの部分から構成される．

因子次数分離分解 (distinct degree factorization, DDF)
　　入力多項式を，次数が等しい既約因子からなる因子の積に分解する．

同次因子分離分解 (equal degree factorization, EDF)
　　因子次数分離分解で得られた因子を既約因子の積に分解する．

このように因子次数分離分解と同次因子分離分解を経て因数分解を行う方法は，有限体上の 1 変数多項式の因数分解アルゴリズムの主流となっている．

例題 5-18 多項式 $f(x) = (x^3+x+1)x(x+1) = x^5+x^4+x^3+x \in \mathbb{F}_2[x]$ についてとりあげる．$f(x)$ の $\mathbb{F}_2$ 上の既約因子は，x^3+x+1, x および $x+1$ であり，$f(x)$ は $\mathbb{F}_2$ 上無平方である．まず，$f(x)$ に対して因子次数分離分解を行うことで，$f(x)$ の因子として，$f_3(x) = x^3+x+1$ および $f_1(x) = x(x+1)$ を得る．ここで，$f_i(x)$ はそれぞれ $f(x)$ の i 次の既約因子の積であり，かつ $f(x) = f_1(x)f_3(x)$ であることに注意せよ．次に，$f_i(x)$ に対して同次因子分離分解を行うことで，$f_3(x) = x^3+x+1$ は $f(x)$ の既約因子であることがわかる．一方，$f_1(x)$ からは，$f(x)$ の既約因子として x および $x+1$ が得られる．以上により，$f(x)$ の $\mathbb{F}_2$ 上の因数分解が得られる． ◁

---

[2] 本書で紹介するものは，カンターとザッセンバウスによるアルゴリズムそのものではないが，その考え方に基づくため，カンター・ザッセンバウスアルゴリズムと呼ぶ．

5.3　因子次数分離分解・同次因子分離分解と効率化

アルゴリズム 5-6（カンター・ザッセンバウス）
入力：$f(x) \in \mathbb{F}_q[x]$（モニックかつ無平方）
出力：$f(x)$ の $\mathbb{F}_q$ 上の因数分解を与える既約因子の集合 $\{f_1(x), \ldots, f_k(x)\}$
1: $F := \phi$;
2: $f(x)$ の因子次数分離分解 $\{\bar{f}_1(x), \ldots, \bar{f}_{k_1}(x)\}$ をアルゴリズム 5-7 で求め，その結果を F' とする；
3: **for each** $\bar{f}(x) \in F'$ **do**
4: 　**if** $\deg(\bar{f}) > 0$ **then**
5: 　　$\bar{f}(x)$ の同次因子分離分解 $\{\bar{\bar{f}}_1(x), \ldots, \bar{\bar{f}}_{k_2}(x)\}$ をアルゴリズム 5-9 で求め，その結果を $\bar{F}$ とする；
6: 　　$F := F \cup \bar{F}$;
7: 　**end if**
8: **end for**
9: **return** F;

5.3.1　因子次数分離分解 (DDF)

本項では因子次数分離分解の基礎になる理論を述べ，アルゴリズムを示す．まず，因子次数分離分解を支えるのは以下の定理である（定理 5-3 は，次の定理において $n = 1$ と置いた場合に相当する）．

定理 5-19　多項式 $h(x) \in \mathbb{F}_q[x]$ は $\mathbb{F}_q$ 上既約とし，n を正整数とする．このとき，$h(x) \mid x^{q^n} - x$ の必要十分条件は，$\deg(h) \mid n$ である．すなわち，$x^{q^n} - x$ は次数が n の約数となる既約なモニック多項式の積で表せる．　◁

証明　以下，$g(x) = x^{q^n} - x$ と置き，「$h(x) \mid g(x) \Leftrightarrow \deg(h) \mid n$」を示す．最初に，$h(x)$ は既約であるので，剰余環 $\mathbb{F}_q[x]/\langle h(x)\rangle$ は体をなし，その位数は $q^{\deg(h)}$ であることに注意する．

まず，十分性を示す．次数を $n = k \cdot \deg(h)$ と置き，$\tilde{h}(x)$ を $\mathbb{F}_q[x]/\langle h(x)\rangle$ の任意の元とすれば，定理 5-2 より $\tilde{h}(x)$ は $\tilde{h}(x)^{q^{\deg(h)}} = \tilde{h}(x)$ を満たし，かつ

$$\tilde{h}(x)^{q^n} = \underbrace{(\cdots((\tilde{h}(x)^{q^{\deg(h)}})^{q^{\deg(h)}})\cdots)^{q^{\deg(h)}}}_{k} = \tilde{h}(x)$$

を満たす．剰余環 $\mathbb{F}_q[x]/\langle h(x)\rangle$ における剰余類を $[\cdot]$ で表し，任意の元 $\tilde{h}(x)$ として $[x]$ をとれば，次の変形により，剰余環上で $[g(x)]$ は $[0]$ となる．

$$[g(x)] = [x]^{q^n} - [x] = \tilde{h}(x)^{q^n} - \tilde{h}(x) = [0]$$

これは $\mathbb{F}_q[x]$ 上で $g(x) \equiv 0 \pmod{h(x)}$ を意味し，$h(x) \mid g(x)$ が成り立つ．

次に，必要性を示す．$\mathbb{F}_q$ の n 次拡大体 $\mathbb{F}_{q^n}$ に定理 5-3 を適用することで，$g(x) = \prod_{\alpha \in \mathbb{F}_{q^n}}(x - \alpha)$ を得るので，$h(x) \mid g(x)$ ならば，部分集合 $\mathcal{A} \subset \mathbb{F}_{q^n}$ が存在して $h(x) = \prod_{\alpha \in \mathcal{A}}(x - \alpha)$ が成り立つ．$\mathbb{F}_q$ に $\mathcal{A}$ を添加した体 $\mathbb{F}_q(\mathcal{A})$ は，準同型定理より $\mathbb{F}_q[x]/\langle h(x)\rangle \simeq \mathbb{F}_q(\mathcal{A}) \subseteq \mathbb{F}_{q^n}$ を満たす．このとき，拡大次数の関係から次式が成り立ち，ゆえに $\deg(h) \mid n$ を得る．

$$n = [\mathbb{F}_{q^n} : \mathbb{F}_q] = [\mathbb{F}_{q^n} : \mathbb{F}_q(\mathcal{A})][\mathbb{F}_q(\mathcal{A}) : \mathbb{F}_q] = [\mathbb{F}_{q^n} : \mathbb{F}_q(\mathcal{A})] \times \deg(h) \quad \square$$

定理 5-19 を用いた因子次数分離分解が，アルゴリズム 5-7 である．

アルゴリズム 5-7（因子次数分離分解 (DDF)）

入力：$f(x) \in \mathbb{F}_q[x]$（モニックかつ無平方）
出力：$f(x)$ の因子次数分離分解を与える多項式の集合 $\{f_1(x), \ldots, f_k(x)\}$
（$f_i(x)$ は i 次既約因子の積）

1: $g_0(x) := x$; $h_0(x) := f(x)$; $k := 0$;
2: **while** $h_k(x) \neq 1$ **do**
3: 　　$k := k+1$; $g_k(x) := \text{rem}(g_{k-1}^q, h_{k-1})$;
4: 　　$f_k(x) := \gcd(g_k - x, h_{k-1})$; $h_k(x) := h_{k-1}(x)/f_k(x)$;
5: **end while**
6: **return** $\{f_1(x), \ldots, f_k(x)\}$;

定理 5-20 アルゴリズム 5-7 は正当性と停止性を有し，その $\mathbb{F}_q$ 上の計算量は，$O(m^3 \log(q))$ である．なお，$m = \deg(f)$ とする． ◁

証明 定理 3-6 により，$\deg(f) > 1$ であれば，**while** 内での剰余計算を伴う最大公約因子計算が定理 5-19 の求める形になっていることがわかり，$f_i(x)$ は $f(x)$ の i 次既約因子の積となる．一方，$\deg(f) = 1$ の場合も定理 5-2 により，$g_1(x) =$

$-f(0)$ となり，$f_1(x)$ が $f(x)$ （の 1 次因子）となる．$f(x)$ の既約因子は高々 m 次であり，定理 5-19 によりこのループは最大でも m 回で終わることが保証される．ゆえに，アルゴリズムは正当性と停止性を有する．

計算量は以下の通り見積もられる．**while** ループ内では，剰余計算，最大公約因子計算，多項式除算が行われる．このうち，剰余計算 $\mathrm{rem}(g_{i-1}^q, h_{i-1})$ では，$\mathbb{F}_q[x]/\langle h_{i-1}\rangle$ における $g_{i-1}(x)^q$ の計算と見なすことで，高々 m 次未満の多項式の積と剰余計算を合わせて $O(\log(q))$ 回行う．よって，$\mathrm{rem}(g_{i-1}^q, h_{i-1})$ の計算量は $O(m^2 \log(q))$ で抑えられる．最大公約因子計算と多項式除算は，高々 $O(m^2)$ のため比して無視できる．**while** ループは最大で m 回繰り返されるため，アルゴリズム全体の計算量は $O(m^3 \log(q))$ と見積もられる． □

5.3.2 同次因子分離分解 (EDF) の枠組み

本項では，前項の因子次数分離分解の結果を受け，与えられた多項式の同じ次数の既約因子の積から各既約因子を取り出す同次因子分離分解の枠組み（仕組み）について述べる．

以下，因子次数分離分解が行われた結果，同次因子分離分解の対象となる多項式 $f(x) \in \mathbb{F}_q[x]$ は，k 個の n 次の既約因子 $f_1(x), \ldots, f_k(x)$ の積に分解されると仮定できる．すなわち，$kn = m = \deg(f)$ が成り立っているとする．また，$k=1$ のとき因数分解は必要ないため，$k>1$ も仮定する．このとき，任意の $i \neq j$ に対し，$f_i(x)$ と $f_j(x)$ は互いに素であるので，中国剰余定理より，次の同型関係が存在する．

$$\mathbb{F}_q[x]/\langle f(x)\rangle \cong \mathbb{F}_q[x]/\langle f_1(x)\rangle \times \cdots \times \mathbb{F}_q[x]/\langle f_k(x)\rangle \tag{5.13}$$

そこで，次の環同型を考える．

$$\begin{array}{rccc} \psi: & \mathbb{F}_q[x]/\langle f(x)\rangle & \longrightarrow & \mathbb{F}_q[x]/\langle f_1(x)\rangle \times \cdots \times \mathbb{F}_q[x]/\langle f_k(x)\rangle \\ & \cup & & \cup \\ & g(x) & \mapsto & (g(x) \bmod f_1(x), \ldots, g(x) \bmod f_k(x)) \end{array} \tag{5.14}$$

上の ψ において，各 $g(x) \bmod f_i(x)$ をそれぞれ $\psi_i(g)$ で表す．$i = 1, \ldots, k$ に対し，$\psi_i(g) = 0$ ならば，またそのときに限り，$f_i(x) \mid g(x)$ であることに注意する．このとき，$g(x)$ が一部の i に対してのみ $\psi_i(g) = 0$ を満たすのであれば，$\gcd(g, f) = \prod_{\psi_i(g)=0} f_i(x)$ が成り立ち，$f(x)$ の 1 個以上の既約因子（の積）を分

離できる．このような多項式 $g(x)$ を $f(x)$ の**分離多項式** (splitting polynomial) と呼ぶ[3]．

バールカンプアルゴリズムでは，$g(x)$ として f-簡約多項式を扱ったが，カンター・ザッセンバウスアルゴリズムの特徴は，$g(x)$ を無作為（ランダム）に与え，$f(x)$ の既約因子をうまく取り出せるような $g(x)$ を探索する点にある．このような分離多項式は，奇標数（p が奇素数）と偶標数（$p = 2$）それぞれの場合で分けて考える必要があるため，まず，奇標数の場合を次の項で扱い，その後で偶標数についてとりあげる．

5.3.3 奇標数の場合の分離多項式

本項では，奇標数の場合の同次因子分離分解について扱うため，以下，位数 q は奇数と仮定する．このとき，定理 5-19 により，n 次の既約因子の積（すなわち，$f(x)$）は多項式 $g(x) = x^{q^n} - x$ に因子として含まれる．よって，q が奇数であることから $q^n - 1$ は偶数となり，次のような合同式が得られる．

$$g(x) = x^{q^n} - x = x(x^{(q^n-1)/2} + 1)(x^{(q^n-1)/2} - 1) \equiv 0 \pmod{f(x)}$$

奇標数では，この関係式を用いて，m 次未満の分離多項式を探索していく．

まず，任意の m 次未満の多項式 $h(x) \in \mathbb{F}_q[x]$ が，$\gcd(h, f) \neq 1$ を満たすならば $h(x)$ は分離多項式となるので，探索は終了する．そこで，$\gcd(h, f) = 1$ の場合を考える（すなわち，$i = 1, \ldots, k$ に対し $h(x) \not\equiv 0 \pmod{f_i(x)}$）．このとき，多項式 $h(x)$ は分離多項式でないが，$g(x)$ に代入を行うことで，次の関係が得られる．

$$g(h(x)) = h(x)(h(x)^{(q^n-1)/2} + 1)(h(x)^{(q^n-1)/2} - 1) \equiv 0 \pmod{f(x)}$$

仮定より $\gcd(h, f) = 1$ なので，少なくとも $h(x)^{(q^n-1)/2} \pm 1$ のどちらかは $f(x)$ と互いに素ではない．実際には，$f(x)$ のすべての既約因子が片方にのみ含まれる可能性もあり，それらが分離多項式となるか否かは定かではないが，その確率は次の補題で示すことができる．なお，簡単のため $e = (q^n - 1)/2$ と置く．

補題 5-21 分離多項式でない m 次未満の多項式 $h(x) \in \mathbb{F}_q[x]$ を無作為に選ぶとき，$h(x)^e - 1$ が分離多項式となる確率は，$\dfrac{1}{2}$ 以上である． ◁

---

[3]「splitting polynomial」の呼称は，フォンツァガテン (von zur Gathen) とゲルハルト (Gerhard) による（参考文献 [79]）．

証明 既約因子に対応する各 $\mathbb{F}_q[x]/\langle f_i(x)\rangle$（式 (5.13) の同型関係の右辺）は，$f_i(x)$ が n 次の $\mathbb{F}_q$ 上既約な多項式であることから，$\mathbb{F}_q$ の代数拡大体 $\mathbb{F}_{q^n}$ と同型となる．この対応を同型写像 χ_i $(i=1,\ldots,k)$ を用いて次で表す．

$$\chi_i : \mathbb{F}_q[x]/\langle f_i(x)\rangle \cong \mathbb{F}_{q^n}$$

ここで，定理 5-2 より，$\mathbb{F}_{q^n}$ において，

$$\chi_i(h^e)^2 = \chi_i(h)^{2e} = \chi_i(h)^{q^n-1} = 1$$

となることから，$\chi_i(h^e) = \pm 1$ を得る．いま，$h(x)$ は無作為に選ばれているので，$\chi_i(h^e) = 1$ となる確率は $\dfrac{1}{2}$ である．さらに，$\chi_i(h^e)=1$ を仮定すると，$\mathbb{F}_{q^n}$ において，

$$\chi_i(h^e - 1) = \chi_i(h^e) - \chi_i(1) = 1 - 1 = 0$$

となることから，$h(x)^e - 1 \equiv 0 \pmod{f_i(x)}$ も成立している．よって，$h(x)^e - 1$ が分離多項式となるためには，$\chi_i(h^e-1)$ $(i=1,\ldots,k)$ の値がすべて等しくならないことが必要で，その確率は，次式により $\dfrac{1}{2}$ 以上である．

$$1 - 2 \times \left(\frac{1}{2}\right)^k = 1 - \left(\frac{1}{2}\right)^{k-1} \geq \frac{1}{2} \qquad \square$$

5.3.4 偶標数の場合の分離多項式

続いて，偶標数 $(p=2)$ の場合の分離多項式について述べる．以下，位数 q は偶数と仮定する（すなわち，$q = 2^\ell$）．このとき，奇標数の場合と同じく定理 5-19 により，n 次の既約因子の積（すなわち，$f(x)$）は多項式 $g(x) = x^{q^n} - x$ に因子として含まれる．標数が 2 であることに注意すると，次のような合同式が得られる．

$$g(x) = x^{q^n} - x = x^{2^{\ell n}} - x = \mathrm{Tr}_{\ell n}(x)(\mathrm{Tr}_{\ell n}(x) + 1) \equiv 0 \pmod{f(x)}$$

ここで，$\mathrm{Tr}_m(x)$ は $\sum_{i=0}^{m-1} x^{2^i}$ で定義される多項式である．偶標数では，この関係式により，奇標数の場合と似た手順で分離多項式を探索していく．

まず，任意の m 次未満の多項式 $h(x) \in \mathbb{F}_q[x]$ が，$\gcd(h,f) \neq 1$ を満たすならば $h(x)$ は分離多項式となるので，探索は終了する．そこで，$\gcd(h,f) = 1$ の場合を考える（すなわち，$i=1,\ldots,k$ に対し $h(x) \not\equiv 0 \pmod{f_i(x)}$）．このとき，多項式 $h(x)$ は分離多項式でないが，$g(x)$ に代入を行うことで，次の関係が得られる．

$$g(h) = \text{Tr}_{\ell n}(h)(\text{Tr}_{\ell n}(h) + 1) \equiv 0 \pmod{f(x)}$$

よって,少なくとも $\text{Tr}_{\ell n}(h)$ か $\text{Tr}_{\ell n}(h) + 1$ のどちらかは $f(x)$ と互いに素ではない.実際には,$f(x)$ のすべての既約因子が片方にのみ含まれる可能性もあり,分離多項式となるかは確定できないが,その確率は次の補題で示すことができる.

補題 5-22 分離多項式でない m 次未満の多項式 $h(x) \in \mathbb{F}_q[x]$ を無作為に選ぶとき,$\text{Tr}_{\ell n}(h)$ が分離多項式となる確率は,$\frac{1}{2}$ 以上である. ◁

証明 既約因子に対応する各 $\mathbb{F}_q[x]/\langle f_i(x) \rangle$(式 (5.13) の同型関係の右辺)は,$f_i(x)$ が n 次の $\mathbb{F}_q$ 上既約な多項式であることから,$\mathbb{F}_q$ の代数拡大体 $\mathbb{F}_{q^n}$ と同型となる.この対応を同型写像 χ_i $(i = 1, \ldots, k)$ を用いて次で表す.

$$\chi_i : \mathbb{F}_q[x]/\langle f_i(x) \rangle \cong \mathbb{F}_{q^n} = \mathbb{F}_{2^{\ell n}}$$

ここで,定理 5-2 より,$\mathbb{F}_{2^{\ell n}}$ において,

$$(\chi_i(\text{Tr}_{\ell n}(h))(\chi_i(\text{Tr}_{\ell n}(h)) + 1) = \chi_i(\text{Tr}_{\ell n}(h)(\text{Tr}_{\ell n}(h) + 1))$$
$$= \chi_i(h^{2^{\ell n}} - h) = \chi_i(h)^{2^{\ell n}} - \chi_i(h) = 0$$

となることから,$\chi_i(\text{Tr}_{\ell n}(h)) = 0, 1$ を得る.いま,$h(x)$ は無作為に選ばれているので,$\chi_i(\text{Tr}_{\ell n}(h)) = 0$ となる確率($\text{Tr}_{\ell n}(h) \equiv 0 \pmod{f_i(x)}$ となる確率)は $\frac{1}{2}$ である.よって,$\text{Tr}_{\ell n}(h)$ が分離多項式となるためには,$\chi_i(\text{Tr}_{\ell n}(h))$ $(i = 1, \ldots, k)$ の値がすべて同じにならないことが必要で,その確率は,次式により $\frac{1}{2}$ 以上である.

$$1 - 2 \times \left(\frac{1}{2}\right)^k = 1 - \left(\frac{1}{2}\right)^{k-1} \geq \frac{1}{2} \qquad \square$$

5.3.5 同次因子分離分解のアルゴリズム

前項までの議論に基づき,同次因子分離分解のアルゴリズムとしてまとめたものが,アルゴリズム 5-8 と 5-9 である.これらの確率的なアルゴリズムの正当性は,補題 5-21 と 5-22 により保証されるため,以下では,その計算量のみを示しておく.

5.3 因子次数分離分解・同次因子分離分解と効率化　125

アルゴリズム 5-8 （分離多項式による同次因子の分解）
入力： $f(x) \in \mathbb{F}_q[x]$ （モニックかつ無平方で各既約因子は n 次）（$q = p^\ell$）
出力： $g(x) \mid f(x)$ を満たす $g(x) \in \mathbb{F}_q[x]$，または，**失敗**
 1: **if** $\deg(f) = n$ **then return** $f(x)$; **end if**
 2: $\deg(h) < \deg(f)$ を満たす $h(x) \in \mathbb{F}_q[x] \setminus \mathbb{F}_q$ を無作為に選ぶ;
 3: $g(x) := \gcd(h, f)$;
 4: **if** $g(x) \neq 1$ **then return** $g(x)$; **end if**
 5: **if** $p = 2$ **then**
 6: 　　$h(x) := \mathrm{rem}(\mathrm{Tr}_{\ell n}(h), f)$;
 7: **else**
 8: 　　$h(x) := \mathrm{rem}(h^{(q^n-1)/2} - 1, f)$;
 9: **end if**
10: $g(x) := \gcd(h, f)$;
11: **if** $g(x) \neq 1$ **then return** $g(x)$; **end if**
12: **return 失敗**;

補題 5-23　アルゴリズム 5-8 の $\mathbb{F}_q$ 上の計算量は，$O(n \log(q) m^2)$ である．なお，$m = \deg(f)$ とする． ◁

証明　第 3 行と第 10 行の最大公約因子計算は，高々 m 次の多項式同士のため，その計算量は $O(m^2)$ である．第 6 行と第 8 行の剰余計算部分は，$\mathbb{F}_q[x]/\langle f(x) \rangle$ における累乗計算と見なすことで，高々 m 次未満の多項式の積と剰余計算を合わせて $O(\log(q^n))$ 回することで行える．よって，これらの計算量は $O(n \log(q) m^2)$ で抑えられる． □

補題 5-24　アルゴリズム 5-9 の $\mathbb{F}_q$ 上の計算量は，$O(n \log(q) m^2 \log(k))$ である．なお，$m = \deg(f)$ とし，既約因子の個数を k とする． ◁

証明　アルゴリズムの本質的な部分は，第 8 行のアルゴリズム 5-8 の呼び出しと，第 12 行の割り算のみである．前者の計算量は，$t = \deg(g)$ とすれば，補題 5-23 により $O(n \log(q) t^2)$ であり，後者は高々 $O(t^2)$ である．$\sum_{g \in G} \deg(g) \leq m$ なの

アルゴリズム 5-9 （同次因子分離分解 (EDF)）

入力: $f(x) \in \mathbb{F}_q[x]$ （モニックかつ無平方で，各既約因子は n 次）
出力: $f(x)$ の同次因子分離分解を与える既約因子の集合 $\{f_1(x), \ldots, f_k(x)\}$

1: $G := \{f(x)\}; F := \phi; k := \deg(f)/n;$
2: **while** $\mathrm{card}(F) < k$ **do**
3:    $G' := \phi;$
4:    **for each** $g(x) \in G$ **do**
5:      **if** $\deg(g) = n$ **then**
6:        $F := F \cup \{g(x)\};$
7:      **else**
8:        アルゴリズム 5-8 を $g(x)$ に適用した結果を $g_1(x)$ とする;
9:        **if** $g_1(x) =$ **失敗** **then**
10:          $G' := G' \cup \{g(x)\};$
11:        **else**
12:          $G' := G' \cup \{g_1(x), g(x)/g_1(x)\};$
13:        **end if**
14:      **end if**
15:    **end for**
16:    $G := G';$
17: **end while**
18: **return** $F;$

で，第 4 行の **for each** 文全体の計算量は，$O(n \log(q) m^2)$ で抑えられる．

第 2 行の **while** 文の繰り返し数は，$m = kn$ 次の多項式が k 個の n 次の多項式に分割されるまでであるが，それはアルゴリズム 5-8 が失敗する確率に依存する．いま，**while** 文を k_1 回繰り返した後も，ある既約因子の組 $f_i(x)$ と $f_j(x)$ が分離されていない確率は，補題 5-21 と 5-22 により高々 2^{-k_1} である．既約因子の組合せは，高々 k^2 組なので，k_1 繰り返し後に $\mathrm{card}(F) = k$ となっていない確率 Pr_{k_1} は高々 $2^{-k_1} k^2$ となる．すなわち，繰り返しがちょうど k_1 回となる確率は，$\mathrm{Pr}_{k_1-1} - \mathrm{Pr}_{k_1}$ で表せる．これを用いて，繰り返し数の期待値を求める．なお，$k_2 = \lceil 2\log_2(k) \rceil$ とする．

$$\sum_{k_1=1}^{\infty} k_1(\Pr_{k_1-1} - \Pr_{k_1}) = \sum_{k_1=0}^{\infty} \Pr_{k_1} = \sum_{k_1=0}^{k_2-1} \Pr_{k_1} + \sum_{k_1=k_2}^{\infty} \Pr_{k_1}$$
$$\leq \sum_{k_1=0}^{k_2-1} 1 + \sum_{k_1=k_2}^{\infty} 2^{-k_1} k^2 = k_2 + 2^{-k_2} k^2 \sum_{k_1=0}^{\infty} 2^{-k_1}$$
$$\leq k_2 + 1 \times 2 = O(\log(k))$$

よって,トータルの計算量は,$O(n \log(q) m^2 \log(k))$ となる. □

演習問題

1. 定理 5-20 の証明における主張「**while** 内での剰余計算を伴う最大公約因子計算が定理 5-19 の求める形になっている」が正しいことを確認せよ.

2. アルゴリズム 5-6 の $\mathbb{F}_q$ 上の計算量を求めよ.

3. 本来のカンター・ザッセンバウスアルゴリズムは,無作為に選択された分離多項式を用いる代わりに,バールカンプアルゴリズムにおける f-簡約多項式を(その基底を用いて)無作為に与えるものである.具体的にアルゴリズムを記述せよ.

第 6 章

一意分解整域上の因数分解

一意分解整域上で多項式を因数分解することは，その商体上での因数分解を求めることと同じであり，多くの場面で必要とされる基本的な操作となる．しかしながら，代表的な整域である整数環（その商体である有理数体）上での因数分解に関しても，理論的に効率的な方法は 1980 年代に初めて発見されている．これは，因数分解が基本的な操作にもかかわらず，前章までの多くの理論を必要とするためである．本章では，整数環上の因数分解を行う古典的であるが，比較的効率的なアルゴリズムであるザッセンバウス (Zassenhaus) アルゴリズムを中心にとりあげ，因数分解の理論的な面白さに触れる．

6.1 ヘンゼル構成

整数係数多項式を整数の範囲で因数分解することは，多項式の基本的な操作であり，中等数学教育においても学習する内容となっている．しかしながら，この因数分解を整数環上で直接求める効率的な方法は知られておらず，第 5 章で述べたように有限体上での因数分解を経由して行う必要がある．このとき，有限体上で因数分解した結果から，本来求めるべき整数環上の因子を復元する必要があり，本書ではその方法として第 3 章でも扱ったヘンゼル構成を用いる．

簡単な例として，$x^2 + 13x + 42 = (x+6)(x+7) \in \mathbb{Z}[x]$ を有限体 $\mathbb{F}_5$ 上で因数分解すると，$x^2 + 13x + 42 \equiv x^2 + 3x + 2 \pmod{5}$ であり，$x^2 + 13x + 42 \equiv (x+1)(x+2) \pmod{5}$ と因数分解される．この結果から，実際の整数環上での因数分解を得るためには，$(x+1)$ から $(x+6)$ を，$(x+2)$ から $(x+7)$ を何らかの方法で復元する必要がある．これがヘンゼル構成が必要とされる主な理由となる．

なお，あらかじめ有限体の標数として十分大きな素数を選択した上で因数分解することにより，係数の復元を不要とするアルゴリズムも提案（参考文献 [44]）さ

れているが，本書では，計算量や有限体の選択の幅の観点から優れるヘンゼル構成による方法をとりあげている．

6.1.1 3つ以上の既約因子に対するヘンゼル構成

第3章で述べた補題 3-26 に基づくアルゴリズム 3-5 により，有限体上において2つの既約因子に分解される多項式に対しては，その整数環上の像を復元することが可能となる．しかしながら，有限体上の既約因子は3つ以上となることもありうるため，復元方法としては不十分である．本項では，分割統治法を用いた，3つ以上の因子からの復元方法について述べる．

ここでは，例として，次のヘンゼル構成を行いたいとする．
$$f(x) \equiv \mathrm{lc}(f) f_1(x) f_2(x) f_3(x) \pmod{p}$$
$$\downarrow$$
$$f(x) \equiv \mathrm{lc}(f) f_1^*(x) f_2^*(x) f_3^*(x) \pmod{p^{d+1}}$$

まず，$g_0(x) = f_1(x)f_2(x)$ とすれば，$f(x) \equiv \mathrm{lc}(f) g_0(x) f_3(x) \pmod{p}$ の関係を満たすので，アルゴリズム 3-5 により，$f(x) \equiv \mathrm{lc}(f) g_d(x) f_3^*(x) \pmod{p^{d+1}}$ の関係を満たす $g_d(x), f_3^*(x)$ を求められる．次に，$g_d(x) \equiv f_1(x) f_2(x) \pmod{p}$ の関係から，アルゴリズム 3-5 により，$g_d(x) \equiv f_1^*(x) f_2^*(x) \pmod{p^{d+1}}$ の関係を満たす $f_1^*(x), f_2^*(x)$ を求められる．

以上の計算により，$f(x) \equiv \mathrm{lc}(f) f_1^*(x) f_2^*(x) f_3^*(x) \pmod{p^{d+1}}$ の関係を満たす，$f_1^*(x), f_2^*(x), f_3^*(x)$ が得られる．このように，再帰的に分割することで因子数が2つの計算に帰着させて，一般の因子数に対してヘンゼル構成を行うのが，アルゴリズム 6-1 である．

定理 6-1 アルゴリズム 6-1 は正当性と停止性を有し，その整数環上の計算量は，$O(m^2 (\log k + d) \log k)$ である．なお，$m = \deg(f)$ とする． ◁

証明 正当性と停止性は，補題 3-26 およびその証明により明らかである．以下では，その計算量が $O(m^2 (\log k + d) \log k)$ となることを証明する．

計算量を $T(m, k, d)$ で表すと，$T(m, 1, d) = O(m)$ である．次に，$m_1 = \deg(g)$，$m_2 = \deg(h)$ として，各行の計算量を見積もると，第 5 行は $O(m^2 \log k)$ であり，第 6 行は $O(m^2 d)$，第 7 行，第 8 行はそれぞれ $T(m_1, \ell, d), T(m_2, k-\ell, d)$

アルゴリズム 6-1 （複数因子版のヘンゼル構成）

入力： 次式を満たす素数 p と $f(x), f_1(x), f_2(x), \ldots, f_k(x) \in \mathbb{Z}[x] \setminus \mathbb{Z}$, $d \in \mathbb{N}$

$$f(x) \equiv \mathrm{lc}(f) \prod_{i=1}^{k} f_i(x) \pmod{p},$$

$$p \nmid \mathrm{lc}(f), \quad \mathrm{lc}(f_i) = 1, \quad \gcd(f_i, f_j) \equiv 1 \pmod{p} \quad (i \neq j)$$

出力： 次式を満たす多項式 $f_1^*(x), f_2^*(x), \ldots, f_k^*(x) \in \mathbb{Z}[x]$

$$f(x) \equiv \mathrm{lc}(f) \prod_{i=1}^{k} f_i^*(x) \pmod{p^{d+1}},$$

$$\mathrm{lc}(f_i^*) = 1, \quad f_i^*(x) \equiv f_i(x) \pmod{p} \quad (i = 1, \ldots, k)$$

1: **if** $k = 1$ **then**
2:     **return** $\mathrm{lc}(f)^{-1} f(x) \mod p^{d+1}$;
3: **end if**
4: $\ell := \lfloor k/2 \rfloor$;
5: $g(x) \equiv \prod_{i=1}^{\ell} f_i(x)$, $h(x) \equiv \prod_{i=\ell+1}^{k} f_i(x) \pmod{p}$ を満たす, $g(x), h(x) \in \mathbb{Z}[x]$ を求める;
6: アルゴリズム 3-5 により，$f(x) \equiv \mathrm{lc}(f) g^*(x) h^*(x) \pmod{p^{d+1}}$ を満たす, $g^*(x), h^*(x) \in \mathbb{Z}[x]$ を, $f(x), g(x), h(x)$ から求める;
7: アルゴリズム 6-1 により，$g^*(x) \equiv \prod_{i=1}^{\ell} f_i^*(x) \pmod{p^{d+1}}$ を満たす, $f_1^*(x), \ldots, f_\ell^*(x)$ を, $g^*(x), f_1(x), \ldots, f_\ell(x)$ から求める;
8: アルゴリズム 6-1 により，$h^*(x) \equiv \prod_{i=\ell+1}^{k} f_i^*(x) \pmod{p^{d+1}}$ を満たす, $f_{\ell+1}^*(x), \ldots, f_k^*(x)$ を, $h^*(x), f_{\ell+1}(x), \ldots, f_k(x)$ から求める;
9: **return** $f_1^*(x), \ldots, f_k^*(x)$;

となる．したがって，$T(m, k, d) = O(m^2(\log k + d)) + T(m_1, \ell, d) + T(m_2, k - \ell, d)$ である．アルゴリズム 6-1 は，第 7 行と第 8 行で再帰的に $\log k$ 回分岐しながら複数回呼び出されるが，最初の分岐からの分岐回数が同じ部分の計算量の総和は，この $T(m, k, d)$ に関する漸化式と $m_1^2 + m_2^2 \leq m^2$ により，$O(m^2(\log k + d))$ で済むため，全体の計算量は $O(m^2(\log k + d) \log k)$ となる． □

注意 6-2 本節では，分割統治法に基づく複数因子向けのヘンゼル構成を紹介した

が，複数因子を同時に線形ないしは平方に構成する手法（並列ヘンゼル構成）も存在する．これについては，演習問題としてとりあげている． ◁

演習問題

1. アルゴリズム 6-1 の入力に対して，次式を満たす $s_1^{(0)}, \ldots, s_k^{(0)} \in \mathbb{Z}[x]$ を，拡張ユークリッドの互除法を用いて求めるアルゴリズムを述べよ．

$$\sum_{i=1}^{k} \left\{ s_i^{(0)}(x) \prod_{j=1, j \neq i}^{k} f_j(x) \right\} \equiv 1 \pmod{p}, \quad \deg(s_i^{(0)}) < \deg(f_i)$$

2. 前問で求めた $s_1^{(0)}, \ldots, s_k^{(0)} \in \mathbb{Z}[x]$ を用いて，k 個の因子を同時に構成する（分割統治法による再帰呼び出しを伴わない並列ヘンゼル構成）アルゴリズムを述べよ．

6.2 試し割りに基づくアルゴリズム

前節の最初にあげた例 ($x^2 + 13x + 42 = (x+6)(x+7) \in \mathbb{Z}[x]$) では，有限体上の因数分解 $(x+1)(x+2)$ からヘンゼル構成を行うだけで整数環上での因数分解が得られるが，一般には，係数を復元するだけでは整数環上の因数分解を得ることはできない．理由は，3.4 節と同じく，同値類（剰余類）からの代表元のとり方や偽因子による影響である．例えば，$x^2 + 13x + 37 \in \mathbb{Z}[x]$ を有限体 $\mathbb{F}_5$ 上で因数分解すると，$x^2 + 13x + 37 \equiv x^2 + 3x + 2 \pmod{5}$ であり，$x^2 + 13x + 37 \equiv (x+1)(x+2) \pmod{5}$ と因数分解されるが，$x^2 + 13x + 37$ は $\mathbb{Z}$ 上既約なので，$(x+1)$ や $(x+2)$ からどのようにヘンゼル構成などで係数を復元しようとも，整数環上での因数分解は得られない．これを偽因子と呼ぶ．

本節では，整数環上の既約因子が有限体上で可約となってしまうことにより生じる偽因子を，試し割りと呼ばれる方法で排除していくことで，整数環上の因数分解を行うザッセンハウスアルゴリズムについて述べる．

6.2.1 整数係数多項式の因数分解の流れ

整数係数多項式の因数分解は，有限体上での因数分解に基づき，ヘンゼル構成で係数を復元し，整数環上での既約因子を確定させることで行われる．実際には，係因数や重複因子の取り扱いなどもあり，より複雑な手順となるが，その大まか

な流れを下記に示す.

$$x^5 + 9x^4 + 6x^3 - 3x^2 - 27x - 18$$

$$\Downarrow \text{有限体上で分解}$$

$$(x+3)\left(x^2 + 2x + 4\right)\left(x^2 + 4x + 1\right) \pmod{5}$$

$$\Downarrow \text{ヘンゼル構成}$$

$$(x+6038)\left(x^2 + 9587x + 4319\right)\left(x^2 + 9x + 6\right) \pmod{5^6}$$

$$\Downarrow \text{偽因子を排除,代表元の調整}$$

$$x^5 + 9x^4 + 6x^3 - 3x^2 - 27x - 18 = \left(x^2 + 9x + 6\right)\left(x^3 - 3\right)$$

アルゴリズム 6-2 は,上記の操作を束ねるもので,原始的かつ無平方な因子の取り出しを行ったのち,個々の因子の因数分解については,別のアルゴリズム(アルゴリズム 6-3)を呼び出している.本書では,アルゴリズム 6-3 を紹介したあとで,その修正版のアルゴリズム 6-4 や初の多項式時間アルゴリズム,そしてそれらの進化系アルゴリズムも紹介しているので,必要に応じて使い分けることになる.

アルゴリズム 6-2 (整数環上の因数分解)

入力: $f(x) \in \mathbb{Z}[x] \setminus \mathbb{Z}$

出力: $f(x)$ の $\mathbb{Z}$ 上の因数分解 $f_c \prod_{i=1}^{k} f_{i1}(x)^{e_i} \cdots f_{ik_i^*}(x)^{e_i}$

1: $f_c := \mathrm{cont}(f);\ f_p(x) := \mathrm{pp}(f);$
2: アルゴリズム 3-9(または別の無平方分解アルゴリズム)により,
    $f_p(x)$ の無平方分解 $f_p(x) = \bar{f}_1(x)^{e_1} \bar{f}_2(x)^{e_2} \cdots \bar{f}_k(x)^{e_k}$ を求める;
3: **for** $i = 1$ **to** k **by** 1 **do**
4:    アルゴリズム 6-3(または別の因数分解アルゴリズム)により,
    $\bar{f}_i(x)$ の $\mathbb{Z}$ 上の因数分解 $f_{i1}(x) \cdots f_{ik_i^*}(x)$ を求める;
5: **end for**
6: **return** $f_c \prod_{i=1}^{k} f_{i1}(x)^{e_i} \cdots f_{ik_i^*}(x)^{e_i};$

6.2.2 多項式ノルムと因子係数上界

有限体上の結果から整数環上の結果を得るためには，既約因子の係数が正常に復元されるようヘンゼル構成を行うことになる．しかしながら，既約因子が不明な段階では，ヘンゼル構成で復元すべき係数の大きさ（ヘンゼル構成のループの回数）も不明である．本項では，第 1 章や第 3 章で導入済みの記法である多項式ノルムを使用し，それにより復元すべき係数の大きさの十分条件を検討する．

定義 3-22 の多項式ノルムを用いることで，多項式を因子の積で表現する場合に満たすべき，係数の大きさに関する不等式が得られる．そのような不等式には様々なものがあるが，本項では第 3 章と同じくミニョット（参考文献 [41]）による結果を補題 6-3 として紹介しておく（本質的には第 3 章と同じものであるが，因数分解に適したものを引用する）．

補題 6-3（因子係数上界） 多項式 $f(x) = \sum_{i=0}^{m} a_i x^i$, $g(x) = \sum_{i=0}^{n} b_i x^i$, $h(x) = \sum_{i=0}^{\ell} c_i x^i$, $a_i, b_i, c_i \in \mathbb{Z}$ が，$g(x)h(x) \mid f(x)$ を満たすならば，$\|g\|_1 \|h\|_1 \leq 2^{n+\ell} \times \|f\|_2 \leq \sqrt{m+1} \cdot 2^{n+\ell} \|f\|_\infty$ が成り立つ．また，$\|g\|_1 \|h\|_1 \leq 2^{n+\ell} \|f\|_2$ が成り立たなければ，$g(x)h(x) \nmid f(x)$ である． ◁

系 6-4 多項式 $f(x) = \sum_{i=0}^{m} a_i x^i$, $g(x) = \sum_{i=0}^{n} b_i x^i$, $h(x) = \sum_{i=0}^{\ell} c_i x^i$, $a_i, b_i, c_i \in \mathbb{Z}$ が，$g(x)h(x) \mid f(x)$ を満たすならば，$\|g\|_\infty \|h\|_\infty \leq \sqrt{m+1} \cdot 2^{n+\ell} \|f\|_\infty$ かつ $\|g\|_\infty \leq \sqrt{m+1} \cdot 2^n \|f\|_\infty$ が成り立つ（後ろの式は前の式に $h(x) = 1$ を代入することにより得られる）． ◁

系 6-4 により，有限体上の既約因子に対して，ヘンゼル構成で復元すべき係数の大きさ（ヘンゼル構成のループの回数）が明らかになる．例えば，冒頭の多項式「$x^5 + 9x^4 + 6x^3 - 3x^2 - 27x - 18$」であれば，次のように因子係数上界 B が求まる（n は未知であるが，$m = \deg(f)$ で抑えられる）．

$$B = \sqrt{m+1} \cdot 2^n \|f\|_\infty \leq \sqrt{5+1} \times 2^5 \times 27 \fallingdotseq 2116.36$$

結果として，ヘンゼル構成は 5^6 を法とする合同式を得るまで行うことになる．なお，B を越える最小の冪は「5^5」であり，5^6 は「$2B < 5^6$」を満たす最小の冪と

なっている．その理由は，第 3 章でも述べたが，負の整数である．因子係数上界 B が表しているのは係数の絶対値の上界であり，ヘンゼル構成で復元しようとしている係数の正負は不明なため，これら正負を区別可能な $2B$ を越えるところまでヘンゼル構成が必要となってくる．また，結果の係数は任意の代表系でなく，絶対値が法の半分を越えないように正規化（零元を中心とする対称な代表系に変換）する必要がある．

6.2.3 ザッセンバウスアルゴリズム

前項までの議論に基づき，有限体上の因数分解を経由し，整数環上の因数分解を行うのがアルゴリズム 6-3 である．本書では，ザッセンバウスアルゴリズムと表しているが，有限体上の因数分解をバールカンプアルゴリズムで，係数の復元をヘンゼル構成で行うため，バールカンプ・ヘンゼル（Berlekamp-Hensel）アルゴリズムと呼ばれることもある．

定理 6-5 アルゴリズム 6-3 は正当性と停止性を有し，その整数環上の計算量は，$O\left(m^3 + pkm^2 + m^2 \log B \log k + 2^{k-1}\left(m^2 \log m + m \log B\right)\right)$ である．なお，$m = \deg(f)$ とし，有限体上での既約因子の個数を k とする．　　　　◁

証明 停止性は明らかであるので，正当性と計算量についての証明を与える．ヘンゼル構成での法のとり方や正規化に関しては，補題 6-3 や系 6-4 から十分であるため，正当性について証明が必要となるのは，第 7 行の **while** 文ですべての既約因子が求まるかどうかである．

第 8 行の **for** 文では，p^{d+1} を法として正規化した多項式 $f_\mathcal{S}(x)$ と $f_{\mathcal{H}\setminus\mathcal{S}}(x)$ を求めている．もし，$f_\mathcal{S}(x)$ が $\mathrm{lc}(\bar{f}) \cdot \bar{f}(x)$ を割り切るのであれば，第 10 行の **if** 文の条件を満たすため，$f_\mathcal{S}(x)$ は $\mathcal{F}$ に追加される．**if** 文の条件は，因子となる必要条件である（補題 6-3）．一方，$f_\mathcal{S}(x), f_{\mathcal{H}\setminus\mathcal{S}}(x)$ が第 10 行の **if** 文の条件を満たすとき，d の定め方と積のとり方から，

$$\mathrm{lc}(\bar{f})\bar{f}(x) \equiv f_\mathcal{S}(x) \cdot f_{\mathcal{H}\setminus\mathcal{S}}(x) \pmod{p^{d+1}}, \quad \|f_\mathcal{S}\|_1 \|f_{\mathcal{H}\setminus\mathcal{S}}\|_1 \leq B$$

を満たしている．合同式の両辺に現れる係数の大きさに着目すれば，合同式が実際には等式であることがわかる．すなわち，$f_\mathcal{S}(x)$ は，$\mathbb{Z}[x]$ における $\mathrm{lc}(\bar{f}) \cdot \bar{f}(x)$ の因子である．これにより，第 8 行の **for** 文では $\mathbb{Z}[x]$ における $\bar{f}(x)$ の因子を漏れなく $f_\mathcal{S}(x)$ として検出可能なことがわかる．

アルゴリズム 6-3 (ザッセンバウス)

入力： $f(x) \in \mathbb{Z}[x] \setminus \mathbb{Z}$ (原始的かつ無平方, ただし, $m = \deg(f)$ とする)
出力： $f(x)$ の $\mathbb{Z}$ 上の因数分解を与える既約因子の集合 $\{f_1(x), \ldots, f_{k^*}(x)\}$

1: $\bar{B} := \sqrt{m+1} \cdot 2^m \|f\|_\infty$ ($= f(x)$ の因子係数上界) ;
   $B := |\text{lc}(f)|\bar{B}$;
2: $\gcd(f, f') \equiv 1 \pmod{p}$ かつ $p \nmid \text{lc}(f)$ となる素数 p を選ぶ;
3: アルゴリズム 5-3 か 5-6 などで, 次式を満たす $\mathbb{F}_p$ 上の因数分解を行う;

$$f(x) \equiv \text{lc}(f) \prod_{i=1}^{k} g_i(x) \pmod{p}, \; \text{lc}(g_i) = 1$$

4: $d := \lceil \log_p(2B+1) \rceil - 1$;
5: ヘンゼル構成により, 次式を満たす $h_i(x)$ を求める;

$$f(x) \equiv \text{lc}(f) \prod_{i=1}^{k} h_i(x) \pmod{p^{d+1}}, \; \|h_i\|_\infty < p^{d+1}/2$$

6: $s := 1$; $\mathcal{F} := \phi$; $\mathcal{H} := \{h_1(x), \ldots, h_k(x)\}$; $\bar{f}(x) := f(x)$;
7: **while** $2s \leq \text{card}(\mathcal{H})$ **do**
8:    **for each** $\mathcal{S} \in \{\mathcal{S} \subset \mathcal{H} \mid \text{card}(\mathcal{S}) = s\}$ **do**
9:      次式を満たす $f_\mathcal{S}(x), f_{\mathcal{H}\setminus\mathcal{S}}(x)$ を求める;

$$f_\mathcal{S}(x) \equiv \text{lc}(\bar{f}) \prod_{h \in \mathcal{S}} h(x) \pmod{p^{d+1}}, \; \|f_\mathcal{S}\|_\infty < p^{d+1}/2,$$

$$f_{\mathcal{H}\setminus\mathcal{S}}(x) \equiv \text{lc}(\bar{f}) \prod_{h \in \mathcal{H}\setminus\mathcal{S}} h(x) \pmod{p^{d+1}}, \; \|f_{\mathcal{H}\setminus\mathcal{S}}\|_\infty < p^{d+1}/2$$

10:      **if** $\|f_\mathcal{S}\|_1 \|f_{\mathcal{H}\setminus\mathcal{S}}\|_1 \leq B$ **then**
11:        $\mathcal{H} := \mathcal{H} \setminus \mathcal{S}$; $\mathcal{F} := \mathcal{F} \cup \{\text{pp}(f_\mathcal{S})\}$; $\bar{f}(x) := \text{pp}(f_{\mathcal{H}\setminus\mathcal{S}})$;
           goto line 7;
12:      **end if**
13:    **end for**
14:    $s := s + 1$;
15: **end while**
16: **return** $\mathcal{F} \cup \{\bar{f}(x)\}$;

第 7 行の **while** 文では要素数 s を 1 から順に増やしながら部分集合 $\mathcal{S}$ を探索しており, 少なくとも, 既約因子のうち有限体上の因子数が $\text{card}(\mathcal{H})/2$ 以下のものは直接検出されることが保証される. 他方, $\text{card}(\mathcal{H})/2$ を越える組合せから構

成される既約因子は，高々 1 つであることから，第 16 行により検出され，アルゴリズム 6-3 がすべての既約因子を計算することがわかる．

次に計算量について示していく．第 1 行と第 2 行の計算は高々 $O(m^2)$ の計算量であり，ほかの計算と比べて無視できる．第 3 行の $\mathbb{F}_p$ 上での因数分解は，定理 5-16 より $O(m^3 + pkm^2)$ である．また，B を因子係数上界とすれば，第 5 行のヘンゼル構成は，定理 6-1 より $O(m^2 (\log k)^2 + m^2 \log B \log k)$ である．第 7 行の **while** 文は，$f(x)$ が既約の場合，$\mathrm{card}(\mathcal{H})/2$ 個の組合せまでのすべてを探索するため，最大で 2^{k-1} 回繰り返されるが，これは部分集合 $\mathcal{S}$ の要素の組合せ数としては，次の推移となる．

$$\binom{k}{1} + \binom{k}{2} + \cdots + \binom{k}{\lfloor k/2 \rfloor}$$

一方，$s = 1, \ldots, \nu$ まで繰り返したところで既約因子を発見した場合，発見後の $\mathcal{H}$ のサイズは小さくなるため，次の推移となり，発見されなかった場合よりも組合せの総数は小さくなる．

$$\binom{k}{1} + \cdots + \binom{k}{\nu} \quad \rightarrow \quad \binom{k-\nu}{\nu} + \binom{k-\nu}{\nu+1} + \cdots + \binom{k-\nu}{\lfloor (k-\nu)/2 \rfloor}$$

したがって，第 7 行の **while** 文の最大回数は $O(2^{k-1})$ である．

m 次の多項式の乗算の計算量を $O(m^2)$ とすると，第 9 行は $O(m^2 \log m)$ の加算・乗算で行うアルゴリズムが知られている．また，第 11 行は整数の最大公約数計算を最大 m 回行うので $O(m \log B)$ である．よって **while** 文の内部の計算量は $O(m^2 \log m + m \log B)$ となるので第 7 行の **while** 文全体の計算量は $O(2^{k-1} (m^2 \log m + m \log B))$ となる．以上より，アルゴリズム全体の計算量は

$$\begin{aligned}
&O\big(m^3 + pkm^2 + m^2 (\log k)^2 \\
&\qquad + m^2 \log k \log B + 2^{k-1} \{m^2 \log m + m \log B\}\big) \\
&= O\big(m^3 + pkm^2 + m^2 \{(\log k)^2 + 2^{k-1} \log m\} \\
&\qquad + m^2 \log k \log B + 2^{k-1} m \log B\big) \\
&= O\left(m^3 + pkm^2 + 2^{k-1} m^2 \log m + m^2 \log k \log B + 2^{k-1} m \log B\right)
\end{aligned}$$

となり，補題にある計算量を得る． □

6.2.4 偽因子の検出と効率化

アルゴリズム 6-3 の計算時間は有限体上の既約因子の個数に依存しているため，なるべく偽因子の個数は減らしたい．ところが，どのように有限体の標数（素数）を選択しても，偽因子に分割されてしまう多項式が存在する．そのような例として，ここでは次のスウィナートン・ダイアー多項式をとりあげる．

定義 6-6（スウィナートン・ダイアー多項式） $2, 3, \ldots, p_i$ を i 番目までの素数とする．このとき，これら素数の二重根の正負のすべての組合せを動く，次の因子の積を i 次の**スウィナートン・ダイアー (Swinnerton-Dyer) 多項式**という．なお，その多項式としての次数は 2^i となる．

$$f(x) = \prod(x \pm \sqrt{2} \pm \sqrt{3} \pm \sqrt{5} \pm \cdots \pm \sqrt{p_i}) \in \mathbb{Z}[x] \qquad \triangleleft$$

スウィナートン・ダイアー多項式は $\mathbb{Z}[x]$ で既約であるが，任意の素数 p を標数とする有限体 $\mathbb{F}_p$ に対して，その 2 次拡大 $\mathbb{F}_{p^2}$ は，スウィナートン・ダイアー多項式の定義式に現れる $2, 3, \ldots, p_i \pmod{p}$ の二重根を含んでおり，結果として，スウィナートン・ダイアー多項式は $\mathbb{F}_p$ において高々 2 次の因子へと因数分解されてしまう．少なくとも，2^{i-1} 個の偽因子を持つことになるため，ザッセンバウスアルゴリズムの第 7 行の **while** 文で既約因子であるかを確認する組合せの総数はかなり大きくなり（これを**組合せ爆発**という），既約と判定するまでに長い時間を要する．実際，3 次のスウィナートン・ダイアー多項式は，次のように分解される．

$$x^8 - 40x^6 + 352x^4 - 960x^2 + 576$$

$$\equiv x^8 \pmod{2}$$

$$\equiv x^4(x^2+1)^2 \pmod{3}$$

$$\equiv (x^2+2)^2(x^2+3)^2 \pmod{5}$$

$$\equiv (x^2+x+3)(x^2+x+6)(x^2+6x+3)(x^2+6x+6) \pmod{7}$$

$$\equiv (x^2+2x+10)(x^2+4x+2)(x^2+7x+2)(x^2+9x+10) \pmod{11}$$

$$\equiv (x^2+5x+8)(x^2+5x+10)(x^2+8x+8)(x^2+8x+10) \pmod{13}$$

$$\equiv (x^2+5x+8)(x^2+5x+14)(x^2+12x+8)(x^2+12x+14) \pmod{17}$$

$$\equiv (x^2+x+9)(x^2+x+10)(x^2+18x+9)(x^2+18x+10) \pmod{19}$$

$$\equiv (x^2+x+1)(x^2+4x+22)(x^2+19x+22)(x^2+22x+1) \pmod{23}$$

このようにヘンゼル構成を行った結果の因子に関する組合せ爆発は，ザッセンバウスアルゴリズムにおいては避けられない面があり，これを避けるには，アルゴリズム 6-3 の第 7 行の **while** 文の大幅な改善が必要である．それについては 6.3 節で扱うことにし，本項では，個々の組合せに対する計算コストを低減する方法を紹介する．アルゴリズム 6-3 の第 7 行の **while** 文では，偽因子を確定するために多項式の積を求める必要があるが，積の計算はなるべく避けたい．そこで，第二主係数の必要条件のみを比較することで計算コストを軽減する方法（参考文献 [26, 99, 1]）を，アルゴリズム 6-4 として導入する．

補題 6-7（第二主係数上界） 多項式 $f(x) = \sum_{i=0}^{m} a_i x^i, g(x) = \sum_{i=0}^{n} b_i x^i, a_i, b_i \in \mathbb{Z}$ が，$g(x) \mid f(x)$ を満たすならば，$|b_{n-1}| \leq n|a_m|B_{rt}$ が成り立つ．ここで，B_{rt} は $f(x)$ の根の限界（定義 7-4）である．◁

証明 $g(x) \mid f(x)$ を満たすならば，$g(x)$ の零点は $f(x)$ の零点である．したがって，それを $z_1, \ldots, z_n$ とすれば，$g(x) = b_n(x-z_1)\cdots(x-z_n)$ と書け，$b_{n-1} = -b_n(z_1 + \cdots + z_n)$ となる．$g(x) \mid f(x)$ より，$b_n | a_m$ でもあるので，次式の変形で上界を得る．

$$|b_{n-1}| = |-b_n(z_1 + \cdots + z_n)| \leq |b_n|(|z_1| + \cdots + |z_n|) \leq n|a_m|B_{rt} \qquad \square$$

アルゴリズム 6-4 （ザッセンバウスでの第二主係数チェック）

7: **while** $2s \leq \mathrm{card}(\mathcal{H})$ **do**
8:     **for each** $\mathcal{S} \in \{\, \mathcal{S} \subset \mathcal{H} \mid \mathrm{card}(\mathcal{S}) = s \,\}$ **do**
9:         $B_{rt} := \bar{f}(x)$ の根の限界; $m_s := \sum_{h \in \mathcal{S}} \deg(h)$;
10:         $|\tilde{f}_\mathcal{S}| < p^{d+1}/2$ なる $\tilde{f}_\mathcal{S} \equiv \mathrm{lc}(\bar{f}) \sum_{h \in \mathcal{S}} \tilde{h} \pmod{p^{d+1}}$ を求める;
                ($\tilde{h}$ は x の多項式 $h(x)$ の第二主係数)
11:         **if** $|\tilde{f}_\mathcal{S}| > m_s |\mathrm{lc}(\bar{f})| B_{rt}$ **then**
12:             **continue**;
13:         **end if**
14:         次式を満たす $f_\mathcal{S}(x), f_{\mathcal{H} \setminus \mathcal{S}}(x)$ を求める;
$$f_\mathcal{S}(x) \equiv \mathrm{lc}(\bar{f}) \prod_{h \in \mathcal{S}} h(x) \pmod{p^{d+1}}, \ \|f_\mathcal{S}\|_\infty < p^{d+1}/2,$$
$$f_{\mathcal{H}\setminus\mathcal{S}}(x) \equiv \mathrm{lc}(\bar{f}) \prod_{h \in \mathcal{H}\setminus\mathcal{S}} h(x) \pmod{p^{d+1}}, \ \|f_{\mathcal{H}\setminus\mathcal{S}}\|_\infty < p^{d+1}/2$$
15:         **if** $\|f_\mathcal{S}\|_1 \|f_{\mathcal{H}\setminus\mathcal{S}}\|_1 \leq B$ **then**
16:             $\mathcal{H} := \mathcal{H} \setminus \mathcal{S}$; $\mathcal{F} := \mathcal{F} \cup \{\mathrm{pp}(f_\mathcal{S})\}$; $\bar{f}(x) := \mathrm{pp}(f_{\mathcal{H}\setminus\mathcal{S}})$;
            goto line 7;
17:         **end if**
18:     **end for**
19:     $s := s + 1$;
20: **end while**

実際に第二主係数チェックを行うには，根の限界を求める必要がある．塚田と佐々木の報告（参考文献 [99]）では，$f(x) = \sum_{i=0}^{m} a_i x^i$ に対し $f(z) = 0$ を満たす $f(x)$ の根の限界として，次の 2 つの大きくない方が使われている（前者は，定理 7-5）．

(1) $1 + \dfrac{\max\{|a_0|, \ldots, |a_{m-1}|\}}{|a_m|}$

(2) $\max_{i=0,\ldots,m-1} \left\{ \sqrt[i]{\nu |a_i|/|a_m|} \right\}, \quad \nu = \mathrm{card}(\{i \in \mathbb{Z} \mid a_i \neq 0\})$

6.2.5 整数係数多項式の因数分解の実際

本項では実際に整数係数多項式の因数分解を，前項までに導いたアルゴリズム（6-3 に 6-4 の修正を反映させたもの）に基づく，アルゴリズム 6-2 で計算する．例としてあげるのは，次の $f(x) \in \mathbb{Z}[x]$ とする．

$$f(x) = 18x^{10} + 216x^8 - 24x^7 + 648x^6$$
$$- 288x^5 + 8x^4 - 864x^3 + 96x^2 + 288$$

係因数と原始的部分に分ける．

$$f_c = 2$$
$$f_p(x) = 9x^{10} + 108x^8 - 12x^7 + 324x^6$$
$$- 144x^5 + 4x^4 - 432x^3 + 48x^2 + 144$$

アルゴリズム 3-9 により，$f_p(x)$ の無平方分解を求める．

$$f_p(x) = (3x^5 + 18x^3 - 2x^2 - 12)^2$$

無平方因子である $3x^5 + 18x^3 - 2x^2 - 12$ を改めて $f(x)$ と置き，アルゴリズム 6-3 に 6-4 の修正を反映させたアルゴリズムで，その因数分解を求めていく．まず，主係数の絶対値と因子係数上界の積を求める．

$$\bar{B} = \sqrt{5+1} \times 2^5 \times 18 = 576\sqrt{6}, \quad B = |\mathrm{lc}(f)|\bar{B} = 3 \times \bar{B} = 1728\sqrt{6}$$

$\gcd(f, f') \equiv 1 \pmod{p}$ かつ $p \nmid \mathrm{lc}(f)$ となる素数 p を選ぶため，$p = 3, 5,$ ... の順に適合する素数を調べたところ，$p = 5$ が条件を満たすことがわかる．

$$f(x) = 3x^5 + 18x^3 - 2x^2 - 12, \quad f'(x) = 15x^4 + 54x^2 - 4x$$

$$p = 3 \mid \mathrm{lc}(f) = 3 \quad \Rightarrow \text{不適}$$

$$p = 5 \nmid \mathrm{lc}(f) = 3, \ \gcd(f, f') \equiv 1 \pmod{5} \quad \Rightarrow \text{適}$$

$\mathbb{F}_5$ 上での因数分解をアルゴリズム 5-3 で求める．

$$f(x) \equiv 3(x+1)(x+2)(x+3)(x^2 + 4x + 1) \pmod{5}$$

ヘンゼル構成のループ回数 d を求める．

$$d = \lceil \log_5(3456\sqrt{6} + 1) \rceil - 1 = 5$$

アルゴリズム 6-1 で，5^6 を法とする関係を求める．なお，各因子の ∞-ノルムが $5^6/2 = 7812.5$ 未満になるように正規化を行っておく．

$$f(x) \equiv 3(x+11281)(x+10787)(x+4838)(x^2+4344x+10961)$$
$$\pmod{5^6}$$
$$\equiv 3(x-4344)(x-4838)(x+4838)(x^2+4344x-4664) \pmod{5^6}$$

第6行の各変数の初期化を行う.
$$s=1, \quad \mathcal{F}=\phi,$$
$$\mathcal{H}=\{x-4344,\ x-4838,\ x+4838,\ x^2+4344x-4664\},$$
$$\bar{f}(x)=3x^5+18x^3-2x^2-12$$

まず, $\mathcal{H}$ の部分集合 $\mathcal{S}=\{x-4344\}$ に対して第8行の **for** 文の **do** を行う.
$$B_{rt}=7, \quad m_s=1, \quad |\tilde{f}_{\mathcal{S}}|=4344 > m_s|\mathrm{lc}(\bar{f})|B_{rt}=21$$

第11行の **if** 文の条件にマッチするため, **for** の冒頭に戻り, 次の部分集合 $\mathcal{S}=\{x-4838\}$ に対してループを継続するため, 第8行の **for** 文の **do** を行う.
$$B_{rt}=7, \quad m_s=1, \quad |\tilde{f}_{\mathcal{S}}|=4838 > m_s|\mathrm{lc}(\bar{f})|B_{rt}=21$$

第11行の **if** 文の条件にマッチするため, **for** の冒頭に戻り, 次の部分集合 $\mathcal{S}=\{x+4838\}$ に対してループを継続するため, 第8行の **for** 文の **do** を行う.
$$B_{rt}=7, \quad m_s=1, \quad |\tilde{f}_{\mathcal{S}}|=4838 > m_s|\mathrm{lc}(\bar{f})|B_{rt}=21$$

第11行の **if** 文の条件にマッチするため, **for** の冒頭に戻り, 次の部分集合 $\mathcal{S}=\{x^2+4344x-4664\}$ に対してループを継続するため, 第8行の **for** 文の **do** を行う.
$$B_{rt}=7, \quad m_s=2, \quad |\tilde{f}_{\mathcal{S}}|=4344 > m_s|\mathrm{lc}(\bar{f})|B_{rt}=42$$

第11行の **if** 文の条件にマッチするため, **for** の冒頭に戻るが, すべての部分集合を探索したので, **for** 文は終了し, 第19行を行い **while** 文の冒頭に戻り, **while** 文の継続条件を調べると真なので継続する.
$$s=1+1=2, \quad 2s=4 \leq \mathrm{card}(\mathcal{H})=4$$

まず, $\mathcal{H}$ の部分集合 $\mathcal{S}=\{x-4344,\ x-4838\}$ に対して第8行の **for** 文の **do** を行う.
$$B_{rt}=7, \quad m_s=2, \quad |\tilde{f}_{\mathcal{S}}|=9182 > m_s|\mathrm{lc}(\bar{f})|B_{rt}=42$$

第 11 行の **if** 文の条件にマッチするため，**for** の冒頭に戻り，順次部分集合に同様の処理を行っていく．第 11 行の **if** 文の条件にマッチする組合せが続いたのち，部分集合 $\mathcal{S} = \{x - 4344, x^2 + 4344x - 4664\}$ に対してループを継続するため，第 8 行の **for** 文の **do** を行う．

$$B_{rt} = 7, \quad m_s = 3, \quad |\tilde{f}_\mathcal{S}| = 0 \leq m_s |\mathrm{lc}(\bar{f})| B_{rt} = 63$$

第 11 行の **if** 文の条件にマッチしなかったため，第二主係数チェックを抜け，実際に因子の積 $f_\mathcal{S}(x), f_{\mathcal{H} \setminus \mathcal{S}}(x)$ を計算する．

$$f_\mathcal{S}(x) \equiv 3(x - 4344)(x^2 + 4344 - 4664) \pmod{5^6}$$
$$\equiv 3x^3 - 2 \pmod{5^6}$$
$$f_{\mathcal{H} \setminus \mathcal{S}}(x) \equiv 3(x - 4838)(x + 4838) \pmod{5^6}$$
$$\equiv 3x^2 + 18 \pmod{5^6}$$

ノルムを計算し積を求めると，因子係数上界に関する条件を満たすため，既約因子のリストに原始的部分を追加し，第 7 行の **while** 文の最初に戻る．

$\mathcal{H} = \{x - 4838, x + 4838\}, \quad \mathcal{F} = \{3x^3 - 2\}, \quad \bar{f}(x) = \mathrm{pp}(3x^2 + 18) = x^2 + 6$

while 文の継続条件を調べると偽なので最終行に進む．

$$2s = 4 \not\leq \mathrm{card}(\mathcal{H}) = 2$$

最終的に最終行で最後の既約因子が追加され，因数分解が得られた．

$$\mathcal{F} \cup \{\bar{f}(x)\} = \{3x^3 - 2, x^2 + 6\}, \quad f(x) = (3x^3 - 2)(x^2 + 6)$$

以上により，アルゴリズム 6-2 の第 3 行の **for** 文が完了したことになり，第 6 行に進み，係因数や重複度を調整した結果として，次の $\mathbb{Z}[x]$ における因数分解が求まった．

$$f(x) = 2(3x^3 - 2)^2 (x^2 + 6)^2$$

演習問題

1. アルゴリズム 6-3 の第 2 行において，「$\gcd(f, f') \equiv 1 \pmod{p}$」となる素数 p を選ぶ必要性を示せ．
2. アルゴリズム 6-3 と 6-4 の第 7 行の **while** 文では，ヘンゼル構成を行った因

子の組合せを，因子の数に着目してループを実行しているが，因子の次数の和に着目してループさせることも可能である．どちらが効率的か検討せよ．

3. アルゴリズム 6-3 と 6-4 の第 7 行の **while** 文内では，$f_S(x)$ と $f_{\mathcal{H}\setminus S}(x)$ の両多項式を構成しノルムの積をチェックすることで，既約因子であるかを判定しているが，$f_S(x)$ のみを構成し，それが $\mathrm{lc}(\bar{f})\bar{f}(x)$ を割り切るか確認することでも判定は可能である．どちらが効率的か検討せよ．

6.3 多項式時間アルゴリズムと効率化

ザッセンバウスアルゴリズムは第二主係数チェックなどの実践的な効率化を図る提案がいくつも行われているものの，組合せ爆発を避けられないため，最悪計算量の観点からは多項式時間アルゴリズムとはなっていない．本節では，1980 年代に提案された初めての多項式時間アルゴリズムを中心に，より効率的なアルゴリズムについて紹介する．

6.3.1 因数分解と多項式時間アルゴリズム

整数環（ないしは有理数体）上の 1 変数多項式の因数分解は，計算機代数における主要な研究課題として取り組まれている．その長い歴史において，ブレークスルーとなったのが，1960 年代後半のバールカンプによる有限体上での効率的な因数分解アルゴリズムである．これにより，前節で導入したザッセンバウスアルゴリズム（以後，この亜種を含むアルゴリズムを，バールカンプ・ヘンゼルアルゴリズムと呼ぶ）が生み出され，因数分解アルゴリズムの大きな礎を築くこととなった．

バールカンプ・ヘンゼルアルゴリズムは理論的に組合せ爆発を避けられなかったが，1982 年にレンストラ (Lenstra) ら（参考文献 [35]）により「L^3 アルゴリズム[1]」と呼ばれることになる初の多項式時間アルゴリズムが提案された．大きなインパクトをもたらした L^3 アルゴリズムは，因子組合せ問題を，整数格子における最短ベクトル問題を近似的に解くことにより解決しており，この手法はその後因数分解以外へと幅広く適用されていくことになる．

しかしながら，L^3 アルゴリズムは多項式時間アルゴリズムではあるが，一部の

---

[1] 本書では，因数分解としてのアルゴリズムを L^3 アルゴリズムと表記し，整数格子の簡約部分のアルゴリズムを LLL アルゴリズムと表記する．

多項式（スウィナートン・ダイアー多項式のように偽因子が多い多項式）を除き，実践的な速度においてバールカンプ・ヘンゼルアルゴリズムよりも遅く，因数分解の決定的な解決とはいえなかった．

このような状況の中，理論計算量の面からでなく，実践的な速度の面からバールカンプ・ヘンゼルアルゴリズムにおける一部の多項式での速度低下を克服しようとするアルゴリズムが 2002 年に提案された．それが，ヴァンフーイ (van Hoeij)（参考文献 [78]）によるナップザック (knapsack) アルゴリズムである．組合せ爆発が問題とならないサイズに対しては，バールカンプ・ヘンゼルアルゴリズムを維持しつつ，組合せ爆発が問題となるサイズに対しては，L^3 アルゴリズムとは異なる形で整数格子の最短ベクトル問題（ナップザック問題）に帰着している．

ナップザックアルゴリズム（またはその亜種）は，現在提案されているアルゴリズムの中で，理論的にも実践的にも推奨されるものであり，本節では，以後の各項を通し，2 つの多項式時間アルゴリズムを紹介していく．

6.3.2 整数格子と最短ベクトル

本項では，LLL アルゴリズムやナップザックアルゴリズムで用いられる整数格子やその最短ベクトルの近似解を求める方法を簡単に紹介していく．

定義 6-8（整数格子） $\vec{b}_1, \ldots, \vec{b}_d \in \mathbb{R}^n$ が生成する $\mathbb{Z}$ 加群を**格子** (lattice) といい，次式で定義する．

$$L = \left\{ \sum_{i=1}^{d} r_i \vec{b}_i \,\middle|\, r_i \in \mathbb{Z} \right\}$$

このとき，$\vec{b}_1, \ldots, \vec{b}_d$ が一次独立ならば，格子 L の**基底**という．また，特に $\vec{b}_1, \ldots, \vec{b}_d \in \mathbb{Z}^n$ のとき，その格子を**整数格子** (integral lattice) という． ◁

格子 L が与えられたとき，L に含まれるベクトルの中で最短なものを求めるのが，最短ベクトル問題 (shortest vector problem, SVP) である．最短ベクトル問題は，NP 困難であるが，その近似解を求めるアルゴリズムの 1 つが，本項でとりあげる LLL アルゴリズムである．以下，本節では，$\vec{v} \circ \vec{w}$ により $\vec{v}$ と $\vec{w}$ の標準内積を表すこととし，内積による直交化を与えておく．

定義 6-9（グラム・シュミットの直交化） $\vec{b}_1, \ldots, \vec{b}_d \in \mathbb{R}^n$ を一次独立とするとき，次の手順で定まる $\vec{b}_1^*, \ldots, \vec{b}_d^* \in \mathbb{R}^n$ と各係数 $\mu_{i,j}$ を合わせて，**グラム・シュ**

ミット (**Gram-Schmidt**) の**直交化**という.

$$\vec{b}_1^* = \vec{b}_1$$

$$\vec{b}_i^* = \vec{b}_i - \sum_{j=1}^{i-1} \mu_{i,j} \vec{b}_j^*, \quad \mu_{i,j} = \frac{\vec{b}_i \circ \vec{b}_j^*}{\vec{b}_j^* \circ \vec{b}_j^*} \quad (1 \leq j < i \leq d) \quad \triangleleft$$

格子の基底に対してグラム・シュミットの直交化を行うと,ノルムが最短ベクトル以下となるベクトルを求めることができるが,それらは一般に格子のベクトルとはならない.そこで,まずは格子の基底をグラム・シュミットの直交化に近づけることを考え,その近さを定義する.

定義 6-10 (size-reduced) 格子 L の基底 $\vec{b}_1, \ldots, \vec{b}_d \in \mathbb{R}^n$ に対し,そのグラム・シュミットの直交化を $\vec{b}_i^*$ と $\mu_{i,j}$ とする.このとき,$1 \leq j < i \leq d$ を満たす i, j に対し,$|\mu_{i,j}| \leq \frac{1}{2}$ ならば,基底 $\vec{b}_1, \ldots, \vec{b}_d$ は,**size-reduced** であるという. $\triangleleft$

実際に,与えられた格子の基底から,size-reduced な基底を求めるのが,アルゴリズム 6-5 である.

アルゴリズム 6-5 (size-reduce)

入力: 整数格子 L の基底 $\vec{b}_1, \ldots, \vec{b}_d \in \mathbb{R}^n$
出力: 整数格子 L の size-reduced な基底 $\vec{b}_1, \ldots, \vec{b}_d \in \mathbb{R}^n$ (入力の $\vec{b}_1, \ldots, \vec{b}_d$ が置き換わったもの) とそのグラム・シュミットの直交化 $\vec{b}_i^*$ と $\mu_{i,j}$

1: $\vec{b}_1, \ldots, \vec{b}_d$ のグラム・シュミットの直交化 $\vec{b}_i^*$ と $\mu_{i,j}$ を計算;
2: **for** $i = 2$ **to** d **by** 1 **do**
3:     **for** $j = i-1$ **to** 1 **by** -1 **do**
4:         $\vec{b}_i := \vec{b}_i - \lceil \mu_{i,j} \rfloor \vec{b}_j$;   ($\lceil m \rfloor$ は $\lceil m - \frac{1}{2} \rceil$ または $\lfloor m + \frac{1}{2} \rfloor$)
5:         **for** $k = 1$ **to** j **by** 1 **do**
6:             $\mu_{i,k} := \mu_{i,k} - \lceil \mu_{i,j} \rfloor \mu_{j,k}$;   ($\mu_{j,j} = 1$ とする)
7:         **end for**
8:     **end for**
9: **end for**
10: **return** $\vec{b}_1, \ldots, \vec{b}_d, \vec{b}_i^*, \mu_{i,j}$;

補題 6-11 アルゴリズム 6-5 は正当性と停止性を有し，その実数体上の計算量は，$O(nd^2)$ である． ◁

証明 入力が基底であることと，第 2 行以降の操作は，任意の ℓ に対して，$\vec{b}_1$, $\ldots, \vec{b}_\ell$ の張る線形空間を変化させていないため，そのグラム・シュミットの直交化で得られる $\vec{b}_1^*, \ldots, \vec{b}_\ell^*$ は変化しない．しかしながら，第 2 行以降で基底は変化しており，そのグラム・シュミットの直交化で得られる $\mu_{i,j}$ は変化する可能性がある．以下では，$\mu_{i,j}$ が適切に更新されていることと，$|\mu_{i,j}| \leq \frac{1}{2}$ を満たすことを示す．

まず，任意の i, j $(i > j)$ の組に対し，第 6 行で，$\mu_{i,j} := \mu_{i,j} - \lceil \mu_{i,j} \rfloor$ と更新されるため，$\lceil \cdot \rfloor$ の定義より，$|\mu_{i,j}| \leq \frac{1}{2}$ を満たすことはわかる．そこで，第 3 行の **for** 文のある j に対する操作を行っても，$\mu_{i,j}$ も連動し適切に更新されることを示す．$\vec{b}_1^*, \ldots, \vec{b}_d^*$ は変化しないので，$\vec{b}_i := \vec{b}_i - \lceil \mu_{i,j} \rfloor \vec{b}_j$ の影響を受けるのは，$\mu_{i,k}$ $(k = 1, \ldots, j)$ のみである．更新後の $\vec{b}_i$ を $\vec{b}_i'$，$\mu_{i,k}$ を $\mu_{i,k}'$ とすると，

$$\mu_{i,k}' = \frac{\vec{b}_i' \circ \vec{b}_k^*}{\vec{b}_k^* \circ \vec{b}_k^*} = \frac{(\vec{b}_i - \lceil \mu_{i,j} \rfloor \vec{b}_j) \circ \vec{b}_k^*}{\vec{b}_k^* \circ \vec{b}_k^*} = \mu_{i,k} - \lceil \mu_{i,j} \rfloor \mu_{j,k}$$

となり正しく更新されることがわかる．

最後に計算量を示す．グラム・シュミットの直交化の計算量は，$\vec{b}_i^*$ を計算するために，n 次の内積を $2(i-1)$ 回，積を $n(i-1)$ 回，和を $n(i-1)$ 回必要とするため，次のように $O(nd^2)$ となる．

$$\sum_{i=1}^{d} (6n-2)(i-1) = (6n-2) \sum_{i=1}^{d} (i-1) = (3n-1)d(d-1)$$

第 2 行以降の計算量は，高々 d 次の二重ループで n 次元ベクトルの計算を行い，高々 d 次の三重ループでスカラーの計算を行っていることから，$O(nd^2 + d^3)$ となる．入力が基底であることから $d \leq n$ が成り立ち，全体通して，$O(nd^2)$ となる．□

最短ベクトルの近似解を求めるには，アルゴリズム 6-5 では不十分なため，LLL アルゴリズムでは，条件を増やした次の LLL 簡約ベクトルを求める．これは最短ベクトルとは限らないが，引き続く補題で示すように，最短ベクトルのサイズに十分近いベクトルとなる．なお，本節では，$\|\vec{v}\|$ でベクトルの 2-ノルム（ユークリッドノルム）を表す．

定義 6-12（LLL 簡約） $\frac{1}{4} < \delta \leq 1$ を満たす δ に対し，格子 L の基底 $\vec{b}_1, \ldots, \vec{b}_d \in \mathbb{R}^n$ が，次の条件を満たすとき，**LLL 簡約**であるという．ここで，$\vec{b}_i^*$ と $\mu_{i,j}$ は，$\vec{b}_1, \ldots, \vec{b}_d$ のグラム・シュミットの直交化とする．

1. $1 \leq j < i \leq d$ を満たす i, j に対し，$|\mu_{i,j}| \leq \frac{1}{2}$
2. $1 \leq i < d$ を満たす i に対し，$\|\vec{b}_{i+1}^*\|^2 \geq (\delta - \mu_{i+1,i}^2) \|\vec{b}_i^*\|^2$ ◁

注意 6-13 δ の値については，$\frac{1}{4} < \delta \leq 1$ を満たすものとして，$\delta = \frac{3}{4}$ が原論文 [35] で採用されており，通常，δ に言及されない LLL 簡約に関しては，$\delta = \frac{3}{4}$ を意味することが多い． ◁

補題 6-14 $\frac{1}{4} < \delta \leq 1$ を満たす δ に対し，$\vec{b}_1, \ldots, \vec{b}_d \in \mathbb{R}^n$ を格子 L の LLL 簡約な基底とする．このとき，$\alpha = 1/(\delta - \frac{1}{4})$ とすれば，L の最短ベクトル $\vec{b}_{\min}$ に対し，次式が成り立つ．

$$\|\vec{b}_1\| \leq \alpha^{(d-1)/2} \|\vec{b}_{\min}\|$$ ◁

証明 $\vec{b}_1, \ldots, \vec{b}_d$ のグラム・シュミットの直交化を，$\vec{b}_i^*$ と $\mu_{i,j}$ とする．LLL 簡約の定義より，

$$\|\vec{b}_1\|^2 = \|\vec{b}_1^*\|^2 \leq \alpha \|\vec{b}_2^*\|^2 \leq \cdots \leq \alpha^{d-2} \|\vec{b}_{d-1}^*\|^2 \leq \alpha^{d-1} \|\vec{b}_d^*\|^2$$

が成り立ち，$\vec{b}_i^*$ がグラム・シュミットの直交化の結果であることから，

$$\|\vec{b}_{\min}\| \geq \min\{\|\vec{b}_1^*\|, \|\vec{b}_2^*\|, \ldots, \|\vec{b}_d^*\|\}$$

も成り立つ（演習問題）．合わせることで，$\|\vec{b}_1\| \leq \alpha^{(d-1)/2} \|\vec{b}_{\min}\|$ を得る． □

与えられた格子の基底に対し，LLL 簡約な基底を求めるのが LLL アルゴリズムとなる．本書では，レンストラらのオリジナルのものを簡略化したアルゴリズム 6-6 を，LLL アルゴリズムとしてとりあげる．なお，簡略化した箇所は，整数格子に限定したことと，ベクトル交換後にグラム・シュミットの直交化をすべてやり直している[2]ことの 2 点である．以下，必要な定義と補題を示してから，LLL

---

[2] 本来は，ベクトル交換の影響を受ける部分だけの再計算で十分である．この結果，本項の計算量は実際のものよりも，d 倍だけ大きな見積りとなっていることに注意されたい．

アルゴリズムの証明を行う．

定義 6-15（グラム行列式） 自然数 k に対して，第 i 行が $\vec{b}_i$ となる行列を $G_k \in \mathbb{R}^{k \times n}$ とする．このとき，k 次の**グラム (Gram) 行列式** g_k を次式で定義する．
$$g_k = \det(G_k G_k^T)$$
◁

補題 6-16 整数格子 L の基底 $\vec{b}_1, \ldots, \vec{b}_d$ に対して，そのグラム・シュミットの直交化を $\vec{b}_i^*$ と $\mu_{i,j}$ とする．このとき，$g_k = \prod_{i=1}^{k} \|\vec{b}_i^*\|^2 \in \mathbb{Z}$ である． ◁

証明 グラム行列式の定義より，整数格子の基底に対しては，整数行列の行列式となるため，$g_k \in \mathbb{Z}$ である．以下では，$g_k = \prod_{i=1}^{k} \|\vec{b}_i^*\|^2$ を示す．

第 i 行が $\vec{b}_i^*$ となる行列を $G_k^* \in \mathbb{R}^{k \times n}$ とする．グラム・シュミットの直交化は，$\mathbb{R}^{k \times n}$ における特定の行基本変形を G_k に行い，G_k^* を求める操作となることから，対角成分が 1 の下三角行列 $M_k \in \mathbb{R}^{k \times k}$ が存在し，$G_k^* = M_k G_k$ と書ける．したがって，次のように $g_k = \prod_{i=1}^{k} \|\vec{b}_i^*\|^2$ が得られる．

$$\begin{aligned}
g_k &= \det(G_k G_k^T) \\
&= \det((M_k^{-1} G_k^*)(M_k^{-1} G_k^*)^T) \\
&= \det(M_k^{-1}) \det(G_k^*(G_k^*)^T) \det((M_k^{-1})^T) \\
&= \det(G_k^*(G_k^*)^T) \\
&= \det(\bar{G}_k) \qquad \left(\bar{G}_k = (\bar{g}_{i,j}) \in \mathbb{R}^{k \times k},\ \bar{g}_{i,j} = \vec{b}_i^* \circ \vec{b}_j^*\right) \\
&= \prod_{i=1}^{k} \|\vec{b}_i^*\|^2 \quad (\because (i \neq j) \text{ のとき } \bar{g}_{i,j} = 0)
\end{aligned}$$
□

定義 6-17（格子の体積） 格子 L の基底 $\vec{b}_1, \ldots, \vec{b}_d$ に対し，$\sqrt{g_d}$ を L の**体積 (volume)** といい，$\mathrm{vol}(L)$ で表す． ◁

補題 6-18 格子の体積は基底のとり方に寄らず一定である． ◁

証明 格子 L の基底として，$\vec{b}_1, \ldots, \vec{b}_d$ と $\vec{c}_1, \ldots, \vec{c}_d$ をとる．第 i 行が $\vec{b}_i$ とな

る行列を $G_{\vec{b}} \in \mathbb{R}^{d \times d}$, 第 i 行が $\vec{c}_i$ となる行列を $G_{\vec{c}} \in \mathbb{R}^{d \times d}$ とすれば, 相互に格子の基底のため, $M, \bar{M} \in \mathbb{Z}^{d \times d}$ の行列が存在し, $G_{\vec{b}} = M G_{\vec{c}}$ かつ $G_{\vec{c}} = \bar{M} G_{\vec{b}}$ である. これより, $G_{\vec{b}} = M \bar{M} G_{\vec{b}}$ となり, $\det(M) \det(\bar{M}) = 1$ を得る. $M, \bar{M}$ は整数行列のため, $\det(M) = \pm 1$ かつ $\det(\bar{M}) = \pm 1$ となる. よって, 次のように体積は基底に依存しない.

$$\mathrm{vol}(L) = \sqrt{g_d} = \sqrt{\det(G_{\vec{b}} G_{\vec{b}}^T)} = \sqrt{\det(G_{\vec{b}})^2} = \sqrt{\det(G_{\vec{c}})^2} \qquad \Box$$

アルゴリズム 6-6 (LLL 簡略版)

入力: 整数格子 L の基底 $\vec{b}_1, \ldots, \vec{b}_d \in \mathbb{Z}^n$ とパラメータ $\delta \in \left(\frac{1}{4}, 1\right]$
出力: 整数格子 L の LLL 簡約な基底 $\vec{b}_1, \ldots, \vec{b}_d \in \mathbb{Z}^n$
 1: アルゴリズム 6-5 で, $\vec{b}_1, \ldots, \vec{b}_d$ を size-reduced な基底に変形し,
    そのグラム・シュミットの直交化 $\vec{b}_i^*$ と $\mu_{i,j}$ を計算;
 2: 定義 6-12 の条件 2 を満たさない $\vec{b}_i^*$ があれば,
    $\vec{b}_i$ と $\vec{b}_{i+1}$ を交換し, 第 1 行に戻る;
 3: **return** $\vec{b}_1, \ldots, \vec{b}_d$;

定理 6-19 アルゴリズム 6-6 は正当性と停止性を有し, その実数体上の計算量は, 入力における $\|\vec{b}_i\|$ の最大を B とすれば, $O(nd^4 \log B)$ である. ◁

証明 まず, 正当性を確認する. 第 1 行で size-reduced な基底を計算しているため, 第 2 行で LLL 簡約の条件 2 が満たされれば, アルゴリズム 6-6 が出力するのは, 整数格子 L の LLL 簡約な基底である.

次に, 停止性を確認するため, グラム行列式の積として表現できる $D \in \mathbb{Z}$ を次のように導入する.

$$D = \|\vec{b}_1^*\|^{2d} \|\vec{b}_2^*\|^{2(d-1)} \cdots \|\vec{b}_d^*\|^2$$

入力における $\|\vec{b}_i\|$ の最大が B なので, D の上界は次式で与えられる.

$$D \leq \prod_{k=1}^{d} B^{2k} = B^{d(d+1)}$$

第 2 行で, $\vec{b}_i$ と $\vec{b}_{i+1}$ を交換した場合, そのグラム・シュミットの直交化は, $\vec{b}_i^*$ と

$\vec{b}_{i+1}^{*}$ のみを変化させる. そこで変化後の $\vec{b}_i^*$ と $\vec{b}_{i+1}^*$ を, $\vec{c}_i^*$ と $\vec{c}_{i+1}^*$ とする. 格子 L の体積は変化しないことから, 次式を得る.

$$\|\vec{b}_i^*\| \cdot \|\vec{b}_{i+1}^*\| = \|\vec{c}_i^*\| \cdot \|\vec{c}_{i+1}^*\|$$

また, 交換が発生したことによるグラム・シュミットの直交化により

$$\|\vec{c}_i^*\|^2 = \|\vec{b}_{i+1}^*\|^2 + \mu_{i+1,i}^2 \|\vec{b}_i^*\|^2 < \delta \|\vec{b}_i^*\|^2 \leq \|\vec{b}_i^*\|^2$$

が成り立っている. これらの関係式をまとめることで, 次式を得る.

$$\|\vec{c}_i^*\|^{2(d-i+1)} \|\vec{c}_{i+1}^*\|^{2(d-i)} < \|\vec{b}_i^*\|^{2(d-i+1)} \|\vec{b}_{i+1}^*\|^{2(d-i)}$$

すなわち, $D \in \mathbb{Z}$ がベクトルの交換により真に小さくなることを示している.

D の上界は $B^{d(d+1)}$ であったので, 交換が可能な回数は, $O(d^2 \log B)$ となり, 計算量として $O(nd^4 \log B)$ を得る. □

6.3.3 L^3 アルゴリズム

整数環上の因数分解において初の多項式時間アルゴリズムとなった L^3 アルゴリズムでは, バールカンプ・ヘンゼルアルゴリズムにおける組合せ爆発を, 整数格子の近似的な最短ベクトル問題に帰着することで回避する. まずは, その裏付けとなる補題について導入する.

補題 6-20 $f(x), g(x), h(x) \in \mathbb{Z}[x]$ をそれぞれ 1 次以上の多項式, $h(x)$ をモニック, B を $(\|f\|_2)^{\deg(g)} (\|g\|_2)^{\deg(f)}$ より大きな自然数とする. このとき, B を法として, $h(x) \mid f(x)$ かつ $h(x) \mid g(x)$ を満たすならば, $\gcd(f,g) \in \mathbb{Z}[x]$ は 1 次以上の多項式となる. ◁

証明 $f(x)$ と $g(x)$ の終結式 $\mathrm{res}(f,g) \in \mathbb{Z}$ は, アダマール (Hadamard) の不等式 (補題 6-16 の証明での式変形でも導ける) により,

$$|\mathrm{res}(f,g)| \leq (\|f\|_2)^{\deg(g)} (\|g\|_2)^{\deg(f)} < B$$

を満たす. 一方, B を法として, $h(x) \mid f(x)$ かつ $h(x) \mid g(x)$ であり, $h(x)$ はモニックなので B を法としても次数は変化せず, $\mathrm{res}(f,g) \equiv 0 \pmod{B}$ でなければならない. よって, 恒等的に $\mathrm{res}(f,g) = 0$ となり, $\gcd(f,g) \in \mathbb{Z}[x]$ は 1 次以上の多項式となる. □

ザッセンバウスアルゴリズムでは，因子候補の組合せを見つけることで真の既約因子を確定させていたが，L^3 アルゴリズムでは，補題 6-20 を次のように用いて，因子候補を積に含む既約因子を探していく．

$f(x)$：因数分解すべき多項式（既判明分は除外済み）
$g(x)$：発見したい既約因子（未知）
$h(x)$：ヘンゼル構成した因子候補で $g(x)$ の積に現れるもの

ここで，$n = \deg(g)$, $\ell = \deg(h)$ とすれば，未知なる $g(x)$ は，B を法として $h(x) \mid g(x)$ であることから次のように表せる．なお，剰余部分である $q_i x^i$ の次数が ℓ 次未満なのは，$h(x)$ のモニックの性質による．

$$g(x) = h(x) \sum_{i=0}^{n-\ell} p_i x^i + B \sum_{i=0}^{\ell-1} q_i x^i \quad (p_i, q_i \in \mathbb{Z})$$

$g(x)$ の係数を取り出したベクトルを $\vec{g} \in \mathbb{Z}^{n+1}$ とすれば，右辺の関係式から，$h(x) x^i$ や $B x^i$ の係数を取り出したベクトルを基底とする整数格子に $\vec{g}$ が含まれることがわかる．そこで，その整数格子を次のように定義する．

定義 6-21 多項式 $h(x) = x^\ell + \sum_{i=0}^{\ell-1} c_i x^i, c_i \in \mathbb{Z}$ と自然数 B, n に対して，次の $n+1$ 個の一次独立なベクトルが生成する $\mathbb{Z}^{n+1}$ の整数格子を $L(h, B, n)$ で表す．

$$\begin{aligned}
\vec{b}_1 &= (\,1 \quad c_{\ell-1} \quad \cdots \quad c_0 \quad 0 \quad 0 \quad \cdots \quad 0\,) \in \mathbb{Z}^{n+1} \\
\vec{b}_2 &= (\,0 \quad 1 \quad c_{\ell-1} \quad \cdots \quad c_0 \quad 0 \quad \cdots \quad 0\,) \in \mathbb{Z}^{n+1} \\
&\vdots \\
\vec{b}_{n-\ell+1} &= (\,0 \quad \cdots \quad 0 \quad 1 \quad c_{\ell-1} \quad c_{\ell-2} \quad \cdots \quad c_0\,) \in \mathbb{Z}^{n+1} \\
\vec{b}_{n-\ell+2} &= (\,0 \quad \cdots \quad 0 \quad 0 \quad B \quad 0 \quad \cdots \quad 0\,) \in \mathbb{Z}^{n+1} \\
&\vdots \\
\vec{b}_{n+1} &= (\,0 \quad \cdots \quad 0 \quad 0 \quad 0 \quad \cdots \quad 0 \quad B\,) \in \mathbb{Z}^{n+1}
\end{aligned}$$
◁

以後，写像 $\mathrm{poly} : \mathbb{Z}^{n+1} \to \mathbb{Z}[x]$ を，上の定義で用いた多項式と整数ベクトルの変換の逆変換となるよう，すなわち，$i = 1, \ldots, n-\ell+1$ に対して，$\mathrm{poly}(\vec{b}_i) = h(x) x^{n-\ell+1-i}$, $i = n-\ell+2, \ldots, n+1$ に対して，$\mathrm{poly}(\vec{b}_i) = B x^{n+1-i}$ となるよう定める．すると，L^3 アルゴリズムにおいて真の因子を確定する仕組みが，次

の補題で示せる.

補題 6-22 $g(x), h(x) \in \mathbb{Z}[x]$ と自然数 B, B^* は次を満たすとする.

- $g(x)$ は, $\mathbb{Z}$ 上既約な n 次多項式で, $\|g\|_2 < B$
- $h(x)$ は, モニックな多項式で, B^* を法として $h(x) \mid g(x)$
- $B^* \geq \alpha^{n^2/2} B^{2n}$ (LLL 簡約のパラメータ δ に対し $\alpha = 1/(\delta - \frac{1}{4})$)

このとき, 整数格子 $L(h, B^*, n)$ の LLL 簡約なベクトルのうち最小のベクトル $\vec{g}^*$ に対し, $g^*(x) = \mathrm{poly}(\vec{g}^*)$ と置けば, $\mathrm{pp}(g) = \pm \mathrm{pp}(g^*)$ が成り立つ. ◁

証明 定義 6-21 により, 整数格子 $L(h, B^*, n)$ は, $g(x) = \mathrm{poly}(\vec{g})$ を満たすベクトル $\vec{g}$ を含むため, 補題 6-14 より, $\vec{g}^*$ は次を満たす必要がある.

$$\|g^*\| = \|\vec{g}^*\| \leq \alpha^{(n+1-1)/2} \|\vec{g}\| = \alpha^{(n+1-1)/2} \|g\| < \alpha^{n/2} B$$

よって, 次式と補題 6-20 より $\gcd(g, g^*)$ は 1 次以上の多項式となる.

$$(\|g^*\|)^{\deg(g)} (\|g\|)^{\deg(g^*)} < (\alpha^{n/2} B)^n B^n \leq B^*$$

$g(x)$ は, $\mathbb{Z}$ 上既約な多項式だったので, $\mathrm{pp}(g) = \pm \mathrm{pp}(g^*)$ を得る. □

以上の準備に基づき, とりまとめたものが, アルゴリズム 6-7 である. アルゴリズム 6-3 との違いは, 因子係数上界をそのまま B としていること, ヘンゼル構成のループ回数の算出方法, そして, 真の既約因子の決定方法である.

定理 6-23 アルゴリズム 6-7 は正当性と停止性を有し, その実数体上の計算量は, $m = \deg(f)$ とし $f(x)$ の因子係数上界を B とすれば, $O(m^8 + m^7 \log B)$ である. ◁

証明 まず, 停止性については明らかであり, 正当性と計算量についての証明を与える. ヘンゼル構成での法のとり方や正規化に関しては, 補題 6-3 や系 6-4 から十分であるため, 正当性について証明が必要となるのは, 第 7 行の **while** 文ですべての既約因子が求まるかどうかである.

第 8 行で選択した $h(x)$ は, p^{d+1} を法として $\bar{f}(x)$ を割り切るため, $\bar{f}(x)$ のある既約因子 $g(x)$ も同様に割り切る. 第 9 行の **for** 文では, $g(x)$ の次数が未知な

アルゴリズム 6-7 (L^3)

入力: $f(x) \in \mathbb{Z}[x] \setminus \mathbb{Z}$ (原始的かつ無平方), $m = \deg(f), \delta \in \left(\frac{1}{4}, 1\right]$
出力: $f(x)$ の $\mathbb{Z}$ 上の因数分解を与える既約因子の集合 $\{f_1(x), \ldots, f_{k^*}(x)\}$

1: $\alpha = 1/(\delta - \frac{1}{4})$; $B := f(x)$ の因子係数上界;
2: $\gcd(f, f') \equiv 1 \pmod{p}$ かつ $p \nmid \mathrm{lc}(f)$ となる素数 p を選ぶ;
3: アルゴリズム 5-3 か 5-6 などで,次式を満たす $\mathbb{F}_p$ 上の因数分解を行う;
$$f(x) \equiv \mathrm{lc}(f) \prod_{i=1}^{k} g_i(x) \pmod{p}, \ \mathrm{lc}(g_i) = 1$$
4: $d := \lceil \log_p(\alpha^{m^2/2} B^{2m}) \rceil - 1$;
5: ヘンゼル構成により,次式を満たす $h_i(x)$ を求める;
$$f(x) \equiv \mathrm{lc}(f) \prod_{i=1}^{k} h_i(x) \pmod{p^{d+1}}, \quad \|h_i\|_\infty < p^{d+1}/2$$
6: $\mathcal{F} := \phi$; $\mathcal{H} := \{h_1(x), \ldots, h_k(x)\}$; $\bar{f}(x) := f(x)$;
7: **while** $\mathrm{card}(\mathcal{H}) > 0$ **do**
8:     $\mathcal{H}$ の中で最大次数 m_h を持つものを $h(x)$ とする;
9:     **for** $i = m_h$ **to** $\deg(\bar{f}) - 1$ **by** 1 **do**
10:         整数格子 $L(h, p^{d+1}, i)$ の LLL 簡約な基底を求め,その最小のベクトル $\vec{g}^*$ に対し, $g^*(x) := \mathrm{poly}(\vec{g}^*)$ とする;
11:         $\mathcal{S} := \left\{ h_i \in \mathcal{H} \,\middle|\, h_i(x) \text{ は } p^{d+1} \text{ を法として } g^*(x) \text{ を割り切る} \right\}$;
12:         $\|f_{\mathcal{H}\setminus\mathcal{S}}\|_\infty < p^{d+1}/2$ なる $f_{\mathcal{H}\setminus\mathcal{S}}(x)$ を求める;
$$f_{\mathcal{H}\setminus\mathcal{S}}(x) \equiv \mathrm{lc}(\bar{f}) \prod_{h_i \in \mathcal{H}\setminus\mathcal{S}} h_i(x) \pmod{p^{d+1}}$$
13:         **if** $\|\mathrm{pp}(g^*)\|_1 \|\mathrm{pp}(f_{\mathcal{H}\setminus\mathcal{S}})\|_1 \leq B$ **then**
14:             $\mathcal{H} := \mathcal{H} \setminus \mathcal{S}$; $\mathcal{F} := \mathcal{F} \cup \{\mathrm{pp}(g^*)\}$; $\bar{f}(x) := \mathrm{pp}(f_{\mathcal{H}\setminus\mathcal{S}})$;
                goto line 7;
15:         **end if**
16:     **end for**
17:     $\mathcal{H} := \{\}$; $\mathcal{F} := \mathcal{F} \cup \{\bar{f}\}$;
18: **end while**
19: **return** $\mathcal{F}$;

ため，最小候補となる m_h から最大候補となる $\deg(\bar{f})-1$ まで順次探索している．探索次数が $\deg(g)$ に一致すれば，補題 6-22 により，$g(x) = \pm\mathrm{pp}(g^*)$ を満たす $g^*(x)$ が求まり，$\mathcal{F}$ に追加される．一方，探索次数が $\deg(g)$ に一致しない場合，$g^*(x)$ は $g(x)$ と無関係で，第 13 行の **if** 文の条件を満たさず，探索が続けられる．探索で既約因子が見つかることは，補題 6-22 が保証しており，$i = \deg(\bar{f})-1$ までに見つからない場合は，$\bar{f}(x)$ の既約が確定することになり，すべての既約因子が求まったことになる．

次に計算量を示す．第 1 行と第 2 行の計算は高々 $O(m^2)$ の計算量なので，ほかの計算と比べて無視できる．第 3 行の $\mathbb{F}_p$ 上での因数分解は，定理 5-16 より $O(m^3 + pkm^2)$ である．また，B を因子係数上界とすれば，第 5 行のヘンゼル構成は，定理 6-1 より $O(m^2(\log k)^2 + m^2 \log B \log k)$ である．

第 7 行の **while** 文内において LLL 簡約な基底を求める計算量は，ベクトルの次元が $i+1 \leq m$ なので，定理 6-19 より $O(m^5(d+1))$ である．**while** 文の繰り返し数は最大 $m-1$ 回であり，LLL 簡約な基底を求める以外は，多項式の積などであり，比較して無視可能なので，**while** 文のトータルでは $O(m^8 + m^7 \log B)$ となり，これが全体を通しての計算量となる． □

なお，本書の簡略版の LLL アルゴリズムではなく，本来の LLL アルゴリズムを用いれば，計算量は $O(m^7 + m^6 \log B)$ となるほか，LLL 簡約な基底を求めるより高速なアルゴリズムを用いれば，それだけ L^3 アルゴリズムも高速化される．

6.3.4 ナップザックアルゴリズム

バールカンプ・ヘンゼルアルゴリズムの組合せ爆発は，L^3 アルゴリズムにより抑えられたが，実際には L^3 アルゴリズムは組合せ問題を解いていない．L^3 アルゴリズムは，有限体上で分解された因子の組合せ問題を解く代わりに，ある因子の張る線型空間に含まれるはずの，整数上の既約因子を探索しているに過ぎない．本項でとりあげるナップザックアルゴリズムは，LLL 簡約な基底を用いる点では似ているが，L^3 アルゴリズムとは異なり，直接的に組合せ問題を解くことで既約因子を確定する．

その仕組みの概要を，x に関してモニックな 2 変数多項式 $f(x,y) \in \mathbb{C}[x,y]$ の解析関数となる 4 つの零点 $\pm\sqrt{4-y}, \pm\sqrt{9-y}$ を，原点で級数展開した次の例を用いて説明する（ナップザックアルゴリズムは 1 変数多項式向けであるが，直

6.3 多項式時間アルゴリズムと効率化　155

感的な説明のために，2 変数多項式を用いる）．

$$\begin{aligned}
f(x,y) &= x^4 + 2x^2y - 13x^2 + y^2 - 13y + 36 \\
&= \left(x + \sqrt{4-y}\right)\left(x - \sqrt{4-y}\right)\left(x + \sqrt{9-y}\right)\left(x - \sqrt{9-y}\right) \\
&= \left(x - \left(-2 + \frac{1}{4}y + \frac{1}{64}y^2 + \frac{1}{512}y^3 + \frac{5}{16384}y^4 + \frac{7}{131072}y^5 + \cdots\right)\right) \\
&\quad \times \left(x - \left(2 - \frac{1}{4}y - \frac{1}{64}y^2 - \frac{1}{512}y^3 - \frac{5}{16384}y^4 - \frac{7}{131072}y^5 + \cdots\right)\right) \\
&\quad \times \left(x - \left(-3 + \frac{1}{6}y + \frac{1}{216}y^2 + \frac{1}{3888}y^3 + \frac{5}{279936}y^4 + \frac{7}{5038848}y^5 + \cdots\right)\right) \\
&\quad \times \left(x - \left(3 - \frac{1}{6}y - \frac{1}{216}y^2 - \frac{1}{3888}y^3 - \frac{5}{279936}y^4 - \frac{7}{5038848}y^5 + \cdots\right)\right)
\end{aligned}$$

この多項式は，$(x^2 - 4 + y)(x^2 - 9 + y)$ と因数分解されるが，当然，既約因子の y の次数は，$f(x,y)$ の y の次数である 2 以下である．ところが，級数展開した零点にはそれ以上の次数の項が複数含まれている．これらの高次項は，既約因子を構成するための積計算において相互にキャンセルして消える必要がある．このキャンセルしなければならない，という関係を線型演算で求めるのが，ナップザックアルゴリズムの仕組みといえる．さらに，ナップザックアルゴリズムでは高速化のため，一度の LLL 簡約で解決することはせず，徐々に基底を収束させていく方法が選ばれている．

定義 6-24 (基本対称式と冪和多項式)　$g(x) = \prod_{i=1}^{n}(x - x_i) \in \mathbb{Z}[x]$ に対して，その $n-i$ 次の係数を $\mathcal{E}_i(g) \in \mathbb{Z}[x_1, \ldots, x_n]$ で表し，$\tilde{\mathcal{E}}_i(g) = (-1)^i \mathcal{E}_i(g)$ と置く．また，$\mathcal{P}_i(g) \in \mathbb{Z}[x_1, \ldots, x_n]$ を $\sum_{j=1}^{n} x_j^i$ で定義する．このとき，$\tilde{\mathcal{E}}_i(g)$ を i 次の**基本対称式**，$\mathcal{P}_i(g)$ を i 次の**冪和多項式**という．なお x_i は $g(x)$ の零点である．　◁

基本対称式と冪和多項式の間には，次の有名な関係式が成り立つ．

補題 6-25 (ニュートンの恒等式)　$g(x) \in \mathbb{Z}[x]$ の基本対称式と冪和多項式には，$\mathbb{Q}[\tilde{\mathcal{E}}_1, \ldots, \tilde{\mathcal{E}}_n] = \mathbb{Q}[\mathcal{P}_1, \ldots, \mathcal{P}_n]$ が成り立ち，次の関係式が成立する．

$$\mathcal{P}_i(g) = -i\mathcal{E}_i(g) - \sum_{k=1}^{i-1} \mathcal{P}_k(g)\mathcal{E}_{i-k}(g), \quad i\mathcal{E}_i(g) = -\mathcal{P}_i(g) - \sum_{k=1}^{i-1} \mathcal{P}_k(g)\mathcal{E}_{i-k}(g)$$

これを**ニュートンの恒等式 (Newton identities)** という．　◁

系 6-26 $g(x) = \mathrm{lc}(g) \prod_{i=1}^{n} (x - x_i) \in \mathbb{Z}[x]$ に対して，前補題と同様に，その $n-i$ 次の係数を $\hat{\mathcal{E}}_i(g) \in \mathbb{Z}[x_1, \ldots, x_n]$ で表す．このとき，次の関係式が成立する．

$$\mathrm{lc}(g)^i \mathcal{P}_i(g) = -i\, \mathrm{lc}(g)^{i-1} \hat{\mathcal{E}}_i(g) - \sum_{k=1}^{i-1} \mathrm{lc}(g)^{i-1} \mathcal{P}_k(g) \hat{\mathcal{E}}_{i-k}(g) \qquad \triangleleft$$

以下，本項では，ザッセンバウスアルゴリズムにおけるヘンゼル構成までを終えた段階として，$f(x) \in \mathbb{Z}[x]$ を原始的かつ無平方で m 次の多項式，p を $\gcd(f, f') \equiv 1 \pmod{p}$ かつ $p \nmid \mathrm{lc}(f)$ となる奇素数[3]，自然数 d に対し $h_1^{(d)}(x), \ldots, h_k^{(d)}(x) \in \mathbb{Z}[x]$ を

$$f(x) \equiv \mathrm{lc}(f) \prod_{i=1}^{k} h_i^{(d)}(x) \pmod{p^{d+1}}, \quad \|h_i^{(d)}\|_\infty < p^{d+1}/2$$

なる多項式，特に，その極限として，p 進体上の多項式環 $\mathbb{Q}_p[x]$ において

$$f(x) = \mathrm{lc}(f) \prod_{i=1}^{k} h_i^{(\infty)}(x)$$

を満たす多項式を $h_1^{(\infty)}(x), \ldots, h_k^{(\infty)}(x) \in \mathbb{Q}_p[x]$ と表し，これら因子の集合を $\mathcal{H}^{(d)} = \{h_1^{(d)}, \ldots, h_k^{(d)}\}$ とする．

補題 6-27 集合 $\mathcal{S} \subset \mathcal{H}^{(\infty)}$ に対し，$g(x) = \mathrm{lc}(f) \prod_{h \in \mathcal{S}} h(x)$ と置く．このとき，$\ell = \lfloor m/2 \rfloor$ とすれば，$g(x) \in \mathbb{Z}[x]$ の必要十分条件は，$\mathrm{lc}(f)\mathcal{P}_1(g), \ldots, \mathrm{lc}(f)^\ell \mathcal{P}_\ell(g) \in \mathbb{Z}$ である． $\qquad \triangleleft$

証明 系 6-26 より，必要性が導かれる．よって十分性を示せばよい．$\bar{h}(x) = \mathrm{lc}(f) \prod_{h \in \mathcal{H}^{(\infty)} \setminus \mathcal{S}} h(x)$ と置く．このとき，$g(x) \in \mathbb{Z}[x]$ であることと $\bar{h}(x) \in \mathbb{Z}[x]$ であることは同値であり，$\deg(g) > \ell$ の場合は $\bar{h}(x) \in \mathbb{Z}[x]$ を示してもよい．よって一般性を失わず，$\deg(g) \leq \ell$ として，$g(x) \in \mathbb{Z}[x]$ を示す．

系 6-26 より $\mathrm{lc}(f)\mathcal{P}_1(g), \ldots, \mathrm{lc}(f)^\ell \mathcal{P}_\ell(g) \in \mathbb{Z}$ であれば，$\hat{\mathcal{E}}_i(g) \in \mathbb{Q}$ となる．これは，$g(x) \in \mathbb{Q}[x]$ を意味するが，ガウスの補題より，$g(x) \in \mathbb{Z}[x]$ を得る．す

---

[3] ナップザックアルゴリズムのオリジナルでは，偶素数 ($p = 2$) も選択可能であるが，本書では簡単のため奇素数とする．

なわち，十分性が導かれた． □

系 6-28 集合 $\mathcal{S} \subset \mathcal{H}^{(\infty)}$ に対し，$g(x) = \mathrm{lc}(f) \prod_{h \in \mathcal{S}} h(x)$ と置く．また，$f(0) \neq 0$ とする．このとき，$g(x) \in \mathbb{Q}(x)$ の必要十分条件は，$\mathcal{S}$ に対して，次式を満たす $\nu_h \in \mathbb{Z}$ $(h \in \mathcal{S})$ が存在することである．

$$\mathrm{lc}(f)^i \sum_{h \in \mathcal{S}} \nu_h \mathcal{P}_i(h) \in \mathbb{Z} \quad (i = 1, \ldots, m) \qquad \triangleleft$$

証明 必要性は補題 6-27 の証明から明らかなので，十分性を示す．まず，条件に現れる式 $\mathrm{lc}(f)^i \sum_{h \in \mathcal{S}} \nu_h \mathcal{P}_i(h)$ を，次式のように変形し，$\vec{\mathcal{P}}$ と置く．

$$\vec{\mathcal{P}} = \sum_{h \in \mathcal{S}} \nu_h \vec{\mathcal{P}}_h, \quad \vec{\mathcal{P}}_h = \begin{pmatrix} \mathrm{lc}(f) \mathcal{P}_1(h) \\ \vdots \\ \mathrm{lc}(f)^m \mathcal{P}_m(h) \end{pmatrix} \in \mathbb{Q}_p^m$$

$f(x)$ の無平方性と $f(0) \neq 0$ であることから，$f(x)$ の m 個の零点 $x_1, \ldots, x_m$（$\mathbb{Q}_p$ の代数閉包の元）の冪を要素とするヴァンデルモンド (Vandermonde) 行列は正則となる．$\mathrm{card}(\mathcal{S})$ 個のベクトル $\vec{\mathcal{P}}_h$ は，ヴァンデルモンド行列のベクトルの部分和で表されるため，同様に $\mathbb{Q}_p$ 上で一次独立となる．ここで，$\mathbb{Q}_p(x)$（実際には $\mathbb{Z}^m$）から $\mathbb{Q}_p^m$ への次式で定まる写像をとる．

$$g(x) = \mathrm{lc}(f) \prod_{h \in \mathcal{S}} h(x)^{\nu_h} \quad \longrightarrow \quad \vec{\mathcal{P}} = \sum_{h \in \mathcal{S}} \nu_h \vec{\mathcal{P}}_h$$

$\vec{\mathcal{P}}_h$ の一次独立性から，これは全単射写像となる．$\vec{\mathcal{P}} \in \mathbb{Z}$ は，$\mathbb{Q}$ 上不変な自己同型写像（$f(x)$ の零点を含む $\mathbb{Q}$ 上のガロア拡大のガロア群の写像）で不変なため，$g(x)$ も $\mathbb{Q}$ 上不変となり，$g(x) \in \mathbb{Q}(x)$ を得る． □

以上の議論により，ザッセンバウスアルゴリズムにおける因子組合せ問題が，冪和多項式が比して小さな整数となる組合せ問題に帰着できた．しかしながら，このままでは同様に組合せ問題を解く必要が残る．ナップザックアルゴリズムでは，これを LLL 簡約な基底計算に変形するため，ヘンゼル構成で復元した係数を p 進数と見たときの，高次項が互いにキャンセルする性質に着目する．また，$\mathcal{H}^{(\infty)}$ は計算できないため，その近似となる $\mathcal{H}^{(n)}$ で代用可能であることも確認す

る必要がある．

補題 6-29 B_{rt} を $f(x)$ の根の限界（定義7-4）とし，$B_i(f)$ を $\deg(f) \times |\operatorname{lc}(f)|^i \times B_{rt}^i$ とすれば，$B_i(f)$ は冪和多項式 $\operatorname{lc}(f)^i \mathcal{P}_i(f)$ の絶対値の上界を与える． ◁

証明 $f(x)$ の零点を $z_1, \ldots, z_m$ とすれば，次のように上界が得られる．
$$|\operatorname{lc}(f)^i \mathcal{P}_i(f)| \leq |\operatorname{lc}(f)|^i \times (|z_1|^i + \cdots + |z_m|^i) \leq m|\operatorname{lc}(f)|^i B_{rt}^i = B_i(f) \quad \square$$

定義 6-30 奇素数 p を法とするとき，自然数 u, w と整数 ν に対し，上側カット $\lceil \nu \rceil^u$ を，$\lceil \nu \rceil^u \equiv \nu \pmod{p^u}$, $|\lceil \nu \rceil^u| < p^u/2$ を満たす整数，下側カット $\lfloor \nu \rfloor_w$ を，$\lfloor \nu \rfloor_w = (\nu - \lceil \nu \rceil^w)/p^w$ を満たす整数，両側カット $[\nu]_w^u$ を $[\nu]_w^u = \lceil \lfloor \nu \rfloor_w \rceil^{u-w}$ を満たす整数と定義する． ◁

この定義に基づき，冪和多項式のキャンセルする高次項部分だけを取り出せば，既約因子となる組合せでは，それらの和は 0 となりそうだ．しかしながら，実際には和による桁上がり分の違いが発生するため，0 とはならない可能性が残る．しかし，この違いは次の補題のように小さく抑えられる．

補題 6-31 集合 $\mathcal{S} \subset \mathcal{H}^{(\infty)}$ に対し，$g(x) = \operatorname{lc}(f) \prod_{h \in \mathcal{S}} h(x)$ と置く．このとき，$g(x) \in \mathbb{Z}[x]$ となる必要十分条件は，$i = 1, \ldots, \ell$ に対して
$$\exists \epsilon_i \in \mathbb{Z},\ |\epsilon_i| < \operatorname{card}(\mathcal{S})/2, \quad \epsilon_i + \sum_{h \in \mathcal{S}} \lfloor \operatorname{lc}(f)^i \mathcal{P}_i(h) \rfloor_{w_i} = 0$$
である．ここで w_i は，冪和多項式 $\operatorname{lc}(f)^i \mathcal{P}_i(f)$ の絶対値の上界 $B_i(f)$ に対し，$B_i(f) < \frac{1}{2} p^{w_i}$ を満たす自然数，$\ell = \lfloor m/2 \rfloor$ とする． ◁

証明 補題 6-27 より，$g(x) \in \mathbb{Z}[x]$ となる必要十分条件は，次式となる．
$$\forall i \in \{1, \ldots, \ell\}, \quad \operatorname{lc}(f)^i \mathcal{P}_i(g) \in \mathbb{Z}$$
さらに，補題 6-29 より，この必要十分条件は，次式となる．
$$\forall i \in \{1, \ldots, \ell\}, \quad \lfloor \operatorname{lc}(f)^i \mathcal{P}_i(g) \rfloor_{w_i} = 0$$
ここで，冪和多項式の性質から次式が成立する．

$$\lfloor \text{lc}(f)^i \mathcal{P}_i(g) \rfloor_{w_i} = \left\lfloor \sum_{h \in \mathcal{S}} \text{lc}(f)^i \mathcal{P}_i(h) \right\rfloor_{w_i} \quad (i = 1, \ldots, m)$$

下側カットと和（$\sum$ での総和部）の順序の交換を行うと，$\text{lc}(f)^i \mathcal{P}_i(h)$ と $\lfloor \text{lc}(f)^i \mathcal{P}_i(h) \rfloor_{w_i}$ の差（1/2 未満）が相殺されず，次式の関係を得る．

$$\exists \epsilon_i \in \mathbb{Z}, \quad \epsilon_i + \sum_{h \in \mathcal{S}} \lfloor \text{lc}(f)^i \mathcal{P}_i(h) \rfloor_{w_i} = \left\lfloor \sum_{h \in \mathcal{S}} \text{lc}(f)^i \mathcal{P}_i(h) \right\rfloor_{w_i}$$

ϵ_i の大きさは $\mathcal{S}$ の要素数に依存し，$|\epsilon_i| < \text{card}(\mathcal{S})/2$ が成り立つため，補題の必要十分条件が得られた． □

補題 6-31 は，含む含まないの二者択一の組合せ問題を解くための必要十分性を示しているが，整数個の組合せまで緩和した場合の組合せ問題としては，十分性を示せていない．しかしながら，系 6-28 により，ℓ を m まで大きくすれば，その十分性は保証される．以上の議論に基づき，補題 6-31 の条件を満たす組合せを，両側カットを用いた有限の範囲で計算可能とするため，次の格子を導入する．

定義 6-32（ナップザック格子） $H \in \mathbb{Z}^{s \times k}, \beta \in \mathbb{N}, \vec{u} \in \mathbb{N}^m$ に対し，**ナップザック格子**を，次の行列 Λ の行ベクトルを基底とする整数格子とし，$L_K(H, \mathcal{H}^{(d)}, \beta, \vec{u})$ で表す．

$$\Lambda(H, \mathcal{H}^{(d)}, \beta, \vec{u}) = \begin{pmatrix} \beta \times H & HP \\ O & \text{diag}(p^{\vec{u}-\vec{w}}) \end{pmatrix} \in \mathbb{Z}^{(s+m) \times (k+m)}$$

ここで，$\vec{w} = (w_i) \in \mathbb{N}^m$ は，冪和多項式 $\text{lc}(f)^i \mathcal{P}_i(f)$ の絶対値の上界 $B_i(f)$ に対し，$B_i(f) < \frac{1}{2} p^{w_i}$ を満たす自然数 w_i を要素とするベクトル，$\text{diag}(p^{\vec{u}-\vec{w}})$ はベクトル $p^{\vec{u}-\vec{w}} = (p^{u_1-w_1}, \ldots, p^{u_m-w_m})$ の各要素を対角成分とする対角行列，$P \in \mathbb{Z}^{k \times m}$ は次式で定義される行列である．

$$P = (c_{i,j}), \quad c_{i,j} = \left[\text{lc}(f)^j \mathcal{P}_j(h_i^{(d)}) \right]_{w_j}^{u_j} \qquad \triangleleft$$

ナップザック格子の β は，下記で示すナップザック格子の LLL 簡約な基底から組合せを抽出する操作において，その収束性を左右するため，補題 6-31 の ϵ_i の大きさに基づき，$\beta^2 k \doteqdot m(k/2)^2$ が成り立つように選択する．

以下では，集合 $\mathcal{S} \subset \mathcal{H}^{(\infty)}$ に対し，$g(x) = \text{lc}(f) \prod_{h \in \mathcal{S}} h(x)$ と置くとき，ベクト

ル $\overrightarrow{B(g)} = (g_i) \in \mathbb{Z}^k$ を, $h_i(x)^{(\infty)} \in \mathcal{S}$ ならば $g_i = 1$, そうでなければ $g_i = 0$ と定める. また, $B_L \subset \mathbb{Z}^k$ を, 次式で定める.

$$B_L = \left\{ \overrightarrow{B(g)} \in \mathbb{Z}^k \,\middle|\, g(x) \text{ は } f(x) \text{ の既約因子} \right\}$$

ナップザック格子の役割は, B_L を LLL 簡約の基底から発見することである. まず, この手続きを行う上で重要な補題を 2 つ示す.

補題 6-33 格子 L の基底 $\vec{b}_1, \ldots, \vec{b}_m$ に対して, そのグラム・シュミットの直交化を $\vec{b}_i^*$ と $\mu_{i,j}$ とする. このとき, 正の実数 B と自然数 r に対して, $\|\vec{b}_i^*\| > B$ ($r < i \leq m$) ならば, 格子 L の任意のベクトル $\vec{v}$ で, $\|\vec{v}\| \leq B$ を満たすものは, $\vec{b}_1, \ldots, \vec{b}_r$ を基底とする格子に含まれる. ◁

証明 $\|\vec{v}\| \leq B$ となる $\vec{v} \in L$ を, L の基底ベクトルによる $\mathbb{Z}$ 上の一次結合で表すのに必要な $\vec{b}_i$ のうち最大の添字 i を ℓ とする. $\ell \leq r$ ならば補題は正しいため, $\ell > r$ として背理法で証明する. このとき, $\vec{v}$ は次のように表すことができる.

$$\vec{v} = \sum_{i=1}^{\ell} c_i \vec{b}_i = \sum_{i=1}^{\ell} c_i (\vec{b}_i^* - \sum_{j=1}^{i-1} \mu_{i,j} \vec{b}_j^*), \quad c_i \in \mathbb{Z}, \quad c_\ell \neq 0$$

よって, $\|\vec{v}\|^2$ が次のように求まる.

$$\begin{aligned}
\|\vec{v}\|^2 &= \vec{v} \circ \vec{v} = \sum_{i=1}^{\ell} (c_i - \sum_{j=i+1}^{\ell} c_j \mu_{j,i})^2 \cdot \vec{b}_i^* \circ \vec{b}_i^* \\
&= \sum_{i=1}^{\ell} (c_i - \sum_{j=i+1}^{\ell} c_j \mu_{j,i})^2 \cdot \|\vec{b}_i^*\|^2 \\
&= c_\ell^2 \|\vec{b}_\ell^*\|^2 + \sum_{i=1}^{\ell-1} (c_i - \sum_{j=i+1}^{\ell} c_j \mu_{j,i})^2 \cdot \|\vec{b}_i^*\|^2 \geq c_\ell^2 \|\vec{b}_\ell^*\|^2
\end{aligned}$$

$c_\ell \in \mathbb{Z} \setminus \{0\}$ より, $c_\ell^2 \geq 1$ となるため, 次の下限を得る.

$$\|\vec{v}\|^2 \geq c_\ell^2 \|\vec{b}_\ell^*\|^2 > c_\ell^2 B^2 \geq B^2$$

これは $\|\vec{v}\| \leq B$ に矛盾し, 補題が成り立つことが示された. □

補題 6-34 格子 $L_K(H, \mathcal{H}^{(d)}, \beta, \vec{u})$ の LLL 簡約基底を $\vec{b}_1, \ldots, \vec{b}_{s+m}$, そのグラム・シュミットの直交化を $\vec{b}_1^*, \ldots, \vec{b}_{s+m}^*$, $M = \sqrt{\beta^2 k + m(k/2)^2}$ に対して, r を $\|\vec{b}_i^*\| > M$ ($r < i \leq s+m$) となる最小の自然数とする. このとき, $B_L \subset$

span(H) ならば，$\vec{b_i}/\beta\ (1 \leq i \leq r)$ の最初の k 要素からなるベクトルを行ベクトルとする行列を $W \in \mathbb{Z}^{r \times k}$ とすれば，$B_L \subset \mathrm{span}(W)$ である．なお，span(A) は，行列 A の行ベクトルが張る線型空間を表す． ◁

証明 B_L の任意のベクトル $\overrightarrow{B(g)}$ は，その定義により，$\|\overrightarrow{B(g)}\| \leq \sqrt{k}$ を満たす．$B_L \subset \mathrm{span}(H)$ より，$L_K(H, \mathcal{H}^{(d)}, \beta, \vec{u})$ には $\overrightarrow{B(g)}$ に対応するベクトルが含まれ，補題 6-31 より，そのノルムは M 以下となる．そのため，補題 6-33 により，$B_L \subset \mathrm{span}(W)$ を得る． □

与えられたヘンゼル構成結果の因子候補に対し，ナップザック格子を用いて既約因子を決定していくのがナップザックアルゴリズムとなる．アルゴリズム中において，#rows(H) は行列 H の行数を，rref(W) は行列 W の行簡約行列を表す．本書では，ヴァンフーイが提案したものを簡略化したアルゴリズム 6-8 を，ナップザックアルゴリズムとしてとりあげる．なお，簡略した箇所は，ナップザック格子そのものにあり，ヴァンフーイの提案では高速化のため，よりサイズの小さい格子（冪和多項式の線型結合で次元を下げた格子）から計算を始めることが推奨されている．

定理 6-35 アルゴリズム 6-8 は正当性と停止性を有する[4]． ◁

証明 第 3 行で H を単位行列としており，この時点で $B_L \subset \mathrm{span}(H)$ である．よって，補題 6-34 より，常に $B_L \subset \mathrm{span}(W)$ であり，停止すれば，$f(x)$ の既約因子が出力される．したがって，有限停止性を示せばよい．

まず，Λ には $\mathrm{diag}(p^{\vec{u}-\vec{w}})$ が含まれ，両側カットと LLL 簡約の性質から，常に #rows(W) = dim(span(W)) が成立している．そのため，以下では，十分大きな $\bar{d}$ に対し，dim(span(W)) < dim(span(H)) を示す．

常に $B_L \subset \mathrm{span}(H)$ であることと，Λ に $\mathrm{diag}(p^{\vec{u}-\vec{w}})$ が含まれることから，
$$\sqrt{\prod_{i=1}^{s+m} \|\vec{b_i^*}\|^2} = \mathrm{vol}(L_K) \geq \beta^{\#\mathrm{rows}(H)} \prod_{i=1}^{m} p^{u_i - w_i}$$
であるが，$M \fallingdotseq \beta\sqrt{2k}$ であることに注意すれば，十分大きな $\bar{d}$ に対し，$\|\vec{b_i^*}\| > M$ となる $\vec{b_i^*}$ が存在しなければ

---

[4] ナップザックアルゴリズムの原論文においても，計算量は与えられていないため，本書においても計算量については明記しない．

ならない．すなわち，$\bar{r} < s + d$ を得る．

$r' < \#\mathrm{rows}(H)$ ならば，$\dim(\mathrm{span}(W)) < \dim(\mathrm{span}(H))$ となり，B_L への収束性が示される．一方，系 6-28 により，十分大きな $\bar{d}$ に対しては，rref(W) の各行に対応する $g(x) \in \mathbb{Q}(x)$ が存在しなければならない．ところが，そのような $g(x)$ は $f(x)$ の無平方性より第 9 行の R の条件に合致するものしか存在しない．そのため，十分大きな $\bar{d}$ に対しても，$r' \geq \#\mathrm{rows}(H)$ であることは，$\#\mathrm{rows}(W) = \dim(\mathrm{span}(W))$ に矛盾する． □

なお，ナップザックアルゴリズムやその改良版の計算量や効率的な実装などに関しては，ハート (Hart)，ヴァンフーイ，ノボキン (Novocin) らによる論文 [22] や，ノボキンの学位論文 [52] で詳しく扱われている．

6.3.5 多項式時間アルゴリズムの実際

本項では実際に整数係数多項式の因数分解を，前項までに導いたアルゴリズム 6-8 によるナップザックアルゴリズム ($\delta = 3/4$) で計算する．ただし，紙面の関係から，第 2 行における既約因子探索については省略し，すべての既約因子をナップザック格子の LLL 簡約な基底から求めるものとする．例としてあげるのは，6.2.5 項の計算例において，無平方分解を行った結果である．次の $f(x) \in \mathbb{Z}[x]$ とする．

$$f(x) = 3x^5 + 18x^3 - 2x^2 - 12$$

6.2.5 項の計算例と同じ手順で，次なる関係をヘンゼル構成で求め，ナップザックアルゴリズムの本質的な部分となる第 3 行以降を行っていく．

$$f(x) \equiv 3(x - 4344)(x - 4838)(x + 4838)(x^2 + 4344x - 4664) \pmod{5^6}$$

まず，第 3 行の各変数の初期化を行う（$B_{rt} = 7$ を用いた）．第 3 行の条件にあうように，すなわち

$$\deg(f) \times |\mathrm{lc}(f)|^i \times B_{rt}^i = B_i(f) < \frac{1}{2}p^{w_i}$$

を満たすように w_i を定め，$u_i, H, \bar{d}, \alpha$ を条件に合うように決めていくと次のようになる．

$$\vec{w} = (w_1, w_2, w_3, w_4) = (4, 6, 8, 9),$$
$$\vec{u} = (u_1, u_2, u_3, u_4) = (5, 7, 9, 10),$$
$$H = 4 \text{ 次の単位行列}, \quad \bar{d} = 11, \quad \alpha = 2$$

アルゴリズム 6-8 （ナップザック）

入力： $f(x) \in \mathbb{Z}[x] \setminus \mathbb{Z}$ （原始的かつ無平方），$m = \deg(f), \delta \in (\frac{1}{4}, 1]$

出力： $f(x)$ の $\mathbb{Z}$ 上の因数分解を与える既約因子の集合 $\{f_1(x), \ldots, f_{k^*}(x)\}$

1: アルゴリズム 6-3 の第 6 行までを実行する；
2: 高々 3 つの $h_i(x)$ から構成される既約因子は，アルゴリズム 6-3 の第 7 行か，アルゴリズム 6-4 で求め，その集合を $\mathcal{F}$，$f(x)$ の余因子を $\bar{f}(x)$，既約因子に含まれない $h_i(x)$ の残りを改めて $h_1(x), \ldots, h_k(x)$ と置く；
3: $\vec{w}$ を，冪和多項式 $\mathrm{lc}(\bar{f})^i \mathcal{P}_i(\bar{f})$ の絶対値の上界 $B_i(\bar{f})$ から定める；
$\vec{u}$ を，$u_i > w_i$ となるよう定める；H を k 次の単位行列とする；
$\bar{d} := \max_i \{u_i\} - 1;\ \alpha = 1/(\delta - \frac{1}{4});$
4: 必要があればヘンゼル構成を再度行い，次式を満たす $h_i(x)$ を求める；

$$f(x) \equiv \mathrm{lc}(f) \prod_{i=1}^{k} h_i(x) \pmod{p^{\bar{d}+1}}, \quad \|h_i\|_\infty < p^{\bar{d}+1}/2$$

5: 格子 $L_K(H, \mathcal{H}^{(d)}, \beta, \vec{u})$ の LLL 簡約基底 $\vec{b}_i$ を求め，そのグラム・シュミットの直交化を $\vec{b}_i^*$，$M = \sqrt{\beta^2 k + m(k/2)^2}$ に対し，$\bar{r}$ を $\|\vec{b}_i^*\| > M$ ($\bar{r} < i$) なる最小自然数，$\vec{b}_i/\beta$ ($1 \leq i \leq \bar{r}$) の最初の k 要素からなるベクトルで，零ベクトルでないものを行ベクトルとする行列を $W \in \mathbb{Z}^{r' \times k}$ とする；
6: $r' \geq \#\mathrm{rows}(H)$ なら，$H := W$ とし，$u_i, \bar{d}$ を拡大し，**goto line 4**；
7: $r' = 1$ なら，$\bar{f}(x)$ は既約なので，**return** $\mathcal{F} \cup \{\bar{f}\}$；
8: $r' > k/4$ なら，$H := W$ とし，$u_i, \bar{d}$ を拡大し，**goto line 4**；
9: $R := \mathrm{rref}(W);\ R$ が「各列に 1 の要素が 1 つあり，ほかは 0」でないなら，
$$H := W \text{ とし，} u_i, \bar{d} \text{ を拡大し，} \textbf{goto line 4};$$
10: $\mathcal{F}' := \phi$；
11: **for each** $\vec{v} = (v_i) \in \left\{ \vec{v} \in \mathbb{Z}^k \mid \vec{v} \text{ は } R \text{ の行ベクトル} \right\}$ **do**
12: $\quad g(x) := \mathrm{pp}(\lceil \mathrm{lc}(\bar{f}) \prod_{v_i=1} h_i(x) \rceil_{\bar{d}+1})$；
13: $\quad g(x) \nmid \bar{f}(x)$ なら，$H := W$ とし，$u_i, \bar{d}$ を拡大し，**goto line 4**；
$\quad g(x) \mid \bar{f}(x)$ なら，$\mathcal{F}' := \mathcal{F}' \cup \{g(x)\}$；
14: **end for**
15: **return** $\mathcal{F} \cup \mathcal{F}'$；

第 4 行のヘンゼル構成により,以下の関係式が求まる.
$$f(x) \equiv 3(x + 112636281)(x + 3479537)(x - 3479537)$$
$$\times (x^2 - 112636281x - 87254664) \pmod{5^{12}}$$

第 5 行では,$\beta = 3$ として,ナップザック格子 $L_K(H, \mathcal{H}^{(d)}, \beta, \vec{u})$ を生成する行列 $\Lambda(H, \mathcal{H}^{(d)}, \beta, \vec{u})$ を構成する.結果が,下記の左側の行列である.右側は,その LLL 簡約な基底となる.

$$\begin{pmatrix} 3 & 0 & 0 & 0 & 1 & 1 & 0 & 1 & 1 \\ 0 & 3 & 0 & 0 & -2 & 0 & -2 & 0 & 2 \\ 0 & 0 & 3 & 0 & 2 & 0 & 2 & 0 & -2 \\ 0 & 0 & 0 & 3 & -1 & -1 & 0 & -1 & -1 \\ 0 & 0 & 0 & 0 & 5 & 0 & 0 & 0 & 0 \\ 0 & 0 & 0 & 0 & 0 & 5 & 0 & 0 & 0 \\ 0 & 0 & 0 & 0 & 0 & 0 & 5 & 0 & 0 \\ 0 & 0 & 0 & 0 & 0 & 0 & 0 & 5 & 0 \\ 0 & 0 & 0 & 0 & 0 & 0 & 0 & 0 & 5 \end{pmatrix}$$

$$\rightarrow \begin{pmatrix} 3 & 0 & 0 & 0 & 1 & 1 & 0 & 1 & 1 \\ 0 & 3 & 0 & 0 & -2 & 0 & -2 & 0 & 2 \\ 0 & 3 & 3 & 0 & 0 & 0 & 0 & 0 & 0 \\ 0 & 0 & 0 & 3 & -1 & -1 & 0 & -1 & -1 \\ 0 & 0 & 0 & 0 & 5 & 0 & 0 & 0 & 0 \\ 0 & 0 & 0 & 0 & 0 & 5 & 0 & 0 & 0 \\ 0 & 0 & 0 & 0 & 0 & 0 & 5 & 0 & 0 \\ 0 & 0 & 0 & 0 & 0 & 0 & 0 & 0 & 5 \\ 0 & 0 & 0 & 0 & 0 & 0 & 0 & 5 & 0 \end{pmatrix}$$

$\|\vec{b}_i^*\| > M = 2\sqrt{14}$ となるベクトルはなく,$r' = 4 \geq \#\mathrm{rows}(H) = 4$ なので,次のように,$H := W$ とし,$u_i, \bar{d}$ を拡大し,第 4 行に戻る.

$$\vec{b} = (w_1, w_2, w_3, w_4) = (4, 6, 8, 9),$$
$$\vec{a} = (u_1, u_2, u_3, u_4) = (12, 12, 12, 12),$$
$$\bar{d} = 11,$$
$$\alpha = 2,$$

$$H = \begin{pmatrix} 1 & 0 & 0 & 0 \\ 0 & 1 & 0 & 0 \\ 0 & 1 & 1 & 0 \\ 0 & 0 & 0 & 1 \end{pmatrix}$$

今回, $\bar{d}$ 自体は拡大する必要がなかったため, 第 4 行のヘンゼル構成は不要となった. 第 5 行では, $\beta = 3$ として, ナップザック格子 $L_K(H, \mathcal{H}^{(d)}, \beta, \vec{u})$ を生成する行列 $\Lambda(H, \mathcal{H}^{(d)}, \beta, \vec{u})$ を構成する. 結果が, 下記の行列である.

$$\begin{pmatrix}
3 & 0 & 0 & 0 & -150029 & -3384 & 0 & 11 & 1 \\
0 & 3 & 0 & 0 & -16702 & 0 & 193 & 0 & 2 \\
0 & 3 & 3 & 0 & 0 & 0 & 0 & 0 & 0 \\
0 & 0 & 0 & 3 & 150029 & 3384 & 0 & -11 & -1 \\
0 & 0 & 0 & 0 & 390625 & 0 & 0 & 0 & 0 \\
0 & 0 & 0 & 0 & 0 & 15625 & 0 & 0 & 0 \\
0 & 0 & 0 & 0 & 0 & 0 & 625 & 0 & 0 \\
0 & 0 & 0 & 0 & 0 & 0 & 0 & 125 & 0 \\
0 & 0 & 0 & 0 & 0 & 0 & 0 & 0 & 5
\end{pmatrix}$$

LLL 簡約な基底を求めた結果, 次が得られた.

$$\begin{pmatrix}
0 & 3 & 3 & 0 & 0 & 0 & 0 & 0 & 0 \\
3 & 0 & 0 & 3 & 0 & 0 & 0 & 0 & 0 \\
0 & 0 & 0 & 0 & 0 & 0 & 0 & 0 & 5 \\
0 & 0 & 0 & 0 & 0 & 0 & 0 & 125 & 0 \\
237 & -9 & 12 & -234 & -139 & -38 & -101 & -23 & -2 \\
-54 & -168 & 168 & 57 & -178 & 208 & 259 & -32 & -1 \\
57 & 168 & -168 & -54 & 178 & -208 & 366 & 32 & 1 \\
-90 & 177 & -177 & 90 & -346 & -85 & 274 & -35 & 1 \\
126 & 111 & -108 & -123 & 222 & 378 & -286 & 38 & -1
\end{pmatrix}$$

$\bar{r} = 3$ に対して, $\|\vec{b}_i^*\| > M = 2\sqrt{14}$ $(\bar{r} < i)$ となり, 得られた行列 W が下記の左側, 右側はその簡約な行列となる.

$$\begin{pmatrix} 0 & 3 & 3 & 0 \\ 3 & 0 & 0 & 3 \end{pmatrix} \rightarrow \begin{pmatrix} 1 & 0 & 0 & 1 \\ 0 & 1 & 1 & 0 \end{pmatrix}$$

第 9 行の条件を満たしているため，第 10 行以降に進み，各行ベクトルに対して $g(x)$ を構成することで，下記の因数分解が得られた．$3x^3 - 2$ が第 1 行，$x^2 + 6$ が第 2 行のベクトルに対応している．

$$f(x) = (3x^3 - 2)(x^2 + 6)$$

演習問題

1. 格子 L の最短ベクトルを $\vec{b}_{\min}$ とする．L の基底のグラム・シュミットの直交化は，サイズが $\|\vec{b}_{\min}\|$ 以下のベクトルを含むことを示せ（一次結合に現れる $\vec{b}_i^*$ の中で最大の i を持つベクトルに着目し $\|\vec{b}_{\min}\|^2$ を展開する）．

2. 本書の LLL アルゴリズムは，ベクトル交換が発生した場合に，グラム・シュミットの直交化をすべて再計算しているが，実際には交換の影響を受ける部分だけで十分である．この修正を行い，その計算量が $O(d^4 \log B)$ となることを示せ．

第 7 章

代数方程式の根とその計算法

方程式 $f(x) = 0$ において，$f(x)$ が多項式であるものを代数方程式という．実数係数多項式からなる代数方程式が，与えられた区間の中にある実根の個数を求めることをスツルム問題という．本章ではこのスツルム問題を扱い，スツルムの解法とそれを改良したスツルム・ハビッチ列を用いた解法について紹介する．また，正確に実根の個数を求めることはできないが，適用が容易なブダン・フーリエの定理とデカルトの符号律を紹介する．

7.1 実根と符号変化の数

実根の分離とは，方程式 $f(x) = 0$ の各実根について重複のない分離区間を求めることである．例えば，$f(x) = x^4 - 40x + 39 = (x-1)(x-3)(x^2 + 4x + 13)$ とするとき，代数方程式 $f(x) = 0$ の実根は $x = 1, 3$ であり，実根の分離により $(0, 2]$，$(2, 4]$ などが求められる（$x = -2 \pm 3\mathrm{i}$ も根であるが，実根ではないことに注意）．実根の分離を行うには，「根の限界」と「実根の数え上げ」が必要となる．

この実根の分離はアルゴリズム 4-1 や限量子消去で用いられる．また，分離区間の区間幅はいくらでも小さくでき，実根の近似にも応用できる．

定義 7-1（実根, 虚根） $f(x) \in \mathbb{R}[x] \setminus \{0\}$ と $\omega \in \mathbb{C}$ において $f(\omega) = 0$ となるとき，ω は $f(x)$ の**根** (root) であるという．特に，$\omega \in \mathbb{R}$ のとき，ω は $f(x)$ の**実根** (real root)，$\omega \in \mathbb{C} \setminus \mathbb{R}$ のとき，ω は $f(x)$ の**虚根** (imaginary root) という． ◁

定義 7-2（重複度） $f(x) \in \mathbb{R}[x] \setminus \{0\}$ とする．$f(x)$ の根 $\omega \in \mathbb{C}$ に対して，ある正の整数 e と，多項式 $g(x) \in \mathbb{C}[x]$, $g(\omega) \neq 0$ が存在し，$f(x) = (x-\omega)^e g(x)$ を満たすとき，ω は $f(x)$ の**重複度** (multiplicity) e の根であるという．また，$\omega \in \mathbb{C}$ が $f(\omega) \neq 0$ を満たすとき，ω は $f(x)$ の重複度 0 の根であるという． ◁

単に,「根」や「実根」というときは重複度は正であるが,「重複度 e の根」という場合には, $e = 0$ を含む場合があることに注意する.

定義 7-3（実根の数え上げ） $f(x) \in \mathbb{R}[x] \setminus \mathbb{R}$ とし, I を区間とする. $f(x)$ の I に含まれる実根の個数を求めることを**実根の数え上げ** (real root counting) という. ◁

実根の数え上げには,重複度を込めた数え上げと,重複度を無視した相異なる実根の数え上げがあることに注意する.ここでは,実根の数え上げにより,与えられた多項式のすべての実根の分離区間を求める.評価する区間を決定する際には,根の限界が必要である.

定義 7-4（根の限界） $f(x) \in \mathbb{R}[x] \setminus \{0\}$ とする.実数 B がすべての $f(x)$ の根 ω に対して $B > |\omega|$ を満たすとき, B を $f(x)$ の**根の限界** (root bound) という. ◁

根の限界の公式の一つを紹介する（参考文献 [100]）.

定理 7-5 $f(x) = a_m x^m + \cdots + a_1 x + a_0 \in \mathbb{R}[x]$, $a_m \neq 0$ において, $1 + \max_{0 \leq i < m} \left\{ \left| \dfrac{a_i}{a_m} \right| \right\}$ は $f(x)$ の根の限界である. ◁

証明 $a_m = 1$ として一般性を失わない.実数 x を $f(x)$ の根とするとき, $a = \max_{0 \leq i < m} \{|a_i|\}$ とすると, $1 + a \geq 1$ であるから, $|x| > 1$ の場合のみ考えれば十分である.よって, $x^m = -a_0 - a_1 x - \cdots - a_{m-1} x^{m-1}$ より

$$|x^m| = |x|^m \leq |a_0| + |a_1||x| + \cdots + |a_{m-1}||x|^{m-1}$$
$$\leq a(1 + |x| + \cdots + |x|^{m-1}) \leq a \frac{|x|^m - 1}{|x| - 1},$$

これより

$$|x| \leq a \frac{|x|^m - 1}{|x|^m} + 1 = a \left(1 - \frac{1}{|x|^m}\right) + 1 < a + 1$$

が得られる. □

例題 7-6 $f(x) = (2x-1)^2(x-2)(x+3) = 4x^4 - 27x^2 + 25x - 6$ とするとき,

$1 + \frac{27}{4} > |-3|$ であり $\frac{31}{4}$ は $f(x)$ の根の限界である．また，区間 $(0, 4]$ における $f(x)$ の重複を込めた実根の個数は 3 で，相異なる実根の個数は 2 である． ◁

定義 7-7（符号） $\omega \in \mathbb{R}$ に対し，以下で定める $\text{sign}(\omega)$ を ω の**符号** (sign) という．

$$\text{sign}(\omega) = \begin{cases} 1 & (\omega > 0) \\ 0 & (\omega = 0) \\ -1 & (\omega < 0) \end{cases}$$

また，符号が 1 であることを「+」で，−1 であることを「−」で表す． ◁

定義 7-8 $f(x) \in \mathbb{R}[x] \setminus \{0\}$ の根の限界を $B > 0$ とする．$f(x)$ は実数上の連続関数であり，中間値の定理から 0 を通らずに符号は変化しないため，任意の実数 $\omega \geq B$ に対して $f(\omega)$ は一定の符号をとる．$x = \infty$ における $f(x)$ の符号 $\text{sign}(f(\infty))$ を $\text{sign}(f(B))$ で定義する．同様に，$x = -\infty$ における $f(x)$ の符号 $\text{sign}(f(-\infty))$ を $\text{sign}(f(-B))$ で定義する． ◁

定義 7-9（符号変化の数） 有限個の実数の列 $\langle\!\langle \omega_1, \omega_2, \ldots, \omega_u \rangle\!\rangle$ の**符号変化の数** (number of sign variation) $\text{var}(\omega_1, \omega_2, \ldots, \omega_u)$ を以下で定義する．

$$\text{card}\left(\left\{(i, j) \in \mathbb{Z}^2 \,\middle|\, 1 \leq i < j \leq u,\ \omega_i \omega_j < 0,\ \omega_{i+1} = \cdots = \omega_{j-1} = 0 \right\}\right)$$

また，多項式 $f(x) = a_m x^m + \cdots + a_1 x + a_0$ の係数の符号変化の数を次で表す．

$$\text{var}(f) = \text{var}(a_m, \ldots, a_0)$$

さらに，実係数多項式の列 $\langle\!\langle f_1(x), \ldots, f_r(x) \rangle\!\rangle$ および $\alpha, \beta \in \mathbb{R} \cup \{-\infty, \infty\}$ ($\alpha < \beta$) に対し，

$$\text{var}(f_1, \ldots, f_r; \alpha) = \text{var}(f_1(\alpha), \ldots, f_r(\alpha)),$$
$$\text{var}(f_1, \ldots, f_r; \alpha, \beta) = \text{var}(f_1, \ldots, f_r; \alpha) - \text{var}(f_1, \ldots, f_r; \beta)$$

と表記する． ◁

符号変化の数に関する性質として以下がある．

補題 7-10 実数の列 $\langle\!\langle \omega_1, \omega_2, \omega_3 \rangle\!\rangle$ に対して，$\omega_1 \omega_3 < 0$ であれば，ω_2 の符号に

関係なく，$\mathrm{var}(\omega_1, \omega_2, \omega_3) = 1$ となる． ◁

7.2 スツルム列による実根の数え上げ

実係数多項式の実根の数え上げを実現するスツルムの定理を紹介する．

定義 7-11（スツルム列） 実係数多項式列 $\langle\!\langle f_1(x), f_2(x), \ldots, f_r(x)\rangle\!\rangle$ が以下の性質を持つとき，区間 I における**スツルム列** (Sturm sequence) と呼ぶ．

(1) 実数 $\omega \in I$ が $f_1(\omega) = 0$ を満たすとき，$x \in (\alpha, \omega)$ に対し，$f_1(x)f_2(x) < 0$，かつ $x \in (\omega, \beta)$ に対し，$f_1(x)f_2(x) > 0$ を満たす実数 α, β $(\alpha < \omega < \beta)$ が存在する．

(2) ある k $(1 < k < r)$ に対し，実数 $\omega \in I$ が $f_k(\omega) = 0$ を満たすとき，$f_{k-1}(\omega)f_{k+1}(\omega) < 0$ が成り立つ．

(3) すべての実数 $\omega \in I$ に対し，$f_r(x)$ は正または負のいずれかの一定の符号をとる． ◁

スツルムの定理の証明の準備のため，次の補題を考える．

補題 7-12 $f(x) \in \mathbb{R}[x] \setminus \{0\}$ とし，ω を $f(x)$ の重複度 $e \geq 0$ の実根，$\langle\!\langle f_1(x) = f(x), f_2(x), \ldots, f_r(x)\rangle\!\rangle$ を区間 $(\alpha, \beta]$ のスツルム列とする．区間 $[\alpha, \omega)$ と $(\omega, \beta]$ において，すべての $f_k(x)$ $(1 \leq k \leq r)$ が，実根を持たないとき，

$$\mathrm{var}(f_1, \ldots, f_r; \alpha, \omega) = \min\{e, 1\}, \quad \mathrm{var}(f_1, \ldots, f_r; \omega, \beta) = 0$$

が成り立つ． ◁

証明 ω がすべての $f_k(x)$ の実根でない場合には $f_k(x)$ は区間 $[\alpha, \beta]$ において符号変化がないので，補題が成り立つことが容易に確認できる．

次に，ω がいずれかの多項式の実根である場合を考える．以下の条件が同時に成り立つこともあることに注意する．

ω が $f_1(x)$ の根の場合には，定義 7-11 の条件 (2) から $f_2(\omega) \neq 0$ である．定義 7-11 の条件 (1) から $f_1(x), f_2(x)$ の ω の前後での符号の変化の仕方は，表 7-1 の 2 通りである．ここで，本補題の区間と定義 7-11 の区間が異なる場合がある

表 7-1 $f_1(\omega) = 0$ のときの符号変化

x	α	ω	β	α	ω	β
$f_1(x)$	$-$	0	$+$	$+$	0	$-$
$f_2(x)$	$+$	$+$	$+$	$-$	$-$	$-$

が，ω 以外では $f_1(x), f_2(x)$ の符号変化がないことに注意する．いずれの場合でも，区間 (α, β) における $f_2(x)$ の符号が確定し，$\mathrm{var}(f_1, f_2; \alpha, \omega) = 1$，$\mathrm{var}(f_1, f_2; \omega, \beta) = 0$ となる．

ω が $f_k(x)$ $(1 < k < r)$ の根の場合には，定義 7-11 の条件 (2) と補題 7-10 より，$\mathrm{var}(f_{k-1}, f_k, f_{k+1}; \alpha, \omega) = \mathrm{var}(f_{k-1}, f_k, f_{k+1}; \omega, \beta) = 0$ となる． □

補題 7-12 から次のスツルムの定理が得られる．

定理 7-13 (スツルムの定理) $f(x) \in \mathbb{R}[x] \setminus \{0\}$, $\alpha, \beta \in \mathbb{R} \cup \{-\infty, \infty\}$ $(\alpha < \beta)$ に対し，$\langle\!\langle f_1(x) = f(x), f_2(x), \ldots, f_r(x) \rangle\!\rangle$ を区間 $(\alpha, \beta]$ のスツルム列とする．このとき，区間 $(\alpha, \beta]$ に含まれる $f(x)$ の相異なる実根の個数は，$\mathrm{var}(f_1, \ldots, f_r; \alpha, \beta)$ に等しい． ◁

証明 $\omega_1 < \cdots < \omega_k$ を $F(x) = f_1(x) \cdots f_r(x)$ の区間 (α, β) における相異なる実根とし，$\omega_0 = \alpha$, $\omega_{k+1} = \beta$ とする．このとき，多項式が実数上で連続なので，$f_j(x)$ $(j = 1, \ldots, r)$ は区間 (ω_i, ω_{i+1}) $(i = 0, \ldots, k)$ において，それぞれ，正または負の一定の符号をとる．

ここで，$\gamma_i = (\omega_i + \omega_{i+1})/2$ とする．ただし，$F(x)$ の根の限界を B として，$\omega_0 = -\infty$ のときは，$\gamma_0 = -B$, $\omega_{k+1} = +\infty$ のときは $\gamma_k = B$ とする．区間 $(\alpha, \beta]$ における $f(x)$ の相異なる実根の個数は，区間 $(\omega_i, \gamma_i]$, $(\gamma_i, \omega_{i+1}]$ $(i = 0, \ldots, k)$ における相異なる実根の個数の和に等しいことから，補題 7-12 より，定理は示される． □

実根の数え上げには，スツルム列となる多項式列の構成が問題となる．

定義 7-14 (負係数多項式剰余列) $f(x), g(x) \in \mathbb{R}[x] \setminus \mathbb{R}$ に対し，$f_1(x) = f(x)$, $f_2(x) = g(x)$ とする．$i = 2$ から以下の操作を $f_{r+1}(x) = 0$ になるまで繰り返す．

$$f_{i-1}(x) = q_i(x)f_i(x) - f_{i+1}(x).$$

ここで，$q_i(x)$ は $f_i(x)$ を $f_{i-1}(x)$ で割った商であり，$f_{i+1}(x)$ は剰余を -1 倍したもので，$\deg(f_{i+1}) < \deg(f_i)$ を満たす．このとき，多項式列

$$\langle\!\langle f_1(x), f_2(x), \ldots, f_r(x) \rangle\!\rangle$$

を，$f(x), g(x)$ から生成される**負係数多項式剰余列** (negative polynomial remainder sequence) という． ◁

この構成法は，ユークリッドの互除法で得られる多項式剰余列に比べて符号のみが異なっている（参考文献 [93]）．

補題 7-15 $f(x) \in \mathbb{R}[x] \setminus \mathbb{R}$ が無平方のとき，$f(x)$ とその導関数 $f'(x)$ から生成される負係数多項式剰余列はスツルム列である． ◁

証明 定義 7-11 の条件 (1)–(3) を満たすことを示す．$f(x)$ は無平方なので，定理 3-37 から $f'(x)$ とは自明な共通因子しか持たないので，条件 (3) を満たす．さらに，$f(x)$ が無平方なので，$f(x)$ の実根 ω の前後では $f_1(x)$ の符号が必ず変化し，$f_2(x)$ の符号が変化しないことから，符号の変化の仕方は表 7-1 の 2 通りであり，条件 (1) を満たす．最後に条件 (2) を満たすことを示す．$x = \omega$ で $f_k(\omega) = 0$ とする．このとき，$f_{k-1}(\omega) = 0$ と仮定すると，$f_k(x)$ と $f_{k-1}(x)$ は $(x - \omega)$ を共通因子に持つ．これは，$f_1(x)$ と $f_2(x)$ が自明でない共通因子を持つことを意味し，$f(x)$ が無平方であることに矛盾するので，$f_{k-1}(\omega) \neq 0$ が示される．いま，負係数多項式剰余列の定義により，$f_{k-1}(x) = q_k(x)f_k(x) - f_{k+1}(x)$ なので，$f_k(\omega) = 0$ から $f_{k-1}(\omega) = -f_{k+1}(\omega)$ であり，$f_{k-1}(\omega)f_{k+1}(\omega) = -f_{k-1}(\omega)^2 < 0$ が得られる． □

証明は省略するが，$f(x)$ が無平方でない場合でも，次の定理により，実根を数え上げることができる（参考文献 [42]）．

定理 7-16 $f(x) \in \mathbb{R}[x] \setminus \mathbb{R}$ に対し，$f(x)$ とその導関数 $f'(x)$ から生成される負係数多項式剰余列を $\langle\!\langle f_1(x), \ldots, f_r(x) \rangle\!\rangle$ とする．また，$\alpha, \beta \in \mathbb{R} \cup \{-\infty, \infty\}$ ($\alpha < \beta$) が $f(x)$ の重複度 1 以下の実根であるとき，$\mathrm{var}(f_1, \ldots, f_r; \alpha, \beta)$ は，区間 $(\alpha, \beta]$ における $f(x)$ の相異なる実根の個数に等しい． ◁

例題 7-17 定理 7-16 を利用して，区間 $(0, 4]$ において
$$f(x) = (2x-1)^2(x-2)(x+3) = 4x^4 - 27x^2 + 25x - 6 \tag{7.1}$$
の実根を数え上げる．$f(x)$ と $f'(x)$ から生成される負係数多項式剰余列は，
$$f_1(x) = f(x) = 4x^4 - 27x^2 + 25x - 6, \quad f_2(x) = f'(x) = 16x^3 - 54x + 25,$$
$$f_3(x) = \frac{27}{2}x^2 - \frac{75}{4}x + 6, \quad f_4(x) = \frac{2450}{81}x - \frac{1225}{81}, \quad f_5(x) = 0$$
なので，
$$\mathrm{var}(f_1, f_2, f_3, f_4; 0) = \mathrm{var}(-6, 25, 6, -\frac{1225}{81}) = 2,$$
$$\mathrm{var}(f_1, f_2, f_3, f_4; 4) = \mathrm{var}(686, 833, 147, \frac{8575}{81}) = 0$$
より $f(x)$ は区間 $(0, 4]$ に相異なる実根を 2 個持つことがわかる． ◁

7.3 スツルム・ハビッチ列による実根の数え上げ

例題 7-17 のように，スツルム列を利用した方法では計算の途中で多項式の係数に有理数が現れ，計算効率の低下を招く．

部分終結式を利用して構成されるスツルム・ハビッチ列は，この問題を解決する．部分終結式列の定理（定理 4-45）から，部分終結式は，ユークリッドの互除法で得られる剰余列の定数倍の多項式で構成されるので「符号変化の数」をうまく定義することで，スツルムの定理と同様に実根の数え上げを実現できる．

最初にスツルム・ハビッチ列を定義する．

定義 7-18（スツルム・ハビッチ列） R を単位的可換環とし，
$$f(x) = a_m x^m + a_{m-1} x^{m-1} + \cdots + a_1 x + a_0 \in R[x] \setminus R, \quad a_m \neq 0$$
$$g(x) = b_n x^n + b_{n-1} x^{n-1} + \cdots + b_1 x + b_0 \in R[x], \quad b_n \neq 0$$
とする．$v = m + n - 1$, $\delta_j = (-1)^{\frac{j(j+1)}{2}}$ とし，
$$\bar{R} = \mathbb{Z}[\bar{a}_{v+1}, \ldots, \bar{a}_0, \bar{c}_v, \ldots, \bar{c}_0],$$
$$\bar{f}(x) = \bar{a}_{v+1} x^{v+1} + \bar{a}_v x^v + \cdots + \bar{a}_1 x + \bar{a}_0 \in \bar{R}[x],$$
$$\bar{h}(x) = \bar{c}_v x^v + \bar{c}_{v-1} x^{v-1} + \cdots + \bar{c}_1 x + \bar{c}_0 \in \bar{R}[x]$$

に対し，$\bar{R}$ から R への評価準同型写像 ϕ を以下で定める．

$$\phi(\bar{a}_i) = a_i \quad (i = 0, \ldots, m), \quad \phi(\bar{a}_i) = 0 \quad (i = m+1, \ldots, v+1),$$

$$\phi(\bar{c}_i) = \mathrm{coeff}_i(f'g) \quad (i = 0, \ldots, v),$$

$$\phi(1) = 1, \quad \phi(0) = 0, \quad \phi(k) = k \cdot 1 \quad (k \in \mathbb{Z}).$$

ここで，$\mathrm{coeff}_i(f)$ は $f(x)$ の i 次の係数を表す．この条件で，

$$\mathrm{sth}_{v+1}(f, g) = \phi(\bar{f}) = f(x), \quad \mathrm{sth}_v(f, g) = \phi(\bar{h}) = f'(x)g(x),$$

$$\mathrm{sth}_j(f, g) = \delta_{v-j}\phi(\mathrm{sres}_j(\bar{f}, \bar{h})) \quad (j = 0, \ldots, v-1)$$

としたとき，$v+2$ 個の多項式列 $\langle\!\langle \mathrm{sth}_{v+1}(f, g), \ldots, \mathrm{sth}_0(f, g) \rangle\!\rangle$ を $f(x)$ と $g(x)$ の**スツルム・ハビッチ列** (Sturm-Habicht sequence) という． ◁

系 4-42 から上の定義において，$\deg(g) = 0$ のときは，$\phi(\mathrm{sres}_j(\bar{f}, \bar{h})) = \mathrm{sres}_j(f, f'g)$ である．定理 4-45 と同様に次の定理が成り立つ．

定理 7-19（スツルム・ハビッチ列の定理） R を整域とし，$f(x) \in R[x] \setminus R$，$g(x) \in R[x] \setminus \{0\}$ をそれぞれ次数 m, n の多項式とする．$v = m + n - 1$，$\langle\!\langle \mathfrak{s}_{v+1}, \ldots, \mathfrak{s}_0 \rangle\!\rangle$ を $f(x)$ と $g(x)$ のスツルム・ハビッチ列，$j \in \{0, \ldots, v\}$ に対して，p_j を $\mathfrak{s}_j(x)$ の j 次の係数，$p_{v+1} = 1$ とすると，すべての $j = 1, \ldots, v$ に対し，$p_{j+1} \neq 0$ ならば，

$$\mathfrak{s}_{j-1}(x) = \cdots = \mathfrak{s}_{d+1}(x) = 0, \quad (d < j - 1) \tag{7.2}$$

$$p_{j+1}^{j-d}\mathfrak{s}_d(x) = \delta_{j-d}\,\mathrm{lc}(\mathfrak{s}_j)^{j-d}\mathfrak{s}_j(x), \quad (0 \leq d) \tag{7.3}$$

$$p_{j+1}^{j-d+2}\mathfrak{s}_{d-1}(x) = \delta_{j-d+2}\,\mathrm{prem}(\mathfrak{s}_{j+1}, \mathfrak{s}_j) \quad (0 < d) \tag{7.4}$$

が成り立つ．ここで $d = \deg(\mathfrak{s}_j)$，$\delta_j = (-1)^{\frac{j(j+1)}{2}}$ である．ただし，$\deg(0) = -1$ とする． ◁

定義 7-20 有限個の実数の列 $\Omega = \langle\!\langle \omega_1, \omega_2, \ldots, \omega_u \rangle\!\rangle$ に対し，

$$N = \mathrm{card}\left(\{(i, j) \in \mathbb{Z}^2 \mid 1 \leq i < j \leq u,\ \omega_i\omega_j < 0,\ \omega_{i+1} = \cdots = \omega_{j-1} = 0\}\right)$$

$$M = \mathrm{card}\left(\{(i, j) \in \mathbb{Z}^2 \mid 1 \leq i < j < u,\ \omega_i\omega_{j+1} > 0,\ \omega_{i+1} = \cdots = \omega_j = 0\}\right)$$

とするとき，Ω の**符号変化の数** $\overline{\mathrm{var}}(\omega_1, \omega_2, \ldots, \omega_u)$ を，次で定義する．

$$\overline{\mathrm{var}}(\omega_1, \omega_2, \ldots, \omega_u) = N + 2M$$

実係数多項式の列 $\langle\!\langle f_1(x), \ldots, f_r(x) \rangle\!\rangle$ から恒等的に 0 である多項式を取り除いた列を $\langle\!\langle h_1(x), \ldots, h_u(x) \rangle\!\rangle$ とする．$\alpha, \beta \in \mathbb{R} \cup \{-\infty, \infty\}$ $(\alpha < \beta)$ に対し，次のように表記する．

$$\overline{\mathrm{var}}(f_1, \ldots, f_r; \alpha) = \overline{\mathrm{var}}(h_1(\alpha), \ldots, h_u(\alpha)),$$

$$\overline{\mathrm{var}}(f_1, \ldots, f_r; \alpha, \beta) = \overline{\mathrm{var}}(f_1, \ldots, f_r; \alpha) - \overline{\mathrm{var}}(f_1, \ldots, f_r; \beta)$$

実係数多項式 $f(x)$ と $g(x)$ のスツルム・ハビッチ列 $\langle\!\langle \mathfrak{s}_{v+1}, \ldots, \mathfrak{s}_0 \rangle\!\rangle$ の $x = \omega$ における**符号変化の数**を

$$\overline{\mathrm{var}}_\omega(f, g) = \overline{\mathrm{var}}(\mathfrak{s}_{v+1}, \ldots, \mathfrak{s}_0; \omega)$$

で定義する． ◁

上の定義において，$N = \mathrm{var}(\omega_1, \omega_2, \ldots, \omega_u)$ である．M は 0 を挟んで同符号になる列を 2 と数えることを表しており，これは，スツルム・ハビッチ列の要素が正則でない場合に現れる同次数の多項式（式 (7.3) 参照）に対応するためである．また，恒等的に 0 となる多項式を取り除くのは，スツルム・ハビッチ列のうち多項式剰余列と関係のある部分だけを扱うためである．すべての i について $h_i(\omega) \neq 0$ であれば，次が成り立つ．

$$\overline{\mathrm{var}}_\omega(f, g) = \mathrm{var}(h_0(\omega), \ldots, h_u(\omega)) = \mathrm{var}(\mathfrak{s}_{v+1}(\omega), \ldots, \mathfrak{s}_0(\omega))$$

例題 7-21（符号変化の数） $\overline{\mathrm{var}}(1, 0, -1, 0, 0, 1, -1) = 3$, $\overline{\mathrm{var}}(1, 1, 0, -1, 0, 0, -1, 1) = 4$ である．多項式列に対して，$\overline{\mathrm{var}}(x, 0, -x, 1; 3) = \overline{\mathrm{var}}(3, -3, 1) = 2$ となる． ◁

補題 7-22 $f(x) \in \mathbb{R}[x] \setminus \mathbb{R}$, $g(x) \in \mathbb{R}[x] \setminus \{0\}$ とし，ω を $f(x)$ の重複度 $e_f \geq 0$ の実根とする．区間 $[\alpha, \omega)$ と $(\omega, \beta]$ において，スツルム・ハビッチ列に現れる恒等的に 0 でないすべての多項式が根を持たないような実数 α, β が存在して，

$$\overline{\mathrm{var}}_\alpha(f, g) - \overline{\mathrm{var}}_\beta(f, g) = \begin{cases} \mathrm{sign}(g(\omega)) & (e_f > 0) \\ 0 & (e_f = 0) \end{cases}$$

が成り立つ． ◁

証明 $v = \deg(f) + \deg(g) - 1$, $\mathfrak{s}_j(x) = \mathrm{sth}_j(f, g)$ $(j = 0, \ldots, v+1)$ とし, u を $\mathfrak{s}_j(x) \neq 0$ を満たす最小の j とする. 恒等的に 0 であるような多項式は, 符号変化の数には影響を与えない. また, $\mathfrak{s}_j(\omega) \neq 0$ のときには符号変化がないので, いずれかの多項式が $x = \omega$ で 0 になる場合のみを考えればいい.

最初に $e_f = 0$ で, $\mathfrak{s}_j(x) \neq 0$ が $\mathfrak{s}_j(\omega) = 0$ の場合を考える. このとき, $\mathfrak{s}_u(x)$ は $\gcd(f, f'g)$ の定数倍なので, $\mathfrak{s}_u(\omega) \neq 0$ である. 考慮すべきは以下の 3 通りである.

(A1) $j = v$ のとき：$\mathfrak{s}_{v-1}(\omega) = \delta_1 \mathrm{lc}(\mathfrak{s}_v)^2 f(\omega) = -\mathrm{lc}(\mathfrak{s}_v)^2 \mathfrak{s}_{v+1}(\omega)$ が成り立つことが例題 4-26 から確認できる. したがって, $\mathfrak{s}_{v-1}(\omega)\mathfrak{s}_{v+1}(\omega) < 0$ であり, 補題 7-10 より, $\overline{\mathrm{var}}(\mathfrak{s}_{v+1}, \mathfrak{s}_v, \mathfrak{s}_{v-1}; \alpha, \beta) = 0$ である.

(A2) $\mathfrak{s}_{j+1}(x)$ と $\mathfrak{s}_j(x)$ $(u < j < v)$ が正則なとき：定理 7-19 の式 (7.4) から $\mathrm{lc}(\mathfrak{s}_{j+1})^2 \mathfrak{s}_{j-1} = \delta_2 \mathrm{prem}(\mathfrak{s}_{j+1}, \mathfrak{s}_j) = \delta_2 \mathrm{rem}(\mathrm{lc}(\mathfrak{s}_j)^2 \mathfrak{s}_{j+1}, \mathfrak{s}_j)$ を得る. ここに $x = \omega$ を代入することにより, 次が成り立つ.

$$\mathrm{lc}(\mathfrak{s}_{j+1})^2 \mathfrak{s}_{j-1}(\omega) = \delta_2 \mathrm{lc}(\mathfrak{s}_j)^2 \mathfrak{s}_{j+1}(\omega) = -\mathrm{lc}(\mathfrak{s}_j)^2 \mathfrak{s}_{j+1}(\omega)$$

$\mathfrak{s}_{j+1}(\omega) = 0$ とすると, $x - \omega$ が $\gcd(f, f'g)$ の因子となり, $f(\omega) \neq 0$ に矛盾するので, $\mathfrak{s}_{j+1}(\omega) \neq 0$ である. したがって, 補題 7-10 より, $\overline{\mathrm{var}}(\mathfrak{s}_{j+1}, \mathfrak{s}_j, \mathfrak{s}_{j-1}; \alpha, \beta) = 0$ である.

(A3) $\mathfrak{s}_{j+1}(x)$ が正則で $\mathfrak{s}_j(x)$ が正則でないとき：$d = \deg(\mathfrak{s}_j)$ とすると, 定理 7-19 の式 (7.4) から,

$$\mathrm{lc}(\mathfrak{s}_{j+1})^{j-d+2} \mathfrak{s}_{d-1} = \delta_{j-d+2} \mathrm{prem}(\mathfrak{s}_{j+1}, \mathfrak{s}_j)$$
$$= \delta_{j-d+2} \mathrm{rem}(\mathrm{lc}(\mathfrak{s}_j)^{j-d+2} \mathfrak{s}_{j+1}, \mathfrak{s}_j)$$

が成り立つが, (A2) の場合と同様に, $\mathfrak{s}_{j+1}(\omega) \neq 0$, $\mathfrak{s}_{d-1}(\omega) \neq 0$ より

$$\mathrm{lc}(\mathfrak{s}_{j+1})^{j-d+2} \mathfrak{s}_{d-1}(\omega) = \delta_{j-d+2} \mathrm{lc}(\mathfrak{s}_j)^{j-d+2} \mathfrak{s}_{j+1}(\omega)$$

を得る. 一方で, 式 (7.3) から, $\mathfrak{s}_d(\omega) = \mathfrak{s}_j(\omega) = 0$ および $\mathrm{lc}(\mathfrak{s}_{j+1})^{j-d} \mathfrak{s}_d = \delta_{j-d} \mathrm{lc}(\mathfrak{s}_j)^{j-d} \mathfrak{s}_j$ が得られる. ω の前後では $\mathfrak{s}_{j+1}(x)$ と $\mathfrak{s}_{d-1}(x)$ の符号が変化しないことから, $x = \alpha$ および $x = \beta$ において,

$$\delta_{j-d} \mathrm{sign}(\mathfrak{s}_d \mathfrak{s}_j) = \mathrm{sign}(\mathrm{lc}(\mathfrak{s}_{j+1})^{j-d} \mathrm{lc}(\mathfrak{s}_j)^{j-d})$$
$$= \delta_{j-d+2} \mathrm{sign}(\mathfrak{s}_{d-1} \mathfrak{s}_{j+1})$$

が成り立ち，これより $\text{sign}(\mathfrak{s}_d \mathfrak{s}_j) = -\text{sign}(\mathfrak{s}_{d-1}\mathfrak{s}_{j+1})$ を得る．$\lambda_1 = \text{sign}(\mathfrak{s}_j(\alpha))$, $\lambda_2 = \text{sign}(\mathfrak{s}_j(\beta))$ とすると，符号列は表 7-2 の組しか現れない．したがって，$\mathfrak{s}_j(x)$ の符号にかかわらず，$\overline{\text{var}}(\mathfrak{s}_{j+1},\ldots,\mathfrak{s}_{d-1}; \alpha, \beta) = 0$ である．

表 7-2 補題 7-22 (A3) での符号変化

x	α	ω	β	α	ω	β	α	ω	β	α	ω	β
$\mathfrak{s}_{j+1}(x)$	$-$	$-$	$-$	$+$	$+$	$+$	$-$	$-$	$-$	$+$	$+$	$+$
$\mathfrak{s}_j(x)$	λ_1	0	λ_2	λ_1	0	λ_2	λ_1	0	λ_2	λ_1	0	λ_2
$\mathfrak{s}_d(x)$	λ_1	0	λ_2	λ_1	0	λ_2	$-\lambda_1$	0	$-\lambda_2$	$-\lambda_1$	0	$-\lambda_2$
$\mathfrak{s}_{d-1}(x)$	$+$	$+$	$+$	$-$	$-$	$-$	$-$	$-$	$-$	$+$	$+$	$+$
$\overline{\text{var}}(\mathfrak{s}_{j+1},\ldots, \mathfrak{s}_{d-1}; x)$	1	1	1	1	1	1	2	2	2	2	2	2

次に $e_f \geq 1$ の場合を示す．$g(x)$ の ω の重複度を e_g, $e = \min\{e_f, e_f + e_g - 1\}$ とすると，$(x-\omega)^e$ は $f(x)$ と $f'(x)g(x)$ の共通因子なので，すべての j に対し，$\mathfrak{s}_j$ は $(x-\omega)^e$ で割り切れる．そこで，$f(x)$ と $g(x)$ のスツルム・ハビッチ列に対し，**圧縮された列**と呼ばれる，

$$\hat{\mathfrak{s}}_j = \frac{\mathfrak{s}_j}{(x-\omega)^e}$$

からなる多項式列 $\langle\!\langle \hat{\mathfrak{s}}_{v+1},\ldots,\hat{\mathfrak{s}}_0 \rangle\!\rangle$ を考える．$x = \alpha$ または $x = \beta$ のとき，

$$\text{var}(\mathfrak{s}_{v+1},\ldots,\mathfrak{s}_0; x) = \text{var}(\hat{\mathfrak{s}}_{v+1},\ldots,\hat{\mathfrak{s}}_0; x)$$

が成り立つので，圧縮された列での符号変化を考えれば十分であることがわかる．また，圧縮された列に対しても定理 7-19 が成り立つ．$\hat{\mathfrak{s}}_{v+1}(\omega) = 0$ の場合もあるが，そのときは，$\hat{\mathfrak{s}}_v(\omega) \neq 0$ であることから，さらに (A2) と (A3) の証明を再び適用することで，$\overline{\text{var}}(\hat{\mathfrak{s}}_v,\ldots,\hat{\mathfrak{s}}_0; \alpha, \beta) = 0$ が得られる．

以下，$x = \omega$ の $g(x)$ の重複度 e_g に関し，3 つの場合について考える．

(B1) $e_g = 0$ ($g(\omega) \neq 0$) のとき：次のように書ける．

$$\hat{\mathfrak{s}}_{v+1}(x) = (x-\omega)h(x), \quad h(\omega) \neq 0,$$
$$\hat{\mathfrak{s}}_v(x) = ((x-\omega)h'(x) + h(x))g(x), \quad \hat{\mathfrak{s}}_v(\omega) \neq 0$$

よって，$\lambda = \mathrm{sign}(g(\omega))$ として，次が得られる．

$$\overline{\mathrm{var}}(\hat{\mathfrak{s}}_{v+1}, \hat{\mathfrak{s}}_v; \alpha, \omega) = \overline{\mathrm{var}}(-h, h\cdot g; \alpha) - \overline{\mathrm{var}}(f, h\cdot g; \omega) = \max\{\lambda, 0\}$$

$$\overline{\mathrm{var}}(\hat{\mathfrak{s}}_{v+1}, \hat{\mathfrak{s}}_v; \omega, \beta) = \overline{\mathrm{var}}(f, h\cdot g; \omega) - \overline{\mathrm{var}}(h, h\cdot g; \beta) = \min\{\lambda, 0\}$$

(B2) $e_g = 1$ のとき：$e_f = e_f + e_g - 1$ なので，圧縮された列において，$\hat{\mathfrak{s}}_{v+1}(\omega) \neq 0$, $\hat{\mathfrak{s}}_v(\omega) \neq 0$ となり，次が成り立つ．

$$\overline{\mathrm{var}}(\hat{\mathfrak{s}}_{v+1}, \hat{\mathfrak{s}}_v; \alpha, \beta) = 0 = \mathrm{sign}(g(\omega))$$

(B3) $e_g > 1$ のとき：$\hat{\mathfrak{s}}_{v+1}(\omega)\hat{\mathfrak{s}}_{v-1}(\omega) \neq 0$, $\deg(g) > 0$ であり，次のように書ける．

$$\hat{\mathfrak{s}}_v(x) = (x-\omega)^{e_g-1} h(x), \quad h(\omega) \neq 0$$

例題 4-26 から $\mathfrak{s}_{v-1}(x) = \delta_1 \mathrm{lc}(f'g)^2 f(x)$ なので，$\hat{\mathfrak{s}}_{v-1}(x) = -\mathrm{lc}(f'g)^2 \hat{\mathfrak{s}}_{v+1}(x)$ と表される．よって，$\hat{\mathfrak{s}}_{v+1}(\omega)\hat{\mathfrak{s}}_{v-1}(\omega) = -\mathrm{lc}(f'g)^2 \hat{\mathfrak{s}}_{v+1}(x)^2 < 0$ より，$\hat{\mathfrak{s}}_v(x)$ の符号にかかわらず，以下が成り立つ．

$$\overline{\mathrm{var}}(\hat{\mathfrak{s}}_{v+1}, \hat{\mathfrak{s}}_v, \hat{\mathfrak{s}}_{v-1}; \alpha, \beta) = 1 - 1 = 0 = \mathrm{sign}(g(\omega))$$

以上より，すべての場合において補題が成り立つことが示された． □

上の補題から，定理 7-13 の場合と同様にして，次の定理が得られる．

定理 7-23 $f(x) \in \mathbb{R}[x] \setminus \mathbb{R}$, $g(x) \in \mathbb{R}[x] \setminus \{0\}$ を多項式とし，$\alpha, \beta \in \mathbb{R} \cup \{-\infty, \infty\}$ $(\alpha < \beta)$ が $f(\alpha)f(\beta) \neq 0$ を満たすとする．このとき，

$$\overline{\mathrm{var}}_\alpha(f, g) - \overline{\mathrm{var}}_\beta(f, g) = \mathrm{card}(\{x \in (\alpha, \beta] \mid f(x) = 0, \mathrm{sign}(g(x)) > 0\})$$
$$- \mathrm{card}(\{x \in (\alpha, \beta] \mid f(x) = 0, \mathrm{sign}(g(x)) < 0\})$$

が成り立つ．ここで，$\mathrm{card}(S)$ は有限集合 S の元の個数を表す． ◁

補題 7-22 の証明の (B1) において，$e = 0$ であれば，圧縮された列を用いずに補題を示せることから，次の系が得られる．

系 7-24（スツルム・ハビッチ列による実根の数え上げ） $f(x) \in \mathbb{R}[x] \setminus \mathbb{R}$ に対し，$\alpha, \beta \in \mathbb{R} \cup \{-\infty, \infty\}$ $(\alpha < \beta)$ が $f(x)$ の重複度 1 以下の実根であるとき，$\overline{\mathrm{var}}_\alpha(f, 1) - \overline{\mathrm{var}}_\beta(f, 1)$ は区間 $(\alpha, \beta]$ における $f(x)$ の相異なる実根の個数に等しい． ◁

7.3 スツルム・ハビッチ列による実根の数え上げ

例題 7-25 例題 7-17 と同じ多項式 (7.1) に対して系 7-24 を適用する．$f(x)$ と 1 のスツルム・ハビッチ列は以下のようになる．

$$\mathrm{sth}_4(f,1) = f(x) = 4x^4 - 27x^2 + 25x - 6 = f_1(x),$$
$$\mathrm{sth}_3(f,1) = f'(x) = 16x^3 - 54x + 25 = f_2(x),$$
$$\mathrm{sth}_2(f,1) = 3456x^2 - 4800x + 1536 = 2^8 \cdot f_3(x),$$
$$\mathrm{sth}_1(f,1) = 1411200x - 705600 = 2^6 \cdot 3^6 \cdot f_4(x),$$
$$\mathrm{sth}_0(f,1) = 0$$

ここで $f_j(x)$ は，例題 7-17 で計算された負係数多項式剰余列の要素である．このとき，任意の実数 ω に対して，$\overline{\mathrm{var}}_\omega(f,1) = \mathrm{var}(f_1, f_2, f_3, f_4; \omega)$ なので，例題 7-17 と同じ結果になることがわかる．また，スツルム・ハビッチ列では，係数に有理数が現れないことが確認できる． ◁

本節の最後に，スツルム・ハビッチ列を用いた代数的数の符号判定の方法を紹介する．本書では詳細は述べないが，スツルム列を利用して代数的数の符号判定を行うことも可能である（参考文献 [42, 93]）．

系 7-26（代数的数の符号判定） $f(x), g(x) \in \mathbb{R}[x] \setminus \mathbb{R}$，$\alpha, \beta, \omega \in \mathbb{R} \cup \{-\infty, \infty\}$ $(\alpha < \omega < \beta)$ に対し，$f(x)$ は区間 $[\alpha, \beta]$ において唯一の実根 ω を持つとする．このとき，

$$\overline{\mathrm{var}}_\alpha(f,g) - \overline{\mathrm{var}}_\beta(f,g) = \mathrm{sign}(g(\omega))$$

が成り立つ． ◁

例題 7-27 $\sqrt{2}-1$ の符号を求めよう．$f(x) = x^2 - 2$ とすると，$f(x)$ は区間 $[0, 2]$ において唯一の根 $\sqrt{2}$ を持つ．$g(x) = x-1$ として，系 7-26 を適用する．$f(x)$ と $g(x)$ から生成されるスツルム・ハビッチ列は，

$$\mathrm{sth}_3(f,g) = f(x) = x^2 - 2, \quad \mathrm{sth}_2(f,g) = f'(x)g(x) = (2x-2)(x-1),$$
$$\mathrm{sth}_1(f,g) = -4x + 6, \quad \mathrm{sth}_0(f,g) = 4$$

なので，$\overline{\mathrm{var}}_0(f,g) = \overline{\mathrm{var}}(-2, 2, 6, 4) = 1$，$\overline{\mathrm{var}}_2(f,g) = \overline{\mathrm{var}}(2, 2, -2, 4) = 2$ であり，$\sqrt{2}-1$ の符号は正であることが得られる． ◁

7.4 ブダン・フーリエの定理とデカルトの符号律

本節では，スツルム列やスツルム・ハビッチ列よりも計算が容易な実根の数え上げに適用できる方法を紹介する．

補題 7-28 $f(x) \in \mathbb{R}[x]$ の次数を $m > 0$, ω を重複度 $e \geq 0$ の $f(x)$ の実根とする．このとき，すべての $i \in \{0, \ldots, m\}$ に対し，i 次導関数 $f^{(i)}(x)$ が，区間 $[\alpha, \omega)$ と $(\omega, \beta]$ において，根を持たないような実数 α, β が存在し，$\mathrm{var}(f, f', \ldots, f^{(m)}; \alpha, \omega) - e$ は非負の偶数となり，$\mathrm{var}(f, f', \ldots, f^{(m)}; \omega, \beta) = 0$ が成り立つ．

◁

証明 $f(x)$ の次数に対する帰納法で証明する．

$m = 1$ のときは，補題が成り立つことは容易に確認できる．

最初に重複度 $e > 0$ の場合を考える．帰納法の仮定を $f'(x)$ に対して適用すると，$\mathrm{var}(f', f'', \ldots, f^{(m)}; \alpha, \omega) - (e-1)$ は非負の偶数，かつ $\mathrm{var}(f', f'', \ldots, f^{(m)}; \omega, \beta) = 0$ が成り立つ．$f(x)$ の $[\alpha, \omega)$ における符号は，$f'(x)$ とは異なり，$f(x)$ の $(\omega, \beta]$ における符号は，$f'(x)$ とは一致するので，

$$\mathrm{var}(f, f', f'', \ldots, f^{(m)}; \alpha) = \mathrm{var}(f', f'', \ldots, f^{(m)}; \alpha) + 1,$$
$$\mathrm{var}(f, f', f'', \ldots, f^{(m)}; \omega) = \mathrm{var}(f', f'', \ldots, f^{(m)}; \omega),$$
$$\mathrm{var}(f, f', f'', \ldots, f^{(m)}; \beta) = \mathrm{var}(f', f'', \ldots, f^{(m)}; \beta)$$

が成り立つ．

次に，$e = 0$ の場合を考える．$f'(x)$ の ω の重複度を e_1 とし，帰納法の仮定を $f'(x)$ に対して適用すると，$\mathrm{var}(f', f'', \ldots, f^{(m)}; \alpha, \omega) - e_1$ は非負の偶数，かつ $\mathrm{var}(f', f'', \ldots, f^{(m)}; \omega, \beta) = 0$ が成り立つ．$f'(x) = (x - \omega)^{e_1} g(x)$ $(g(\omega) \neq 0)$ とすれば，$f^{(e_1+1)}(x) = e_1! g(x) + (x - \omega) h(x)$ と書け，表 7-3 のような符号になるので，e_1 が偶数の場合には

$$\mathrm{var}(f, f', \ldots, f^{(m)}; \alpha, \omega) = \mathrm{var}(f', \ldots, f^{(m)}; \alpha, \omega),$$
$$\mathrm{var}(f, f', \ldots, f^{(m)}; \omega, \beta) = \mathrm{var}(f', \ldots, f^{(m)}; \omega, \beta)$$

を満たし，e_1 が奇数の場合には

表 7-3 補題 7-28 $e = 0$ の場合の符号変化 ($\lambda_1, \lambda_2 \in \{+, -\}$ であり，$-\lambda_2$ は符号の反転を表す)

	e_1 が偶数			e_1 が奇数		
x	α	ω	β	α	ω	β
$f(x)$	λ_1	λ_1	λ_1	λ_1	λ_1	λ_1
$f'(x)$	λ_2	0	λ_2	$-\lambda_2$	0	λ_2
$\vdots$	$?$	$\vdots$	$?$	$?$	$\vdots$	$?$
$f^{(e_1)}(x)$	$?$	0	$?$	$?$	0	$?$
$f^{(e_1+1)}(x)$	λ_2	λ_2	λ_2	λ_2	λ_2	λ_2

$$|\mathrm{var}(f, f', \ldots, f^{(m)}; \alpha, \omega) - \mathrm{var}(f', \ldots, f^{(m)}; \alpha, \omega)| = 1,$$
$$\mathrm{var}(f, f', \ldots, f^{(m)}; \omega, \beta) = \mathrm{var}(f', \ldots, f^{(m)}; \omega, \beta)$$

を満たす．どちらの場合でも，条件を満たすことが確認できる． □

上の補題から，定理 7-13 の場合と同様にして，次のブダン・フーリエ (Budan-Fourier) の定理が得られる．

定理 7-29 (ブダン・フーリエの定理) $f(x) \in \mathbb{R}[x]$ を次数 $m > 0$ の多項式とし，$\alpha, \beta \in \mathbb{R} \cup \{\pm\infty\}$ ($\alpha < \beta$) とする．区間 $(\alpha, \beta]$ での $f(x)$ の重複度を込めた実根の個数は $\mathrm{var}(f, f', \ldots, f^{(m)}; \alpha, \beta)$ に等しいか，またはそれより偶数個だけ少ない． ◁

ブダン・フーリエの定理では，実根の個数を正確に数え上げることはできないが，スツルム列やスツルム・ハビッチ列よりも計算が容易である．$\mathrm{var}(f, f', \ldots, f^{(m)}; \alpha, \beta)$ が区間 $(\alpha, \beta]$ における $f(x)$ の重複度を込めた実根の個数よりも多いとき，$f(x)$ は少なくともその差だけ虚根を持つことになる．対偶をとると，$f(x)$ が虚根を持たないとき，$\mathrm{var}(f, f', \ldots, f^{(m)}; \alpha, \beta)$ は区間 $(\alpha, \beta]$ における $f(x)$ の重複度を込めた実根の個数に一致する．また，$\mathrm{var}(f, f', \ldots, f^{(m)}; \alpha, \beta)$ が 0 または 1 の場合には重複度を込めた実根の個数に一致する．

例題 7-30 例題 7-17 と同じ多項式 $f(x) = 4x^4 - 27x^2 + 25x - 6$ に対して，ブダン・フーリエの定理を用いて実根の個数を見積もる．

$$f(x) = 4x^4 - 27x^2 + 25x - 6, \qquad f'(x) = 16x^3 - 54x + 25,$$
$$f''(x) = 48x^2 - 54, \qquad f^{(3)}(x) = 96x, \quad f^{(4)}(x) = 96$$

より,$\mathrm{var}(f,f',\ldots,f^{(4)};0) = \mathrm{var}(-6,25,-54,0,96) = 3$, $\mathrm{var}(f,f',\ldots,f^{(4)};4) = \mathrm{var}(686,833,714,384,96) = 0$ なので,$f(x)$ の区間 $(0,4]$ における重複度を込めた実根の個数は 3 または 1 であることがわかる. ◁

次に紹介するデカルトの符号律 (Descartes' rule of signs) は,区間 $(0,+\infty)$ に対するブダン・フーリエの定理である.スツルム列のように正確に実根を数え上げることができないが,係数の符号で評価できるため使い勝手がよい.

定理 7-31（デカルトの符号律） $f(x) \in \mathbb{R}[x] \setminus \mathbb{R}$ の重複度を込めた正の実根の個数は,その係数の符号変化の個数 $\mathrm{var}(f)$ と等しいか,またはそれより偶数個だけ少ない. ◁

例題 7-32 例題 7-17 の $f(x)$ の係数の符号変化の数 $\mathrm{var}(f) = 3$ なので,$f(x)$ の重複度を込めた正の実根の個数は 3 または 1 である. ◁

例題 7-33 $f(x) = (x-2)(x^2+1) = x^3 - 2x^2 + x - 2$ とすると,$\mathrm{var}(f) = 3$ であるが重複度を込めた正の実根の個数は 1 である. ◁

ブダン・フーリエの定理と同じ性質を持つことから,次が成り立つ.

命題 7-34 $f(x) = a_m x^m + a_{m-1} x^{m-1} + \cdots + a_k x_k \in \mathbb{R}[x]$ $(a_m a_k \neq 0)$ が,$\mathrm{var}(f(x)) + \mathrm{var}(f(-x)) < m - k$ を満たすとき,$f(x)$ は虚根を持つ. ◁

区間 (α, β) の実根を数え上げるときには,区間が $(0, \infty)$ となるように $f(x)$ を変換して,デカルトの符号律を適用できる.デカルトの符号律でも無平方な多項式に対して十分に区間を小さくすれば係数の符号変化の数が 0 または 1 になり,実根の分離に利用できることが知られている（参考文献 [10]）.

例題 7-35 例題 7-17 と同じ多項式 $f(x) = 4x^4 - 27x^2 + 25x - 6$ に対して区間 $(\alpha, \beta) = (1, 4)$ における実根の個数をデカルトの符号律で数える.まず,区間 (α, β) が $(0, \infty)$ と対応するように $f(x)$ を変換する.

$$f(x) = (x-2)(x+3)(2x-1)^2$$
$$f_1(x) = f(x+\alpha) = 4x^4 + 16x^3 - 3x^2 - 13x - 4$$
$$= (x-1)(x+4)(2x+1)^2 \qquad 区間\ (0,3)$$
$$f_2(x) = x^4 f_1\left(\frac{\beta-\alpha}{x}\right) = -4x^4 - 39x^3 - 27x^2 + 432x + 324$$
$$= (x-3)(4x+3)(x+6)^2 \qquad 区間\ (1,\infty)$$
$$f_3(x) = f_2(x+1) = -4x^4 - 55x^3 - 168x^2 + 245x + 686$$
$$= (x-2)(4x+7)(x+7)^2 \qquad 区間\ (0,\infty)$$

が得られ，$\mathrm{var}(f_3) = 1$ より，区間 $(1,4)$ における実根の個数は 1 となる． ◁

演習問題

1. $\mathrm{sign}(f(\infty))$ が $f(x)$ の主係数の符号と一致することを確認せよ．
2. $\mathrm{sign}(f(-\infty))$ を $f(x)$ 主係数の符号を用いて表せ．
3. 定理 7-16 を証明せよ．
4. 定理 7-19 を証明せよ．
5. スツルム・ハビッチ列では定義 7-20 における $\langle\!\langle h_0(x),\ldots,h_u(x)\rangle\!\rangle$ が $f(\omega) \neq 0$ となる任意の実数 ω に対して，符号列として $\langle\!\langle +,0,+\rangle\!\rangle$, $\langle\!\langle -,0,-\rangle\!\rangle$, $\langle\!\langle 0,0,0\rangle\!\rangle$ が現れないことを証明せよ（定理 7-19 を参考にせよ）．

第 8 章

計算機代数の世界

ここまで計算機代数の基礎となるアルゴリズムや理論について述べてきた．これらのアルゴリズムは実際に数式処理システムを実現するために必要不可欠であるが，近年の数式処理システムはさらに進んだ様々なアルゴリズムや理論を用いている．本章では，ここまで触れていないそれらの話題について概説する．

8.1 基本演算

高速な計算は計算機代数にとって非常に重要な課題であり，そのために様々なアルゴリズムや理論研究が行われてきた．先に述べたユークリッドの互除法も最大公約因子をいかに高速に計算するかという課題に対する 1 つの答えであり，またそのユークリッドの互除法を高速に計算するための技法としてモジュラー法などが開発されてきた．ここでは計算機代数の基本的な演算である多項式や行列に対する高速演算法について解説する．以下，R を単位的可換環とする．

8.1.1 多項式の評価

多項式は計算機代数の基礎となるものであり，多項式の演算の高速化は数式処理システム全体の高速化に関わる重要な課題である．多項式の演算の高速化においては，まず「乗算は加算・減算と比較して一般に多くの計算時間を必要とする」ことに注意する．このことより，多項式の演算の高速化において乗算の回数の削減が重要になる．

$f(x) = a_m x^m + a_{m-1} x^{m-1} + \cdots + a_1 x + a_0 \in R[x]$ と $\alpha \in R$ が与えられたとき，$f(\alpha)$ の値を素朴な方法で計算することを考えよう．x の冪 x^k ($k = 1, 2, \ldots, m$) を順番に計算すると，x^m の計算に $(m-1)$ 回の乗算が必要である．$f(\alpha)$ の値の計算には，さらに x^k と係数 a_k の乗算と項の加算が必要なので，全体で

$2m-1$ 回の乗算と m 回の加減算が必要となる.

これに対し,アルゴリズム 8-1 に示すホーナー (Horner) 法を用いると m 回の乗算と m 回の加減算で計算できるので,計算量を約半分に削減できる.

アルゴリズム 8-1 (ホーナー法)

入力: $f(x) = a_m x^m + a_{m-1} x^{m-1} + \cdots + a_0 \in R[x], \alpha \in R$
出力: $f(\alpha)$

1: $c := a_m$;
2: **for** $i = m - 1$ **to** 0 **by** -1 **do**
3:   $c := c\alpha + a_i$;
4: **end for**
5: **return** c;

8.1.2 多項式の乗算

カラツバ法

次の2つの多項式
$$f(x) = a_m x^m + a_{m-1} x^{m-1} + \cdots + a_1 x + a_0,$$
$$g(x) = b_n x^n + b_{n-1} x^{n-1} + \cdots + b_1 x + b_0$$

が与えられたとき,積 $f(x)g(x)$ を計算することを考える.積を手計算のように展開して計算した場合,係数同士の乗算が全部で $(m+1)(n+1)$ 回必要だが,第2章で紹介したカラツバ法により,$O\left(\max\{m,n\}^{\log_2 3}\right)$ で計算できる.多項式の乗算の場合には,多項式 $f(x), g(x)$ を

$$f(x) = F_1(x) x^d + F_0(x), \ g(x) = G_1(x) x^d + G_0(x) \tag{8.1}$$

のように次数の高い項を集めた $F_1(x), G_1(x)$ と次数の低い項を集めた $F_0(x), G_0(x)$ に分けて,積 $f(x)g(x)$ を

$$\begin{aligned}f(x)g(x) = F_1(x)G_1(x)x^{2d} &+ \{(F_1(x) - F_0(x))(G_0(x) - G_1(x)) \\ &+ F_1(x)G_1(x) + F_0(x)G_0(x)\}x^d + F_0(x)G_0(x)\end{aligned} \tag{8.2}$$

で計算する.具体的な多項式のカラツバ法をアルゴリズム 8-2 に記す.

アルゴリズム 8-2 （カラツバ法）

入力： $f(x) = \sum\limits_{i=0}^{m} a_i x^i, g(x) = \sum\limits_{i=0}^{n} b_i x^i \in R[x]$
出力： $f(x)g(x)$

1: **if** $\max\{m,n\} \leq 1$ **then**
2:     **return** $(a_1 b_1) x^2 + \{(a_1 - a_0)(b_0 - b_1) + a_1 b_1 + a_0 b_0\} x + a_0 b_0$;
3: **end if**
4: $d := \lfloor \frac{\max\{m,n\}+1}{2} \rfloor$;
5: $F_1(x), F_0(x), G_1(x), G_0(x)$ を式 (8.1) を満たす多項式とする;
6: $F_1(x)G_1(x), (F_1(x) - F_0(x))(G_1(x) - G_0(x)), F_0(x)G_0(x)$ をカラツバ法により再帰的に計算する;
7: **return** 式 (8.2) で計算した $f(x)g(x)$;

高速フーリエ変換を用いた乗算法

計算量の観点からは，理論上，カラツバ法より効率的な方法として高速フーリエ変換 (fast Fourier transform, FFT) を用いた乗算法が挙げられる．これは与えられた多項式の係数からなる数列を考え，それに対し高速フーリエ変換を適応することで次数 m の多項式に対し，$O(m \log_2 m)$ で乗算を行う．ただし，実際上，カラツバ法より効率的になるのは多項式の次数が非常に大きいときに限られる．

8.1.3 行列の乗算

正方行列 $A = (a_{ij}), B = (b_{ij}) \in R^{n \times n}$ の積 AB の計算を考える．行列の (i,j) 要素は $\sum\limits_{k=1}^{n} a_{ik} b_{kj}$ で与えられ，これを n^2 個の要素について計算が必要なので，素朴な方法では n^3 回 の R 上の乗算が必要である．

ストラッセン (Strassen) の行列乗算アルゴリズム（参考文献 [73]）は，カラツバ法のように，行列 A, B 内部を 4 つの部分行列に分けることで，加算の回数は増えるものの，行列のサイズ n に対して高々 $n^{\log_2 7}$ の乗算で積を計算する．$\log_2 7 \fallingdotseq 2.807355$ なので，素朴な方法より少ない．

さらに進んだ方法として計算量 $O(n^{2.375477})$ のカッパースミス・ウィノグラード (Coppersmith-Winograd) アルゴリズム（参考文献 [12]）などがあるが，n が

非現実的なほど大きくなければ，適用の効果が得られない．

8.1.4 連立線形方程式

体 K 上の連立線形方程式 $A\vec{x} = \vec{b}$ の解法としてガウスの消去法が知られているが，行列 A が疎（A の 0 以外の要素が少ない）の場合にも，すべての行列の要素を保持し，非効率である．ここでは，A が疎な場合に効果的なウィーデマン (Wiedemann) のアルゴリズム（参考文献 [85]）について解説する．

ウィーデマンのアルゴリズムは有限体上の連立線形方程式を念頭に作られているが，有理数体上の連立線形方程式に対しても適用できる．ここでは簡単のため，A は n 次正方行列で正則 ($\det(A) \neq 0$) と仮定する（仮定を満たさない場合は参考文献 [85, 30] を参照）．また，A の最小多項式 $f(x)$ ($f(A) = 0$（右辺は零行列）を満たす次数が最小の多項式）と特性多項式が一致する場合のみを考え，$f(x) = x^n + a_{n-1}x^{n-1} + \cdots + a_1 x + a_0$ と置く．アルゴリズムは次の 2 つのステップからなる．

(i) A の最小多項式 $f(x)$ を求め，$h(x) = \frac{f(0) - f(x)}{f(0)x}$ と置く．

(ii) $h(A)\vec{b}$ をホーナー法で計算し，解 $\vec{x}$ として出力する．

単位行列を E で表せば，

$$h(A) = \frac{1}{f(0)} A^{-1} \{f(0)E - f(A)\} = A^{-1}$$

より，解 $\vec{x} = A^{-1}\vec{b} = h(A)\vec{b}$ が A^{-1} そのものを計算せずに求められることがわかる．

最小多項式の係数 a_i を求めるには，バールカンプ・マッセイ (Berlekamp-Massey) のアルゴリズム（参考文献 [4, 39]）を利用する．行列 $A \in K^{n \times n}$ とベクトル $\vec{y}, \vec{b} \in K^n$ に対して $c_i = \vec{y}^T A^i \vec{b} \in K$ と定義する．$f(A) = 0$ の両辺に右から $\vec{b}$，左から $\vec{y}^T A^d$ を掛けると

$$\vec{y}^T A^{d+n} \vec{b} + a_{n-1} \vec{y}^T A^{d+n-1} \vec{b} + \cdots + a_1 \vec{y}^T A^{d+1} \vec{b} + a_0 \vec{y}^T A^d \vec{b} = 0 \quad (8.3)$$

となるので，任意の自然数 d に対して次が成り立つことになる．

$$c_{d+n} + c_{d+n-1} a_{n-1} + \cdots + c_{d+1} a_1 + c_d a_0 = 0 \quad (8.4)$$

定理 8-1 本項の仮定のもと，$p(x), q(x) \in K[x]$ ($\deg(p) < n, \deg(q) \leq n$) が

$$q(x) = q_n x^n + q_{n-1} x^{n-1} + \cdots + q_1 x + 1$$

$$c_0 + c_1 x + \cdots + c_{2n-1} x^{2n-1} \equiv \frac{p(x)}{q(x)} \pmod{x^{2n}} \tag{8.5}$$

を満たすならば,ほとんどの場合,A の最小多項式(特性多項式)は $f(x) = x^n + q_1 x^{n-1} + \cdots + q_n$ である(式 (8.3) のベクトル $\vec{y}, \vec{b}$ の選び方によってはそうでない場合もある).

◁

バールカンプ・マッセイのアルゴリズムでは $c_0 + \cdots + c_{2n-1} x^{2n-1}, x^{2n}$ に対して,拡張ユークリッドの互除法を適用し $p(x), q(x)$ を求める.最大公約因子を求める過程で以下を満たす $s(x), t(x), z(x) \in K[x]$ も計算される.

$$(c_0 + \cdots + c_{2n-1} x^{2n-1}) s(x) + (x^{2n}) t(x) = z(x)$$

上式において,$\deg(z) < n, \deg(s) \leq n$ を満たすような $z(x), s(x)$ を探し,$p(x) = z(x), q(x) = s(x)$ とおけば,式 (8.5) が満たされることがわかる.

この方法は $A^k \vec{b}$ ($k \in \mathbb{N}$) の値のみを用いて,$A\vec{x} = \vec{b}$ を解く.このように行列 A そのものでなく,ベクトル $\vec{v}$ を掛けた $A\vec{v}$ のみを用いる手法は,**ブラックボックス線形代数** (black box linear algebra) と呼ばれる.この手法では,行列の基本演算とそれを用いて行う上位の演算が切り離されており,それぞれの行列の性質に合わせたアルゴリズムの構成が容易に行える.

また,効率性の観点から発展させたものとしてブロックウィーデマン (block Wiedemann) のアルゴリズム(参考文献 [11])が提案されている.

8.2 多変数多項式や拡大体への拡張

本書では,主に 1 変数多項式環の基礎算法を扱っているが,2 変数以上の多変数多項式環における各種演算も計算機代数の重要な研究対象である.本節では,多変数多項式の最大公約因子・因数分解と,素体の有限次拡大体(代数拡大体)における因数分解について,概要を述べる.

8.2.1 多変数多項式の最大公約因子

多変数多項式 $f, g \in \mathbb{Z}[x_1, \ldots, x_\ell]$ の最大公約因子計算は,$\mathbb{Z}[x_1, \ldots, x_\ell]$ を $\mathbb{Z}[x_2, \ldots, x_\ell][x_1]$ と解釈することで,一意分解整域上の 1 変数多項式環として見なせる

ため，第 3 章で述べた計算法がそのまま利用できる．しかしながら，効率の面で優れない場合が多く，一般には異なる方法が用いられる．

ヘンゼル構成の一般化による方法

モーゼスとユン (Moses-Yun)（参考文献 [43]）は，3.4.2 項で扱った素数 p に関するヘンゼル構成を，多項式環のイデアルに一般化した**一般ヘンゼル構成**による **EZ-GCD アルゴリズム**と呼ばれる多変数多項式への拡張を提案した．

なお，多変数多項式の問題を 1 変数多項式の問題に帰着する際に，無平方性を維持することや，モニックな多項式に変換する場合，変数変換に伴い疎な多項式が密な多項式になる**非零代入問題**が存在し，これを解決する方法として，一般ヘンゼル構成をさらに拡張した，**拡張ヘンゼル構成**（参考文献 [62, 2]）などがある．

冪級数展開による方法

多変数多項式を 1 変数として扱いユークリッドの互除法を適用すると，係数膨張に加え中間式膨張によって非常に効率が悪い．佐々木らはこの問題を形式的冪級数環における計算により解決した（参考文献 [66]）．この方法は，EZ-GCD アルゴリズムと同等の速度を持つ．

補間法による方法

標本点において 1 変数多項式に帰着し，密な補間法により係数を復元する方法がある．しかし，疎な多項式の場合には無駄が多いため，疎な補間法がシュワルツ (Schwartz) およびジッペル (Zippel) により提案された（参考文献 [92]）．モニックでない場合，モニックな多項式への変換が必要であったが，クライン (Kleine) らによりモニックでない多項式にも適用できる LINZIP 法（参考文献 [14]）が提案されている．

8.2.2 多変数多項式の因数分解

多変数多項式 $f(x_1, \ldots, x_\ell)$ の因数分解は，r を f の次数よりも大きな整数としたとき，x_i に $x^{r^{i-1}}$ を代入して 1 変数に帰着させるクロネッカーの代入法 (Kronecker substitution，クロネッカーのトリックともいう，参考文献 [33]) により 1 変数多項式の問題に帰着可能である．ところが，この変換で既約性までは保持されないため，第 6 章のザッセンバウスアルゴリズムのように試し割りが必要で，最悪計算量は指数関数的になる．1970 年代に提案された，一般ヘンゼル

構成を用いるワンとロスチャイルド (Wang-Rothschild) による方法（参考文献 [82, 83]）も，ザッセンバウスアルゴリズムを多変数多項式に拡張したもので，偽因子を排除するための組合せ爆発が発生する．特にこれらの課題は，係数体（係数環）における因数分解よりも，1 変数多項式に帰着する**絶対因数分解**（代数閉包上での因数分解）で顕著で，さらに組合せが爆発する．以下，これらの問題に対する改良について紹介する．

なお，3 変数以上の多項式に対しては，ヒルベルト (Hilbert) の既約性定理やバルティニ (Bertini) の定理などにより，ある程度の確率で既約性を維持しながら 2 変数多項式に変換できる．そのため，下記で紹介する方法の中には直接的に多変数多項式へ拡張できるものもあるが，確率的アルゴリズムを許容すれば，2 変数多項式での結果に基づき補間する方法がとられる（例えば，参考文献 [80] などを参照）．そのほか，有限体上の多変数多項式環における因数分解や，疎な多変数多項式の因数分解など，様々な研究が行われている．

組合せ爆発の直接的な解決

前述の課題は，次の手順における最終段階（ステップ 3）の計算量をどのように軽減するかという問題となる．

1. 多項式 $f(x_1,\ldots,x_\ell)$ を，1 変数多項式 $\bar{f}(x_1)$ に変換し因数分解する．
2. 一般ヘンゼル構成で，$\bar{f}(x_1)$ の既約因子の $x_2,\ldots,x_\ell$ を復元する．
3. 復元した因子の組合せから，真の既約因子を発見する．

これを解決する方法の 1 つが，1990 年代に佐々木らにより提案された（参考文献 [67, 65]）．この方法は計算量が未知であったが，2004 年にボスタン (Bostan) らにより，同値な方法が提案され，その計算量が明らかになった（参考文献 [7]）．この方法はその後，1 変数多項式のナップザックアルゴリズムにも拡張され，理論的に求めた計算量と実際の計算時間との差を縮めることに成功している．その仕組みは，ナップザックアルゴリズムと似ているため，6.3.4 項を参照してほしい．

有限体における因数分解法からの着想

ザッセンバウスアルゴリズムとは異なる仕組みで因数分解を行ういくつかの手法において，大きな契機となった研究が，1999 年にルッペルト (Ruppert) により与えられている（参考文献 [59]）．

定理 8-2 K を標数が 0 の体，$\bar{K}$ をその代数閉包とする．$f(x,y) \in K[x,y]$ が絶対既約であることの必要十分条件は，次の偏微分方程式が非自明解 $g(x)$, $h(x) \in \bar{K}[x,y]$ を持たないことである．

$$\frac{\partial}{\partial y}\left(\frac{g}{f}\right) = \frac{\partial}{\partial x}\left(\frac{h}{f}\right)$$

ただし，$g(x,y)$, $h(x,y)$ は次の次数条件を満たすものとする．

$$\deg_x(g) \leq \deg_x(f) - 1, \quad \deg_y(g) \leq \deg_y(f),$$
$$\deg_x(h) \leq \deg_x(f), \quad \deg_y(h) \leq \deg_y(f) - 2 \quad \triangleleft$$

この定理に基づき多項式の既約性が維持される摂動上限（係数が変化可能な上限）に関する研究（参考文献 [28, 48]）が進むとともに，2003 年にはガオ（Gao）により，因数分解アルゴリズムが提案された（参考文献 [18]）．なお，ガオの方法は係数体上の因数分解とともに，絶対因数分解にも適用できる．

8.2.3 代数拡大体上の因数分解

本書でとりあげた因数分解法は，素体の有限次拡大体上でも利用できるものもあるが，一般に計算量が大きくなってしまう．そこで，有限次拡大体上における因数分解法は，素体における分解とは別に研究が進められている．本項では，その後の発展（参考文献 [74, 51]）の基礎と考えられる 1976 年のトラガー（Trager）による方法（参考文献 [77]）をとりあげる．

定義 8-3 代数的数 α が与えられたとき，その $\mathbb{Q}$ 上での最小多項式を $m_\alpha(x)$，方程式 $m_\alpha(x) = 0$ の解を α_i $(i = 1, \ldots, d)$ と置く．このとき，$f(x) \in \mathbb{Q}(\alpha)[x]$ の**ノルム**を $\mathrm{Norm}(f) = \prod_{i=1}^{d} f(x, \alpha_i)$ で定義する．ここで，$f(x,\alpha)$ は代数的数 α を便宜上変数として表現した式とする． $\triangleleft$

この定義と終結式の性質により，$\mathrm{Norm}(f) = \mathrm{res}(f(x,t), m_\alpha(t); t)$ が成り立つ．次の定理により，$f(x) \in \mathbb{Q}(\alpha)[x]$ の $\mathbb{Q}(\alpha)$ 上での因数分解が $\mathrm{Norm}(f)$ の $\mathbb{Q}$ 上での因数分解に帰着できる．必要があれば，$x \leftarrow x + s\alpha$ $(s \in \mathbb{Q})$ の変数変換により，$\mathrm{Norm}(f)$ の無平方性を確保可能である．

定理 8-4 $\mathrm{Norm}(f)$ が無平方で，$g_1(x) \cdots g_r(x)$ を $\mathrm{Norm}(f)$ の $\mathbb{Q}$ 上での因数分

解とすると，$f(x)$ の $\mathbb{Q}(\alpha)$ 上での因数分解は次式で与えられる．

$$f(x) = \gcd(f, g_1) \cdots \gcd(f, g_r)$$

◁

8.3 グレブナー基底とその周辺

計算機代数が発達した 1 つの要因はグレブナー基底の発見である．イデアルの特別な生成元であるグレブナー基底によって様々な問題を解くことができる（参考文献 [97, 98, 95, 96]）．グレブナー基底の専門書はすでに多く出版されているので，ここではパラメータを伴う多項式を扱う場合に必須となる包括的グレブナー基底系の紹介までに留める．

8.3.1 グレブナー基底

ℓ 個の変数 $x_1, x_2, \ldots, x_\ell$ による項全体を表す次の集合を考える．

$$T = \{\, x_1^{e_1} x_2^{e_2} \cdots x_\ell^{e_\ell} \mid e_1, e_2, \ldots, e_\ell \in \mathbb{Z}_{\geq 0} \,\}$$

T の元に対する順序（これを項順序と呼ぶ）を次のように定義する（通常，記号 $<$ は数値の大小のために使い，記号 $\prec$ は項順序の大小のために使う）．

定義 8-5 T の全順序 $\prec$ で次の 2 つの条件を満たすものを**項順序**と呼ぶ．

- 任意の $t \in T \setminus \{1\}$ に対し，$1 \prec t$ となる．
- $u, v \in T$ で $u \prec v$ ならば，任意の $w \in T$ で $uw \prec vw$ となる． ◁

体 K 上の多変数多項式環 $K[x_1, \ldots, x_\ell]$ では，様々な項順序を定められる（参考文献 [57]）が，その 1 つを紹介する．

定義 8-6 次の項順序を**辞書式順序**という．

$$x_1^{e_1} \cdots x_\ell^{e_\ell} \prec x_1^{d_1} \cdots x_\ell^{d_\ell} \iff e_1 = d_1, \ldots, e_{i-1} = d_{i-1}, e_i < d_i$$

となる $i \in \{1, \ldots, \ell\}$ が存在する． ◁

定義 8-7 多項式 $f \in K[x_1, \ldots, x_\ell]$ の項 $x_1^{e_1} x_2^{e_2} \cdots x_\ell^{e_\ell}$ のうち，項順序 $\prec$ において最大のものを f の**先頭項** (leading term) と呼び $\mathrm{lt}(f)$ で表し，$\mathrm{lt}(f)$ の係数を**先頭係数** (leading coefficient) と呼び $\mathrm{lc}(f)$ で表す．さらに $\mathrm{lc}(f)\mathrm{lt}(f)$ を**先頭**

単項式 (leading monomial) と呼び $\mathrm{lm}(f)$ で表す.

例えば,多項式 $f = 5x_1^2 x_3 - 2x_1 x_3 + 3x_2 x_3 \in \mathbb{Q}[x_1, x_2, x_3]$ のとき,辞書式順序を使うならば,$\mathrm{lt}(f) = x_1^2 x_3$, $\mathrm{lc}(f) = 5$, $\mathrm{lm}(f) = 5x_1^2 x_3$ である.

定義 8-8 項順序を固定し,多項式を $f, g \in K[x_1, \ldots, x_\ell]$ とする. f のある単項式 t が $\mathrm{lm}(g)$ で割り切られるとき,$r := f - \dfrac{t}{\mathrm{lm}(g)} g$ とすることを f の g による M-**簡約**と呼ぶ.

定義 8-9 多項式 $f, g \in K[x_1, \ldots, x_\ell]$ が与えられたとする.「f を g で M-簡約したものを再び f と置く」という作業を,f が g でこれ以上 M-簡約できなくなるまで行うことを f の g による**簡約化**と呼ぶ.また,多項式で f を有限多項式集合 G に属するどの要素でも簡約化できなくなるまで行うことを,f の G による**簡約化**と呼ぶ.

次がグレブナー基底の定義である.

定義 8-10 項順序 $\prec$ を固定する.イデアル $I \subset K[x_1, \ldots, x_\ell]$ の有限部分集合 $G = \{g_1, \ldots, g_r\}$ が次を満たすとき,G は $\prec$ に関して I の**グレブナー基底** (Gröbner basis) であるという.

$$\mathrm{lt}(I) = \langle \mathrm{lt}(g_1), \ldots, \mathrm{lt}(g_r) \rangle$$

ただし,$\mathrm{lt}(I) = \{\, \mathrm{lt}(f) \mid f \in I \,\}$ である.

グレブナー基底を計算するアルゴリズムは存在し,多くの数式処理システムに実装されている.グレブナー基底 G で任意の多項式 f を簡約化した結果が一意に決まる性質があるのでこれに名前をつける.

定義 8-11 有限集合 G をグレブナー基底とするとき,f を G で簡約化した結果を f の G による**正規形**と呼び,$\mathrm{NF}_G(f)$ で表す.

イデアル I と多項式 h が与えられたとき,$h \in I$ であるかどうかを判定する**イデアル所属問題**を考える.これは次の定理で解決できる.

定理 8-12 項順序を固定する.I のグレブナー基底を $G = \{g_1, \ldots, g_r\}$ とする.このとき $h \in I \iff \mathrm{NF}_G(h) = 0$ が成り立つ.

8.3.2 包括的グレブナー基底系

ここから，包括的グレブナー基底系の議論をする．包括的グレブナー基底系は，簡単にいうとパラメータ付きグレブナー基底のことで，パラメトリック・グレブナー基底ともいわれる．パラメータを含む方程式系は数学，自然科学，工学，経済学など多くの場面に登場する．包括的グレブナー基底系を用いることで，パラメータ付き方程式系の研究の進展が期待できる．実際，数学では特異点理論の孤立特異点の変形に包括的グレブナー基底系が使われ，研究が進んでいる（参考文献 [45, 47, 46]）．

ここでは，前項と同じく K を体とし，$\bar{K}$ を K を含む代数閉体とする．ν 個のパラメータを $\bar{U} = \{u_1, \ldots, u_\nu\}$，$\ell$ 個の主変数を $\bar{X} = \{x_1, \ldots, x_\ell\}$ と省略して書く．このとき，$\bar{U} \cap \bar{X} = \emptyset$ である．ここでは，$\bar{a} \in \bar{K}^\nu$ を $\bar{U}$ に代入する操作を，**特化準同型写像** (specialization homomorphism)

$$\sigma_{\bar{a}} : (K[\bar{U}])[\bar{X}] \to \bar{K}[\bar{X}]$$

で表す．すなわち，$f \in (K[\bar{U}])[\bar{X}]$ の変数 $\bar{U}$ に $\bar{a} \in \bar{K}^\nu$ を代入したものを $\sigma_{\bar{a}}(f)$ で表す．また，$g_1, \ldots, g_s \in K[\bar{U}]$ に対して，

$$\mathbb{V}(g_1, \ldots, g_s) := \{\bar{c} \in \bar{K}^\nu \mid g_1(\bar{c}) = g_2(\bar{c}) = \cdots = g_s(\bar{c}) = 0\} \subseteq \bar{K}^\nu$$

とする．多項式 $g_1, \ldots, g_r, g'_1, \ldots, g'_{r'} \in K[\bar{U}]$ に対して，代数的構成可能集合 $\mathbb{V}(g_1, \ldots, g_r) \setminus \mathbb{V}(g'_1, \ldots, g'_{r'}) \subseteq \bar{K}^\nu$ を**セル** (cell) と呼ぶ．

定義 8-13 変数 $\bar{X}$ 上の項順序を固定する．有限集合を $F \subset (K[\bar{U}])[\bar{X}]$，$\mathbb{A}_1, \mathbb{A}_2, \ldots, \mathbb{A}_r \subset \bar{K}^\nu$ をセルとし，$G_1, \ldots, G_r \subset (K[\bar{U}])[\bar{X}]$ を有限部分集合とする．このとき，ペアの集合 $\mathcal{G} = \{(\mathbb{A}_1, G_1), (\mathbb{A}_2, G_2), \ldots, (\mathbb{A}_r, G_r)\}$ が各 $i \in \{1, 2, \ldots, r\}$ において，任意の $\bar{a} \in \mathbb{A}_i$ で，$\sigma_{\bar{a}}(G_i)$ が $\langle \sigma_{\bar{a}}(F) \rangle \subseteq \bar{K}[\bar{X}]$ のグレブナー基底であるとき，$\mathcal{G}$ を $\langle F \rangle$ の $\bigcup_{i=1}^{r} \mathbb{A}_i$ における**包括的グレブナー基底系** (comprehensive Gröbner system, CGS) という．もし，$\bigcup_{i=1}^{r} \mathbb{A}_i = K^\nu$ であれば，単に $\mathcal{G}$ を $\langle F \rangle$ の包括的グレブナー基底系という．また，ペア $(\mathbb{A}_i, G_i)$ を $\mathcal{G}$ の**断片** (segment) という． ◁

包括的グレブナー基底系の例として，初等幾何の配置が成り立つ条件を求める．包括的グレブナー基底系を計算機で求めることにより自動的に初等幾何的な条件

が得られるので，初等幾何の定理自動発見ともいわれる．

例題 8-14 平面図形を考える．中心 $A(a,0)$, 半径 r_1 の円と，中心 $B(b,0)$, 半径 r_2 の円が交わる点を $P(x,y)$ としたときの，$AP \perp BP$ となる条件が

$$a^2 - 2ab + b^2 - r_1^2 - r_2^2 = 0$$

であることを求める．2つの円から次の2つの方程式が得られる．

$$\begin{cases} f_1 = x^2 - 2ax + a^2 + y^2 - r_1^2 = 0 \\ f_2 = x^2 - 2bx + b^2 + y^2 - r_2^2 = 0 \end{cases}$$

また，仮定 $AP \perp BP$ から次の方程式が得られる．

$$f_3 = x^2 - ax - bx + ab + y^2 = 0.$$

ここで，x, y は変数，a, b, r_1, r_2 をパラメータとし $\langle f_1, f_2, f_3 \rangle$ の包括的グレブナー基底系 $\mathcal{G}$ を計算すると

$$\begin{aligned}
\mathcal{G} = \Big\{ & \Big(\mathbb{V}(a-b, -r_1^2 - r_2^2), \{x^2 - 2bx + y^2 + b^2\} \Big), \\
& \Big(\mathbb{V}(a^2 - 2ab + b^2 - r_1^2 - r_2^2) \backslash \mathbb{V}((r_1^2 + r_2^2)a + (-r_1^2 - r_2^2)b), \\
& \quad \{(a-b)x - ab + b^2 - r_2^2, (-r_1^2 - r_2^2)y^2 + r_2^2 r_1^2\} \Big), \\
& \Big(\mathbb{C}^4 \backslash \mathbb{V}(a^2 - 2ab + b^2 - r_1^2 - r_2^2), \{1\} \Big) \Big\}.
\end{aligned}$$

となる．断片 $(\mathbb{C}^4 \backslash \mathbb{V}(a^2 - 2ab + b^2 - r_1^2 - r_2^2), \{1\})$ は，$f_1 = 0, f_2 = 0, f_3 = 0$ は解を持たないことを意味しており，条件の自動発見ができた． ◁

8.4 実閉体上の限量子消去

8.4.1 限量子消去の概要

本項では，実閉体上の限量子消去 (quantifier elimination, QE) について紹介する．QE とは与えられた一階述語論理式から限量子を取り除いた等価な論理式を返すアルゴリズムである．実閉体とは順序体の特殊なもので，実数体と一階の性質が同じ体である．したがって，以下では実閉体は実数体と読み替えてもよい．実閉体上の一階述語論理式は，限量子 ∃ (存在する) と ∀ (すべての) と，多項式の等式・不等式の論理演算子 ∧ (論理積，かつ), ∨ (論理和，または), → (含意),

↔（同値）などから成る．例えば，$\exists x(x^2 + bx + c = 0)$ は，「2 次方程式 $x^2 + bx + c = 0$ を満たす実数 x が存在する」を表し，QE を適用し，存在限量子 $\exists$ を消去すると，$b^2 - 4c \geq 0$ となり，2 次多項式が実根を持つ条件式を得られる．この結果は変数が動く範囲に依存する．例えば x が複素数を動くとすると，真 $\top$ が等価な条件になることに注意されたい．本書では実閉体上の QE のみを扱う．

実閉体が決定可能であること，つまり，実閉体上の任意の一階述語論理式に対する QE（汎用 QE と呼ぶ）の存在性を 1930 年代にタルスキー (Tarski) が示した（参考文献 [75]）．タルスキーは具体的な汎用 QE アルゴリズムも示したが非常に効率が悪かった．

1975 年に発表された cylindrical algebraic decomposition (CAD) が実用的な最初の汎用 QE 手法で，現在でも広く使用されている．しかしながら，実閉体上の QE および CAD の最悪計算量の下限は 2 重指数的であり，本質的に難しいことが示されている．

そこで入力の一階述語論理式の形を制限して効率を上げる専用 QE も研究されている．限量子のついた変数の次数が低次の場合に制限することで高速化する方法（参考文献 [38, 84]）や，スツルム・ハビッチ列を用いて実根の数え上げを利用する方法（参考文献 [8, 24]），包括的グレブナー基底系を用いる方法（参考文献 [8, 17]）などがある．

QE は入試問題を含む様々な問題に適用できる．2011 年に開始した人工知能プロジェクト「ロボットは東大に入れるか」（参考文献 [94]）では数学問題の自動解答に QE が応用され，高得点を獲得している．また，工学系における問題で QE により解決できるものも多い．QE の詳細や応用については参考文献 [8, 93, 3] に掲載されているので興味のある読者はご覧いただきたい．

8.4.2 Cylindrical Algebraic Decomposition

ここでは，汎用の QE 手法である CAD について概説する．CAD は実数空間を与えられた多項式集合 $\{f_1, \ldots, f_r\} \subset \mathbb{Q}[x_1, \ldots, x_\ell]$ の符号が一定となる**セル** (cell) と呼ばれる集合 $c_1, \ldots, c_s \subset \mathbb{R}^\ell$ に分割する．つまり，$\mathbb{R}^\ell = \bigcup_j c_j, c_i \cap c_j = \phi \ (i \neq j)$ であり，すべての f_k が c_j 上で符号が一定となる．CAD が求める分割のこともまた CAD と呼ぶ．CAD は柱状 (cylindrical) に分割を構築し，**射影** (projection) と呼ばれる写像を

$$\operatorname*{proj}_{u}(c_j) = \{\,(x_1,\ldots,x_u) \in \mathbb{R}^u \mid (x_1,\ldots,x_{\ell-1},x_\ell) \in c_j\,\}$$

とすると,任意のセル c_i, c_j がすべての $u = 1, \ldots, \ell - 1$ に対して,$\operatorname{proj}_u(c_i)$ と $\operatorname{proj}_u(c_j)$ は一致するか共通部分を持たないかのどちらかになる.

限量子のない一階述語論理式 $\varphi(x_1, \ldots, x_\ell)$ を $f_1 > 0 \wedge \cdots \wedge f_r > 0$ のように ℓ 変数の多項式 $f_1, \ldots, f_r$ で構成されるとし,$\exists x_\ell(\varphi)$ を考える.CAD による QE では,最初に,$\{f_1, \ldots, f_r\}$ の CAD $c_1, \ldots, c_s$ を求める.このとき,符号一定という性質からセル c_j から適当に選択した一点(標本点と呼ぶ)$p_j \in c_j$ での φ の真偽値は c_j 全体での φ の真偽値に一致する.論理式 $\exists x_\ell(\varphi)$ では,φ が真となる c_j の射影の和が QE 結果を表す集合となる.

$$\left\{\,\operatorname*{proj}_{\ell-1}(c_j) \;\middle|\; c_j \subset \mathbb{R}^\ell,\; p_j \in c_j,\; \varphi(p_j) \leftrightarrow \top\,\right\}$$

全称限量子 $\forall$ がある場合や,複数の限量子がある場合にも同様にして,QE を実現できる.例として,次の一階述語論理式を考えよう.

$$\forall x(x^2 + 4x + 4 > 0) \tag{8.6}$$

最初に $\{f(x) = x^2 + 4x + 4\}$ の CAD を求める.多項式は連続関数なので,第 7 章の実根の数え上げにより,$\mathbb{R}$ を

$$\mathbb{R} = c_1 \cup c_2 \cup c_3, \tag{8.7}$$

$$c_1 = (-\infty, -2), c_2 = \{-2\}, c_3 = (-2, \infty)$$

とセル分割すれば,任意の点 $p_i, q_i \in c_i$ に対して,$\operatorname{sign}(f(p_i)) = \operatorname{sign}(f(q_i))$ となり,

$$\forall x(f(x) > 0) \iff f(p_1) > 0 \wedge f(p_2) > 0 \wedge f(p_3) > 0$$

を得るので,$f(p_1), f(p_2), f(p_3)$ の符号により,式 (8.6) の真偽が判定できる. 実際に $p_1 = -3, p_2 = -2, p_3 = 0$ とすると $f(p_1) = 1, f(p_2) = 0, f(p_3) = 4$ なので式 (8.6) は偽と確認された.

次に限量子がついていない変数(自由変数と呼ぶ)がある場合を考える.

$$\forall x(x^2 - 2ax + a + 6 > 0) \tag{8.8}$$

最初に $f(a, x) = x^2 - 2ax + a + 6$ として $\{f(a, x)\}$ の CAD を求める.a が連続的に変化するときに,その値によって $f(a, x) = 0$ の x に関する実根の個数が

変化する．そこで，まず $f(a,x) = 0$ の x に関する実根の個数（多項式が複数ある場合には実根の順番も考える）が変化しないような a の領域を求める．いま，a を連続的に変化させて x の実根の個数が変わるときには，次にいずれかが成り立っている．

$$\begin{cases} \text{(case 1)} & f(a,x) = 0 \text{ が重根を持つ} \\ \text{(case 2)} & f(a,x) \text{ の主係数が } 0 \text{ になる} \end{cases}$$

式 (8.8) の $f(a,x)$ の場合は主係数が 1 なので case 2 は起こらない．重根を持つ条件を与える判別式 $(-2a)^2 - 4(a+6) = 4(a+2)(a-3)$ より a の値を連続的に動かしたとき，$a = -2$ と $a = 3$ の前後で x に関する実根の個数が変わるが，それ以外では実根の個数は一定である．すなわち，

$$\mathbb{R} = d_1 \cup d_2 \cup d_3 \cup d_4 \cup d_5,$$

$$d_1 = (-\infty, -2),\ d_2 = \{-2\},\ d_3 = (-2, 3),\ d_4 = \{3\},\ d_5 = (3, \infty)$$

と実数空間 $\mathbb{R}$ を分割すれば条件を満たす．次に，d_i を持ち上げ $\mathbb{R}^2$ の分割を求める．いま，$f(a,x)$ の x に関する実根の個数は，d_1, d_5 のとき，2個，d_2, d_4 のとき，1個，d_3 のとき，0個である．持ち上げでは，d_i から標本点 p_i をとって，$f(p_i, x)$ を考えると1変数となるので，実根を求めて，$\mathbb{R}^2$ の CAD を構築する．d_2 を持ち上げる場合には，式 (8.7) のようになる．一般に標本点は代数的数で，拡大体上での実根の分離が必要なことに注意されたい．

以上で，$\mathbb{R}^2$ の CAD が求められ，各セルにおける $f(a,x)$ の符号が標本点によって評価できる，つまり，論理式 (8.8) の真偽値が判定可能となった．d_i を持ち上げて得られるすべてのセルで論理式 (8.8) が真となるのは，d_3 のみであり，$-2 < a < 3$ が論理式 (8.8) と等価で限量子がない式となる．

8.4.3 限量子消去の応用

QE が注目を浴びているのは，その応用範囲の広さにある．一階述語論理式で問題を表しさえすれば，あとは QE を適用するだけでよい．先に述べた大学の入試問題なども QE のフレームワークで解ける．

例題 8-15 $0 \leq x \leq 1$ における $-x^2 - ax + a^2$ の最大値 μ を求めよ． ◁

ここで，a はパラメータになっていることに注意する．この問題を解くために

制約条件 C を満たす x の範囲での目的関数 $f(x)$ を最大化する（パラメータなしの）問題，すなわち

$$\max_{x \in C}\{f(x)\}$$

を考える．いま，μ' は次の 2 つの条件を満たすとする．

$$\forall x(x \in C \to f(x) \leq \mu'), \tag{8.9}$$

$$\exists x(x \in C \land f(x) = \mu') \tag{8.10}$$

式 (8.9) より $\mu \leq \mu'$ であり，式 (8.10) より $\mu \geq \mu'$ であることから，μ' が上の 2 つの条件を同時に満たすとき，$\mu = \mu'$ である．よって

$$(\forall x(x \in C \to f(x) \leq \mu)) \land (\exists x(x \in C \land f(x) = \mu))$$

に QE を適用して x を消去すれば，最大値 μ が得られることになる．例題 8-15 は，パラメータ付きの問題であるが，同様に，

$$(\forall x(0 \leq x \leq 1 \to -x^2 - ax + a^2 \leq \mu))$$

$$\land (\exists x(0 \leq x \leq 1 \land -x^2 - ax + a^2 = \mu))$$

が例題 8-15 を表す一階述語論理式になる．これに QE を適用すると

$$(a \leq -2 \land \mu = a^2 - a - 1) \lor (-2 < a \leq 0 \land 4\mu = 5a^2) \lor (a > 0 \land \mu = a^2)$$

を得る．これにより先の問題の答えは次のようになる．

$$\mu = \begin{cases} a^2 - a - 1 & (a \leq -2) \\ \dfrac{5a^2}{4} & (-2 < a \leq 0) \\ a^2 & (0 < a) \end{cases}$$

8.5 数値・数式融合計算

計算機代数では，代数方程式の求根や行列演算などを実現する厳密な解法を研究しているが，同様の対象を研究する隣接分野として，数値計算があげられる．数値計算では，浮動小数点計算による丸めなどの計算誤差があるところで，計算精度と計算速度の面でより良いアルゴリズムが研究されている．1980 年代後半には，数値計算を計算機代数に取り込もうとする研究が推進され，近似代数という

分野を形作った.現在では,数値・数式融合計算と呼ばれる形で,計算機代数の一分野として研究が続けられている.

数値・数式融合計算では,近似代数と異なり,必ずしも数値計算が使われるとは限らない.特徴的な問題設定を挙げておく.

数値計算による近似解の探究

代数方程式の求根のように,厳密に定義される問題であるが,厳密な方法では解くことが難しい場合がある.そこで,その部分を数値計算により解決することで,ある程度の数値誤差は含むが,解を計算可能とするものを探究する.

誤差近傍における厳密解の探究

応用の場面では,式が誤差を含むことがある.誤差は大きさの多寡によらず,代数的な計算結果に影響を与え,本来の解が得られるとは限らない.そこで,入力された問題の誤差近傍において厳密解を探究する.

数値計算による厳密解の探究

複雑な厳密計算が,いくつかの条件下での数値計算により代替可能であれば,かなりの速度向上が見込まれる.そのような適材適所で全体の速度向上を目指すものを探究する.

8.5.1 近似 GCD

数値・数式融合計算でもっとも歴史の長いのが近似 GCD と考えられ,数値計算による無平方分解に言及したドゥナウェイ (Dunaway) の 1974 年の論文 [15] がその始まりとされる.その後,1985 年にショーンハーゲ (Schönhage) により Quasi-GCD の定義(参考文献 [68])が与えられ,1989 年から 1991 年の佐々木らの成果(参考文献 [63, 50, 53])ののち,その研究は盛んになっている.その後,1997 年のエミリス (Emiris) らによる ε-GCD(参考文献 [16])で許容度が導入され,現在主流とされる以下の近似 GCD へと発展していく.

定義 8-16(次数探索型の近似 GCD) 多項式 $f_1(x), f_2(x) \in \mathbb{C}[x]$ と許容度 $\varepsilon \in \mathbb{R}_{\geq 0}$ に対し,次式を満たす $g(x) \in \mathbb{C}[x]$ で最大次数のものを,許容度 ε の**近似 GCD** という.

$$\exists \Delta_{f_1}(x), \Delta_{f_2}(x), \bar{f}_1(x), \bar{f}_2(x) \in \mathbb{C}[x]$$
$$f_1(x) + \Delta_{f_1}(x) = \bar{f}_1(x)g(x), \quad f_2(x) + \Delta_{f_2}(x) = \bar{f}_2(x)g(x),$$
$$\deg(\Delta_{f_1}) \leq \deg(f_1), \quad \deg(\Delta_{f_2}) \leq \deg(f_2),$$
$$\|\Delta_{f_1}\|_2 < \varepsilon \|f_1\|_2 \quad \|\Delta_{f_2}\|_2 < \varepsilon \|f_2\|_2 \quad \triangleleft$$

定義 8-17（次数指定型の近似 GCD） 多項式 $f_1(x), f_2(x) \in \mathbb{C}[x]$ と次数 $d \in \mathbb{N}_{>0}$ に対し，次式を満たす $g(x) \in \mathbb{C}[x]$ で，$\|\Delta_{f_1}\|_2 + \|\Delta_{f_2}\|_2$ を最小化するものを，d 次の**近似 GCD** という．

$$\exists \Delta_{f_1}(x), \Delta_{f_2}(x), \bar{f}_1(x), \bar{f}_2(x) \in \mathbb{C}[x]$$
$$f_1(x) + \Delta_{f_1}(x) = \bar{f}_1(x)g(x), \quad f_2(x) + \Delta_{f_2}(x) = \bar{f}_2(x)g(x),$$
$$\deg(g) = d, \quad \deg(\Delta_{f_1}) \leq \deg(f_1), \quad \deg(\Delta_{f_2}) \leq \deg(f_2) \quad \triangleleft$$

次数探索型の近似 GCD には，行列分解に基づく方法（参考文献 [13, 90, 6, 49]）が提案されている．QR 分解や LU 分解などにより，近似 GCD となる多項式の係数ベクトル候補を求め，必要に応じてガウス・ニュートン (Gauss-Newton) 法などで許容度の改善を行うものが主流である．一方，次数指定型の近似 GCD には，参考文献 [31, 76] などがあげられる．係数部分の摂動だけでなく，根の摂動に上限を与える近似 GCD（参考文献 [54, 55]）や，多変数多項式に対する近似 GCD の研究も行われている（参考文献 [91, 60]）．

例題 8-18 次の互いに素な多項式 $f_1(x), f_2(x) \in \mathbb{C}[x]$ をとりあげる．

$$f_1(x) = 0.999x^3 + 0.0001x^2 - 1.0002, \quad f_2(x) = 1.001x^2 - 1.999x + 0.9998$$

実験などで得られた多項式の場合，多項式の係数部分に何らかの原因で誤差が含まれたために，互いに素となった可能性がある．ExQRGCD の改良版では，次のような許容度 $\varepsilon = 0.001$ の近似 GCD $g(x)$ が得られる．

$$g(x) = 0.70697x - 0.70723 \fallingdotseq 0.70697(x - 1.00037),$$
$$\bar{f}_1(x) = 1.4131x^2 + 1.4137x + 1.4142, \quad \bar{f}_2(x) = 1.415x - 1.4128$$

以下のように，近似 GCD の許容度の条件を満たしている．

$$\Delta_{f_1}(x) \fallingdotseq 0.000019307x^3 - 0.000043224x^2$$
$$- 0.000014077x + 0.000035334$$
$$\longrightarrow \quad \|\Delta_{f_1}\|_2 \fallingdotseq 0.0000607267 < 0.00141365 = \varepsilon \|f_1\|_2,$$
$$\Delta_{f_2}(x) \fallingdotseq -0.00063745x^2 - 0.000537666x - 0.000625456$$
$$\longrightarrow \quad \|\Delta_{f_2}\|_2 \fallingdotseq 0.00104241 < 0.002449 = \varepsilon \|f_2\|_2 \qquad \triangleleft$$

8.5.2 近似因数分解

可約な多項式であるが，与えられた係数部分に誤差を含み，通常のアルゴリズムでは既約と判定され，必要とされる分解が得られないことがある．近似因数分解は，誤差を考慮した分解を可能とし，一般に次のように定義される．

定義 8-19 多項式 $f(\vec{x}) \in \mathbb{C}[\vec{x}] = \mathbb{C}[x_1, \ldots, x_\ell]$ と許容度 $\varepsilon \in \mathbb{R}_{\geq 0}$ に対し，次式を満たす多項式 $\bar{f}(\vec{x}) \in \mathbb{C}[\vec{x}]$ の分解を，許容度 ε の**近似因数分解**という．
$$\exists f_1(\vec{x}), \ldots, f_r(\vec{x}), \Delta_f(\vec{x}) \in \mathbb{C}[\vec{x}],$$
$$f(\vec{x}) + \Delta_f(\vec{x}) = \bar{f}(\vec{x}) = f_1(\vec{x}) \cdots f_r(\vec{x}), \quad \|\Delta_f\|_2 < \varepsilon \|f\|_2 \qquad \triangleleft$$

例題 8-20 次の既約多項式についてとりあげる．
$$f(x_1, x_2, x_3) = 81x_1^4 + 72x_1^2 x_2^2 + \frac{3}{1292} x_1^2 x_3^2 - 648x_1^2 + 16x_2^4$$
$$+ \frac{1}{969} x_2^2 x_3^2 - 288x_2^2 - \frac{837227}{1292} x_3^4 - \frac{3}{323} x_3^2 + 1296$$

この多項式は，許容度 $\varepsilon = 1.0 \times 10^{-4}$ で次の近似因数分解を持つ．$\|\Delta_f\|_2 \fallingdotseq 0.0752483$ であり，許容度の条件 $\|\Delta_f\|_2 < \varepsilon \|f\|_2 \fallingdotseq 0.16169$ を満たしている．
$$f_1(x_1, x_2, x_3) = 9.000x_1^2 + 4.000x_2^2 - 25.46x_3^2 - 36.00,$$
$$f_2(x_1, x_2, x_3) = 9.000x_1^2 + 4.000x_2^2 + 25.46x_3^2 - 36.00,$$
$$\bar{f}(x_1, x_2, x_3) = 81x_1^4 + 72x_1^2 x_2^2 - 648x_1^2 + 16x_2^4 - 288x_2^2 - \frac{78400}{121} x_3^4 + 1296$$
$$\triangleleft$$

近似因数分解は，1990 年代の佐々木らによって提唱され（参考文献 [67, 64, 61]），2000 年にカルトーフェンらによる「Challenges of symbolic computation」（参

考文献 [27]) でも未解決問題 (open problem) としてとりあげられたこともあり，特に，2000 年代には様々な成果が得られている．中でも大きな契機となったのが，多変数多項式の因数分解法でもとりあげた，1999 年にルッペルト (参考文献 [59]) により与えられた定理 8-2 であり，これに基づくアルゴリズムがガオやカルトーフェンらにより提案されている (参考文献 [19, 29])．これらのアルゴリズムの基本的な考え方は，ガオによる多変数多項式の因数分解法 (参考文献 [18]) を，行列の SLRA (structured low rank approximation) 問題に帰着することにより，誤差を考慮するというものである．そのため，多変数多項式の近似 GCD 計算が必要とされる．

既約性が維持される摂動上限に関する研究や，幾何的な性質に着目したアルゴリズムの研究なども行われている．近似因数分解についてより詳しく知りたい場合は，近年の研究成果として参考文献 [86, 40] をお勧めする．

8.5.3　安定化理論

厳密解の計算を行いたいが，計算時間などの関係で数値計算を用いる場合，必ずしも厳密解に近いものが得られるとは限らない．では，計算精度が限られる数値計算を用いて得られる解は，厳密解に対してどのような意味を持っているのか．また，計算精度を大きくすることにより解は厳密解に収束していくのか．この当然の疑問に対して，一定の保証を提供する**安定化理論** (theory of stabilization) が，1995 年に白柳とスウィードラー (Sweedler) により提案された (参考文献 [71])．

安定化理論では，近似 GCD などと異なり，誤差を含まない厳密な多項式の入力に対する，有限精度での数値計算を取り扱う．計算機代数の多くのアルゴリズムの計算結果は入力の変化に対して不連続で，整数や有理数の演算を数値計算に置き換えただけで，計算結果は不安定になる．例えば，ユークリッドの互除法では，剰余が 0 になったか否かで終了判定を行うが，有限精度の数値計算では数値誤差により，係数が 0 には近いものの，0 ではない多項式になって，本来の最大公約因子が求まらないことになる．

安定化理論では，本来のアルゴリズムの構造は変えずに，係数を表す数をそれを含む区間で置き換え，数の零判定などの条件文において区間係数の零書き換えをするようアルゴリズムを修正する．零書き換えでは区間演算と呼ばれる操作により，得られた区間が 0 を含む場合に区間 [0,0] に置き換える．安定化理論は，これらの修正で，精度を大きくしていくことで計算結果が厳密解に収束することを

示している.

安定化理論の枠組みでの研究としては，最大公約因子計算における収束精度（参考文献 [32]）やグレブナー基底計算への応用（参考文献 [70]）などがあげられ，様々なアルゴリズムへの展開が行われている．

8.6 無限級数・冪級数演算とその応用例

8.6.1 超幾何級数の和

数列 $\{a_n\}$ に対して $\frac{a_n}{a_{n-1}}$ が n の有理式であるとき，$\{a_n\}$ を**超幾何級数** (hypergeometric series) と呼ぶ．ゴスパー (Gosper) のアルゴリズム（参考文献 [21]）は，ある条件の下で

$$\sum_{i=1}^{n} a_i = s_n - s_0 \tag{8.11}$$

を満たす超幾何級数 $\{s_n\}$ を求めることを可能にする．ゴスパーのアルゴリズムの大まかな流れをアルゴリズム 8-3 に示す．

本書では，詳細な説明は省略（参考文献 [56] を参照）し，$\{\frac{1}{n^2+3n}\}$ を例にアルゴリズムの流れを示す．まず，第 1 行では，参考文献 [56] の「Gosper's Algorithm (Step 2)」を用いると，$p(n), q(n), r(n)$ が次のように計算される．

$$p(n) = (n+2)(n+1), \quad q(n) = n-1, \quad r(n) = n+3$$

次に第 2 行の多項式 $f(n)$ を計算する．参考文献 [56] の「Gosper's Algorithm (Step 3)」から $f(n)$ の次数の上限が 3 と求まるので，$f(n) = \sum_{i=0}^{3} c_i n^i$ と置いて，n の恒等式として解くと

$$c_3 = \frac{3c_0 + 11}{18}, \quad c_2 = \frac{3c_0 + 8}{3}, \quad c_1 = \frac{33c_0 + 49}{18}$$

を得る．ここで c_0 は自由変数なので，$c_0 = 0$ と置くと

$$f(n) = \frac{n(11n^2 + 48n + 49)}{18}$$

となる．最後に s_n を第 3 行で求めると，以下の結果が得られる．

$$s_n = \frac{a_n q(n+1) f(n)}{p(n)} = \frac{n(11n^2 + 48n + 49)}{18(n+1)(n+2)(n+3)}$$

アルゴリズム 8-3 （ゴスパーのアルゴリズム）

入力： 出力となる $\{s_n\}$ もまた超幾何級数である超幾何級数 $\{a_n\}$
出力： 式 (8.11) の s_n

1: 次を満たす $p(n), q(n), r(n) \in \mathbb{Q}[n]$ を計算する；
  （ただし，$\forall j \in \mathbb{Z}_{\geq 0}$, $\gcd(q(n), r(n+j)) = 1$ を満たすとする）
$$\frac{a_n}{a_{n-1}} = \frac{p(n)q(n)}{p(n-1)r(n)} \tag{8.12}$$
2: $p(n) = q(n+1)f(n) - r(n)f(n-1)$ を満たす $f(n) \in \mathbb{Q}[n]$ を計算する；
3: **return** $\dfrac{a_n q(n+1) f(n)}{p(n)}$；

8.6.2 超幾何級数とその漸化式

$F(n+1,k)/F(n,k)$ と $F(n,k+1)/F(n,k)$ が共に有理式であるような級数 $F(n,k)$ が与えられたとする．このとき，$f(n) = \sum_k F(n,k)$ は n の関数であるが，これが満たす漸化式

$$t_0(n)f(n) + t_1(n)f(n+1) + \cdots + t_m(n)f(n+m) = 0 \tag{8.13}$$

（ただし $t_j(n) \in \mathbb{Q}[n], j = 0, \ldots, m$）があればそれを求める問題を考える．

例えば，$m = 1$，すなわち，$t_0(n)f(n) + t_1(n)f(n+1) = 0$ である場合は，以下のように，$f(n)$ を明示的な形で表現できる．

$$f(n) = \left(\frac{-t_0(n-1)}{t_1(n-1)}\right) f(n-1) = \cdots = \left(\prod_{i=1}^{n} \frac{-t_0(n-i)}{t_1(n-i)}\right) f(0)$$

$m > 1$ の場合でも，若干の条件の下で式 (8.13) の漸化式からそれを満たす $f(n)$ を求めるアルゴリズムがある（詳しくは参考文献 [56] の第 8 章を参照）．たとえ $f(n)$ が明示的な形で求められなくても，得られることは多いので漸化式 (8.13) が計算できることの意味は大きい．

ザイルバーガーのアルゴリズム

ここでは，式 (8.13) の漸化式を求めるザイルバーガー (Zeilberger) のアルゴリズム（または telescoping）について概説する．このアルゴリズムはゴスパーのアルゴリズムの拡張といえる性質を持っており，実際には

$$t_0(n)F(n,k) + \cdots + t_m(n)F(n+m,k) = G(n,k+1) - G(n,k) \tag{8.14}$$

を満たす多項式 $t_j(n) \in \mathbb{Q}[n]$ $(j=0,\ldots,m)$ と有理式 $G(n,k) \in \mathbb{Q}(n,k)$ を計算する．すべての整数 k について式 (8.14) の両辺を足し合わせると

$$t_0(n)\sum_k F(n,k) + \cdots + t_m(n)\sum_k F(n+m,k) = \sum_k \{G(n,k+1) - G(n,k)\}$$

を得る．$k \to \pm\infty$ のとき $G(n,k) \to 0$ ならば，上式の右辺は 0 になる（これを telescoping と呼ぶ）ので，$\sum_k F(n+j,k) = f(n+j)$ と合わせると上式から式 (8.13) が導かれる．

以下では，式 (8.14) の計算方法を示す．まず，$m=0$ の場合は，

$$t_0(n)F(n,k) = G(n,k+1) - G(n,k)$$

を満たす $t_0(n) \in \mathbb{Q}[n]$, $G(n,k) \in \mathbb{Q}(n,k)$ が存在するときであり，上式の両辺を $t_0(n)$ で割り，$\frac{G(n,k)}{t_0(n)}$ を新たに $G(n,k)$ と定義すれば一般性を失うことなく，$t_0(n) = 1$ とできる．さらに，

$$\sum_{i=1}^k F(n,i) = G(n,k+1) - G(n,1)$$

なので，n を定数（すなわちパラメータ）として考えたゴスパーのアルゴリズムを $\{F(n,k)\}$ に適用し，

$$\sum_{i=1}^k F(n,i) = s_k - s_0$$

を満たす s_k を求め，$G(n,k) = s_{k-1}$ とすれば，$m=0$ のときの式 (8.14) が計算できる．

次に $m=1$ の場合を考える．この場合は

$$t_0(n)F(n,k) + t_1(n)F(n+1,k) = G(n,k+1) - G(n,k) \tag{8.15}$$

を満たす $t_0(n), t_1(n) \in \mathbb{Q}[n]$, $G(n,k) \in \mathbb{Q}(n,k)$ を求めればよい．n を固定して，式 (8.15) の左辺を u_k と置き，その比 u_k/u_{k-1} を考えると

$$\frac{u_k}{u_{k-1}} = \frac{t_0(n)F(n,k) + t_1(n)F(n+1,k)}{t_0(n)F(n,k-1) + t_1(n)F(n+1,k-1)}$$

$$= \frac{t_0(n) + t_1(n)F(n+1,k)/F(n,k)}{t_0(n) + t_1(n)F(n+1,k-1)/F(n,k-1)} \cdot \frac{F(n,k)}{F(n,k-1)}$$

ここで $F(n,k)/F(n,k-1) = v_1(n,k)/v_2(n,k)$, $F(n+1,k)/F(n,k) = w_1(n,k)$

$/w_2(n,k)$ $(v_1, v_2, w_1, w_2 \in \mathbb{Q}[n,k], F(n,k)$ は有理式であることに注意）と置き，上式に代入すると

$$\frac{u_k}{u_{k-1}} = \frac{t_0(n) + t_1(n)w_1(n,k)/w_2(n,k)}{t_0(n) + t_1(n)w_1(n,k-1)/w_2(n,k-1)} \cdot \frac{v_1(n,k)}{v_2(n,k)}$$

$$= \frac{t_0(n)w_2(n,k) + t_1(n)w_1(n,k)}{t_0(n)w_2(n,k-1) + t_1(n)w_1(n,k-1)} \cdot \frac{v_1(n,k)}{v_2(n,k)} \cdot \frac{w_2(n,k-1)}{w_2(n,k)}$$

となる．$p(n,k) = t_0(n)w_2(n,k) + t_1(n)w_1(n,k)$, $q(n,k) = v_1(n,k)w_2(n,k-1)$, $r(n,k) = v_2(n,k)w_2(n,k)$ と置くと以下が得られる．

$$\frac{u_k}{u_{k-1}} = \frac{p(n,k)}{p(n,k-1)}\frac{q(n,k)}{r(n,k)}$$

いま，n は固定しているので，k を変数として，式 (8.12) と同じ式になる．ゴスパーのアルゴリズムを $\{u_k\}$ に適用して s_k を求めれば，式 (8.15) を満たす $G(n,k) = s_{k-1}$ が計算できる（$t_0(n), t_1(n)$ はその計算過程で求められる）．また，$m > 1$ のときも $m = 1$ の場合と同様にして求められる．

参考文献 [56] には，恒等式を証明するための色々なテクニック，アルゴリズムが掲載されている．分量が多いので，手早く全体像をつかみたい場合は参考文献 [89] を参照されたい．

8.6.3 打ち切り冪級数

例えば，$\frac{1}{1-2x}$ は以下のように $x = 0$ で冪級数に展開できる．

$$\frac{1}{1-2x} = 1 + 2x + 4x^2 + \cdots + 2^k x^k + \cdots$$

このような関数を解析関数と呼ぶ．簡単のため，特に断わらない限り展開点は $x = 0$ とする．この冪級数は一般には無限級数であるが，x^{k+1} 以降の項を打ち切ったものを k 次の**打ち切り冪級数** (truncated power series) と呼ぶ．上の例では $1 + 2x + 4x^2$ は $\frac{1}{1-2x}$ の 2 次の打ち切り冪級数である．解析関数 $f(x)$ の k 次の打ち切り冪級数は以下で与えられる．

$$f(0) + f'(0)x + \frac{f''(0)}{2!}x^2 + \cdots + \frac{f^{(k)}(0)}{k!}x^k$$

高次導関数が出てくるのでこの式で打ち切り冪級数を計算するのは現実的でないが，$f(x)$ が 2 変数多項式 $g(x,y)$ の y に関する根である，すなわち $g(x, f(x)) =$

0 が満たされるならば，次の記号的ニュートン法でこの冪級数を効率的に計算できる．

記号的ニュートン法

多項式 $h(x,y)$ を x の多項式を係数とする y の多項式，すなわち

$$h(x,y) = h_n(x)y^n + \cdots + h_1(x)y + h_0(x) \quad (h_j(x) \in \mathbb{Q}[x])$$

と考える．いま，以下を満たす x を**特異点**と呼ぶことにする．

$h(x,y) = 0$ の y に関する方程式が重根を持つ，または $h_n(x) = 0$

$h(x,y) = 0$ の y に関する根を $\alpha_i(x)$ とすると，x の代数関数であり，展開点が特異点でない場合，整数冪での冪級数展開ができる．展開点が特異点である場合は，一般的には分数冪での冪級数展開となる（これをピューズー (Puiseux) 級数展開という）．

例を示そう．$h(x,y) = y^2 + 2xy - x$ とする．$h(0,y) = y^2$ となるので $h(0,y)$ は y に関して重根を持ち，$x = 0$ は特異点である．$h(x,y) = 0$ の y に関する根 $\alpha_1(x), \alpha_2(x)$ は

$$\alpha_1(x) = -x + \sqrt{x^2 + x}, \quad \alpha_2(x) = -x - \sqrt{x^2 + x}$$

であるが，これらの $x = 0$ での冪級数展開は

$$\alpha_1(x) = \sqrt{x} - x + \frac{x^{\frac{3}{2}}}{2} - \frac{x^{\frac{5}{2}}}{8} + \cdots,$$

$$\alpha_2(x) = -\sqrt{x} - x - \frac{x^{\frac{3}{2}}}{2} + \frac{x^{\frac{5}{2}}}{8} + \cdots$$

で与えられる．また，$h(1,y) = y^2 + 2y - 1$ となり，$x = 1$ は特異点でないので，$\alpha_1(x)$ はこの点で以下のように整数冪で級数展開できる．

$$\alpha_1(x) = (\sqrt{2} - 1) + \left(\frac{3\sqrt{2}}{4} - 1\right)(x-1)$$

$$- \frac{\sqrt{2}}{32}(x-1)^2 + \frac{3\sqrt{2}}{128}(x-1)^3 + \cdots$$

2 変数関数 $h(x,y) \in \mathbb{Q}[x,y]$ が与えられたとき，$h(x,y) = 0$ の y に関する根を k 次まで冪級数展開したものを $h(x,y)$ の y に関する k 次の**冪級数根**と呼ぶ（ここで展開点は特異点でないと仮定する）．$h(x,y)$ が y に関して n 次であれば，n

アルゴリズム 8-4 (記号的ニュートン法)

入力: $x=0$ で特異点ではない $h(x,y) \in \mathbb{Q}[x,y]$, $n = \deg_y(h)$, $k \in \mathbb{N}$

出力: $h(x,y)$ の y に関する $x=0$ での k 次の冪級数根 $\alpha_1(x), \ldots, \alpha_n(x)$

1: $h(0,y) = 0$ の解を求め, $\alpha_i(x)$ $(i=1,\ldots,n)$ と置く;

      (一般的には, 代数的数や浮動小数点数での表現となる)

2: **for** $i = 1$ **to** n **do**

3: u := 1;

4: **while** $(2^u - 1 < k)$ **do**

5:   右辺を x の $(2^u - 1)$ 次の打ち切り冪級数として以下を計算;

$$\alpha_i(x) := \alpha_i(x) - \frac{h(x, \alpha_i(x))}{\frac{\partial h}{\partial y}(x, \alpha_i(x))} \quad (\mathrm{mod}\ x^{2^u})$$

6:   u := u+1;

7: **end while**

8: **end for**

9: **return** $\alpha_i(x)$ $(i=1,\ldots,n)$ を k 次で打ち切ったもの;

個の冪級数根 $\alpha_i(x)$ $(i=1,\ldots,n)$ が存在するが, アルゴリズム 8-4 に示す**記号的ニュートン法**(参考文献 [34])でこの冪級数根を効率的に計算できる. 記号的ニュートン法では冪級数根の次数が while ループの 1 回の計算ごとに指数的 (2 の冪) に上がっていく. これは数値計算でのニュートン法 (記号的ニュートン法の式は数値計算でのニュートン法と形式的には同じである) が 2 次収束で根を計算することに関係している.

 計算の効率化として, $h(x, \alpha_i(x))$ と $\frac{\partial h}{\partial y}(x, \alpha_i(x))$ の計算法の改良がある. $f(x)$ の次数を n としたとき, $f'(x)$ の次数は $(n-1)$ なので, $f(\alpha)$ と $f'(\alpha)$ の値の計算にはホーナー法では $(2n-1)$ 回の乗算が必要である. ショー (Shaw) らは, たかだか $(n + 2\lfloor\sqrt{n+1}\rfloor)$ 回の乗算で $f(\alpha)$ と $f'(\alpha)$ を計算する同時計算法を示している (参考文献 [69]).

付　録

代数の基礎

　　計算機代数は構成的代数学と計算機科学の学際分野のため，その理論的背景を理解するためには，代数の基礎知識が必要となる．

A.1　群・環・体について

　群・環・体は，いくつかの算法（演算）が定義された集合で，その算法についてのいくつかの法則が公理として仮定された代数系であり，計算機代数で扱う主な世界を定義する．

A.1.1　基本的な予備知識の確認

　集合の包含関係を表す方法はいくつかあるが，本書では次を用いる．

$$X \subseteq Y \Leftrightarrow (x \in X \Rightarrow x \in Y) \quad (X \text{ は } Y \text{ の部分集合})$$

$$X \cup Y = \{x \mid x \in X \text{ または } x \in Y\} \quad (\text{和集合})$$

$$X \cap Y = \{x \mid x \in X \text{ かつ } x \in Y\} \quad (\text{共通部分または積集合})$$

$$X = \emptyset \Leftrightarrow \text{どんな } x \text{ に対しても } x \notin X \quad (\text{空集合})$$

$$X \setminus Y = \{x \mid x \in X \text{ かつ } x \notin Y\} \quad (\text{差集合})$$

$$X \subset Y \Leftrightarrow X \subseteq Y, Y \setminus X \neq \emptyset \quad (X \text{ は } Y \text{ の真部分集合})$$

$$X + Y \quad (X \cap Y = \emptyset \text{ のときの } X \cup Y) \quad (\text{直和})$$

$$X \times Y = \{(x, y) \mid x \in X, y \in Y\} \quad (\text{直積})$$

集合における内部算法と外部算法とは，次のように定義される．

$$f : X \times X \to X \quad (\text{写像 } f \text{ は集合 } X \text{ における内部算法})$$

$$g : Y \times X \to X \quad (\text{写像 } g \text{ は集合 } X \text{ における外部算法})$$

例えば，整数 $\mathbb{Z}$ における通常の加法 ($+$) や乗法 ($\times$) は内部算法となり，ベクトル空間 V におけるスカラー倍 ($f: \mathbb{R} \times V \to V$) は外部算法となる．また，仮に演算が定義可能であっても，自然数における減法や整数における除法のように，内部算法とならず演算結果が上位集合に含まれてしまうこともある．このことを，「自然数は減法について閉じていない」や「整数は除法について閉じていない」という．一方，有理数，実数，複素数に関しては，加減乗除を自由に行うことができる集合となっており，0 による除法を除いて加法，減法，乗法，除法について閉じている．

A.1.2 群・環・体の定義といくつかの性質

基本的な代数系である群 (group)・環 (ring)・体 (field) の定義を与え，それらの基本的な違いや関係を簡単に紹介していく．

定義 A-1（群） 空でない集合 G が次の公理を満たすことを，G は算法 $\cdot$ により**群**をなすという．また，簡単に G は群であるという．

1. G における内部算法 $\cdot$ が存在する．
2. 任意の $x, y, z \in G$ に対し，**結合法則**が成り立つ．
$$(x \cdot y) \cdot z = x \cdot (y \cdot z)$$
3. **単位元**と呼ばれる特別な元 $e \in G$ が存在して，任意の $x \in G$ に対し，
$$e \cdot x = x \cdot e = x$$
4. 各 $x \in G$ に対し，ある元 $y \in G$ が存在して，
$$y \cdot x = x \cdot y = e$$
が成り立つ．y を x の**逆元**といい，x^{-1} で表す．

なお，逆元の記法を用いると，最後の関係式は次のように表せる．
$$x^{-1} \cdot x = x \cdot x^{-1} = e \qquad \triangleleft$$

定義 A-2（可換群） G は算法 $\cdot$ により群をなすとする．このとき，すべての $x, y \in G$ に対し，
$$x \cdot y = y \cdot x \quad (\text{可換法則})$$
が成り立つとき，G は**可換群**またはアーベル (Abel) 群という．アーベル群 G に

おいては，算法 $G \times G \to G$ を表すのに，加法記号 $(x,y) \mapsto x+y$ を用いることがあり，このとき G を加法群という．加法群では単位元を**零元**といい 0 で表し，$x \in G$ の逆元を $-x$ で表す．一方，可換であるか否かに関係なく，算法を乗法記号 $(x,y) \mapsto x \times y$ を用いたり，xy のように記号を省略して表すとき，G を乗法群という． ◁

$\mathbb{Z}, \mathbb{Q}, \mathbb{R}, \mathbb{C}$ はいずれも加法によって群をなし（加法群），数 0 が零元，各集合の元 x に対し $-x$ がその逆元となる．また，$\mathbb{Q}^*, \mathbb{R}^*, \mathbb{C}^*$ を，それぞれ $\mathbb{Q}, \mathbb{R}, \mathbb{C}$ から 0 を除いた集合とすれば，いずれも普通の乗法によって群をなし（乗法群），数 1 が単位元，各集合の元 x に対し逆数 $x^{-1} = 1/x$ がその逆元となる．

定義 A-3（環） 空でない集合 R において 2 つの内部算法，加法 $a+b \in R$ と乗法 $ab \in R$ が定義されていて $(a,b \in R)$，次の 3 条件が成り立っているとき，R は**環**であるという．

1. R は加法に関して可換群である．すなわち，
   (a) 結合法則．$(a+b)+c = a+(b+c)$ が成り立つ．
   (b) 可換法則．$a+b = b+a$ が成り立つ．
   (c) 零元 0 が存在して，すべての $a \in R$ に対し，$0+a = a+0 = a$ が成り立つ．
   (d) すべての $a \in R$ に対し，加法の逆元 $-a$ が存在して，$-a+a = a+(-a) = 0$ が成り立つ．
2. R は乗法に関して結合法則が成り立つ．すなわち，
$$(ab)c = a(bc)$$
3. 分配法則が成り立つ．すなわち，
$$a(b+c) = ab+ac, \quad (a+b)c = ab+bc$$
◁

環の定義では，加法に関して可換性が求められるが，乗法に関しては非可換でも構わない．特に，乗法が非可換な環のことを非可換環という．非可換環の例として，$\mathbb{Z}, \mathbb{Q}, \mathbb{R}, \mathbb{C}$ の元を成分とする n 次正方行列全体の集合 $\mathbb{Z}^{n \times n}, \mathbb{Q}^{n \times n}, \mathbb{R}^{n \times n}, \mathbb{C}^{n \times n}$ があげられる．

定義 A-4（可換環） 環 R の乗法が可換であるとき，すなわち，任意の $a, b \in R$ に対して，次の関係が成り立っているとき，R を**可換環**という．

$$ab = ba$$ ◁

本書で扱っている範囲では，その多くが可換環の問題であり，実際，$\mathbb{Z}, \mathbb{Q}, \mathbb{R}, \mathbb{C}$ は，それぞれの通常の加法と乗法に関して可換環となる．さらに，これらは次のような扱いやすい性質を持っている．

定義 A-5（整域） 乗法に関して単位元を持つ可換環で，0 以外に零因子（0 でないある元との積が 0 になるもの）を持たないものを**整域**という． ◁

環や整域は，2 つの内部算法を持っているが，加法のみ逆元が存在し，乗法の逆元については求められていない．除法は，乗法の逆元が存在しないと成立せず，これを求めるものが次の代数系となる．

定義 A-6（体） 乗法に関して単位元を持つ可換環で，0 以外の元がすべて単元（乗法の逆元を持つ元）であるものを**体**という． ◁

以上をまとめると，$\mathbb{Q}, \mathbb{R}, \mathbb{C}$ は，それぞれの通常の加法と乗法に関して体となる．そのため，$\mathbb{Q}$ を有理数体，$\mathbb{R}$ を実数体，$\mathbb{C}$ を複素数体という．なお，$\mathbb{Z}$ の単元は ± 1 のみであり，体にはならず，$\mathbb{Z}$ は整数環という．

加えて，これらの代数構造を伴う集合には，無限大や無限小という元が含まれていないが，これを表す用語として，順序のアルキメデス性を定義しておく．

定義 A-7（アルキメデス的） R を環や体などの代数的構造とするとき，R の順序が**アルキメデス的性質** (Archimedean property) を持つとは，R の任意の元 a に対し，自然数（乗法の単位元の定数倍）N が存在して $N > a$ を満たすことをいう． ◁

A.2 剰余環と有限体について

計算機代数の理論を説明するには，群・環・体だけでは不十分なため，特にモジュラー法などの理解に必要となる剰余環や有限体の導入を行う．

A.2.1 イデアルとその性質

整数の倍数集合の一般化として，次のイデアルを導入する．

定義 A-8（イデアル） 可換環 R の空でない部分集合 I が，次の条件を満たすとき，I は R の**イデアル**であるという．

1. $\forall a, b \in I, a+b \in I, -a \in I$
2. $\forall a \in I, \forall x \in R, xa \in I$ ◁

整数 n の倍数全体の集合 $n\mathbb{Z}$ は，整数環 $\mathbb{Z}$ のイデアルとなる．また，R を可換環とするとき，部分集合 $\{0\}$ や R 自身は常にイデアルになるため，これら 2 つのイデアルのことを，**自明なイデアル**といい，自明なイデアルでないイデアルのことを，**真のイデアル**という．

定義 A-9（イデアルの生成系） R を単位的可換環（単位元を持つ可換環）とする．$\forall a_1, \ldots, a_n \in R$ に対し，集合 $\{a_1 x_1 + \cdots + a_n x_n \mid x_1, \ldots, x_n \in R\}$ は，R のイデアルとなる．この集合を，$\langle a_1, \ldots, a_n \rangle$ と表す．このとき，$\langle a_1, \ldots, a_n \rangle$ は $a_1, \ldots, a_n$ によって**生成されたイデアル**といい，$a_1, \ldots, a_n$ を $\langle a_1, \ldots, a_n \rangle$ の**生成系**という．また，$\langle a_1, \ldots, a_n \rangle$ は $a_1 R + \cdots + a_n R$ とも表す． ◁

A.2.2 イデアルによる剰余類と剰余環

整数の演算における合同式の関係を一般化していく．

定義 A-10（イデアルによる剰余類） 可換環 R のイデアル I に対し，$a, b \in R$ の同値関係を次式で定義する．

$$a \equiv b \pmod{I} \iff a - b \in I$$

この同値関係により，可換環 R のイデアル I による剰余類と剰余類全体の集合が定義される．

$$C_a = \{x \in I \mid x \equiv a \pmod{I}\}, \quad R/I = \{C_a \mid a \in R\} \quad ◁$$

イデアルによる同値関係で可換環を類別した剰余類同士では，同値関係を保ったまま加法と乗法が可能なため，これを内部算法とする環を構成できる．

定義 A-11（イデアルによる剰余環） R を可換環，I をそのイデアルとする．剰余類全体の集合 R/I に次の内部算法を定めると可換環をなす．この環のことを，可換環 R のイデアル I による**剰余環**または商環という．

$$C_a + C_b = C_{a+b}, \quad C_a C_b = C_{ab}$$
◁

可換環 R の R 自身による剰余環 R/R は，零環 $\{0\}$ となる．$\{0\}$ による剰余環は R 自身となる．また，任意の自然数 n で生成されるイデアル I による整数環 $\mathbb{Z}$ の剰余類全体の集合 $n\mathbb{Z}$ は，$\mathbb{Z}$ の剰余環となる．

A.2.3 準同型写像と準同型定理

群や環などの間の関係を述べる上で必要な準同型写像と呼ばれる写像を導入する．

定義 A-12（群の準同型写像） 群 G から群 $\hat{G}$ への写像 $f : G \to \hat{G}$ が，$\forall x, y \in G, f(xy) = f(x)f(y)$ を満たすとき，f を**準同型写像**という．また，$\hat{G}$ の単位元 $\hat{e}$ の逆像を f の**核** (kernel) といい $\ker(f)$ で表す．G の f による像を f の**像** (image) といい $\mathrm{im}(f)$ で表す．つまり，次式が成り立っている．

$$\ker(f) = f^{-1}(\hat{e}) = \{\, x \in G \mid f(x) = \hat{e}\,\} \subseteq G$$
$$\mathrm{im}(f) = f(G) \quad = \{\, f(x) \mid x \in G\,\} \quad\;\; \subseteq \hat{G}$$
◁

恒等写像 $f_1 : G \to G, x \mapsto x$ は準同型写像である．加法群の場合，写像 $f_0 : G \to \hat{G}, x \mapsto \hat{0}$ も準同型であり，これを**零写像**という．これらのほか，整数の加法群 $\mathbb{Z}$ から群 G への写像を $a \in G$ に対して $f_a : \mathbb{Z} \to G, \mapsto a^n$ で定めるならば，$a^{m+n} = a^m a^n$ を満たすので準同型となる．

定義 A-13（群の同型写像） 群の全単射準同型写像 $f : G \to \hat{G}$ を，G から $\hat{G}$ への**同型写像**という．このとき，逆写像 $f^{-1} : \hat{G} \to G$ も同型写像となる．群 G と $\hat{G}$ の間に同型写像が存在するとき，G と $\hat{G}$ は**同型**であるといい，$G \cong \hat{G}$ と表す．これは群を要素とする集合における同値関係となる．
◁

加法群 $\mathbb{R}$ と正の実数全体の乗法群 $\mathbb{R}^+$ の間に，e を自然対数の底として，$f : \mathbb{R} \to \mathbb{R}^+, x \mapsto e^x$ を定めれば，これは同型写像となる．つまり，$\mathbb{R} \cong \mathbb{R}^+$ である．逆写像は，$f^{-1} : \mathbb{R}^+ \to \mathbb{R}, x \mapsto \log(x)$ である．また，乗法群 $\mathbb{R}$ において，$a \neq 0, \in \mathbb{R}$ に対し $f(x) = ax$ と定めれば，これは $f : \mathbb{R} \to \mathbb{R}$ の同型写像となる．

$a=1$ の場合は恒等写像となり，これも同型写像である．

定理 A-14（群の準同型定理） $f: G \to \hat{G}$ を群の準同型写像，$N = \ker(f)$ とする．このとき，写像 $\bar{f}: G/N \to \hat{G}$, $xN \mapsto f(x)$ により $\bar{f}: G/N \cong \mathrm{im}(f)$ が成り立つ． ◁

定義 A-15（環の準同型写像と同型写像） 環 R から環 $\hat{R}$ への写像 $f: R \to \hat{R}$ が，$\forall x, y \in R, f(x+y) = f(x) + f(y), f(xy) = f(x)f(y)$ を満たすとき，f を（環の）**準同型写像**という．また，f が全単射のとき，R から $\hat{R}$ への**同型写像**という．環 R と環 $\hat{R}$ の間に同型写像が存在するとき，R と $\hat{R}$ は**同型**であるといい，$R \cong \hat{R}$ と表す． ◁

定理 A-16（環の準同型定理） f を環 R から環 $\hat{R}$ への準同型写像とすると，写像 $x + \ker(f) \mapsto f(x)$ により，$R/\ker(f) \cong \mathrm{im}(f)$. ◁

$a \in \mathbb{Z}$ に対し，$\mathbb{Z}[x]$ から $\mathbb{Z}$ への写像 $f(x) \mapsto f(a)$ を定めると，これは全射準同型であって，その核は $x - a$ で割り切られる多項式である．よって，$\mathbb{Z}[x]/(x-a) \cong \mathbb{Z}$ の関係が成り立つ．また，i を虚数単位とすれば，$\mathbb{R}[x]$ から $\mathbb{C}$ への写像 $f(x) \mapsto f(\mathrm{i})$ も全射準同型であって，その核は $x^2 + 1$ で割り切られる多項式である．よって，$\mathbb{R}[x]/(x^2+1) \cong \mathbb{C}$ が成り立つ．

A.2.4 直積と直和

集合としての直積と直和には，群や環などの代数構造は入っていないが，代数構造を導入したものとして，外部直積，内部直積，内部直和がある．

定義 A-17（群の外部直積） $G_1, \ldots, G_r$ を群，各 G_i の単位元を e_i とする．このとき，直積集合 $G_1 \times \cdots \times G_r = \{(x_1, \ldots, x_r) \mid x_i \in G_i\}$ は，内部算法を $(x_1, \ldots, x_r)(y_1, \ldots, y_r) = (x_1 y_1, \ldots, x_r y_r)$ とすれば，単位元が $(e_1, \ldots, e_r)$，元 $(x_1, \ldots, x_r)$ の逆元が $(x_1^{-1}, \ldots, x_r^{-1})$ となる群になり，これを $G_1, \ldots, G_r$ の**外部直積**という． ◁

定義 A-18（群の内部直積） 群 G の部分群 $H_1, \ldots, H_r$ が次の条件を満たすとき，G は $H_1, \ldots, H_r$ の**内部直積**であるという．

1. $G = H_1 \cdots H_r$ である．すなわち，$\forall x \in G, \exists x_i \in H_i, x = x_1 \cdots x_r$
2. 上の分解は一意的である．すなわち，$x = x_1 \cdots x_r = y_1 \cdots y_r$ $(x_i, y_i \in H_i)$ $\Rightarrow x_i = y_i$ $(i = 1, \ldots, r)$
3. $i \neq j$ ならば H_i と H_j の元は可換である．すなわち，$(x_1 \cdots x_r)(y_1 \cdots y_r) = (x_1 y_1) \cdots (x_r y_r)$ ◁

定義 A-19 (群の直和) 内部算法を加法を用いて表現した場合，群 G の部分群 $H_1, \ldots, H_r$ による直積 $G = H_1 \times \cdots \times H_r$ を**直和**といい，$G = H_1 \oplus \cdots \oplus H_r$ や $G = \bigoplus_{i=1}^{r} H_i$ で表す． ◁

定義 A-20 (環の直積と直和) 環 $R_1, \ldots, R_r$ の直積集合 $R = \prod_{i=1}^{r} R_i$ の 2 つの元 $x = (x_1, \ldots, x_r)$ と $y = (y_1, \ldots, y_r)$ の加法と乗法を，成分ごとに $x + y = (x_1 + y_1, \ldots, x_r + y_r)$，$xy = (x_1 y_1, \ldots, x_r y_r)$ で定義すると，R は環をなす．これを $R_1, \ldots, R_r$ の**直積**，**直和**，**外部直和**といい，$\prod_{i=1}^{r} R_i$ や $\bigoplus_{i=1}^{r} R_i$ で表す． ◁

定義 A-21 (環の内部直和) R を環，$R_1, \ldots, R_r$ をその部分環で，加法群として $R = R_1 + \cdots + R_r$ を満たすとする．このとき，以下のどちらかが成り立てば，R は部分環 $R_1, \ldots, R_r$ の**内部直和**または単に**直和**といい，$R = R_1 \oplus \cdots \oplus R_r$ と表す．これを R の**直和分解**，$R_1, \ldots, R_r$ を R の**直和成分**という．

1. $f : R_1 \oplus \cdots \oplus R_r \to R$, $(x_1, \ldots, x_r) \mapsto x_1 + \cdots + x_r$ は同型写像（直和は外部直和）
2. 各 R_i は R の両側イデアルで，$(R_1 + \cdots + R_i) \cap R_{i+1} = \{0\}$ $(1 \leq i \leq r - 1)$

◁

直積や直和の考えは，計算機代数においても重要であり，特に，次の中国剰余定理 (Chinese remainder theorem, CRT) は幅広く使われている．

定理 A-22 (中国剰余定理) R を可換環，$I_1, \ldots, I_r$ を R のイデアルとする．$i \neq j$ なる任意の対 (I_i, I_j) が，$I_i + I_j = R$ を満たすならば，$R / \prod I_i \simeq \oplus R / I_i$ である． ◁

定理 A-23（中国剰余定理の合同式による表現） $n_1, \ldots, n_s$ を $\gcd(n_i, n_j) = 1$ $(i \neq j)$ なる 1 よりも大きい整数とする．このとき，$\forall a_1, \ldots, a_s \in \mathbb{Z}$ に対して，次の連立合同式は $n = n_1 \cdots n_s$ を法として唯一解を持つ．

$$\begin{cases} x \equiv a_1 \pmod{n_1} \\ \vdots \\ x \equiv a_s \pmod{n_s} \end{cases}$$
◁

A.2.5 有限体と商体

計算機代数では，整数環上の問題を違う世界で計算してから復元することが多く行われる．その際に使われるのが以下で導入する，要素が有限個の体や体の拡張である．

定義 A-24（有限体） 有限個の元から構成される体を**有限体**，無限個の元から構成される体を**無限体**という．また，有限体の元の個数を**位数**という． ◁

有理数体 $\mathbb{Q}$，実数体 $\mathbb{R}$，複素数体 $\mathbb{C}$ は無限体である．p が素数の場合の整数環 $\mathbb{Z}$ の $\langle p \rangle$ による剰余環 $\mathbb{Z}/\langle p \rangle = \{C_0, \ldots, C_{p-1}\}$ は体を成し，要素が有限個なので有限体となる．

定義 A-25（拡大体と中間体） L を体，K を L の部分体とするとき，L を K の**拡大体**という．さらに，M が L の部分体かつ K の拡大体であるとき，M を L と K の**中間体**という． ◁

有理数体 $\mathbb{Q}$ は，実数体 $\mathbb{R}$ や複素数体 $\mathbb{C}$ の部分体，実数体 $\mathbb{R}$ や複素数体 $\mathbb{C}$ は，有理数体 $\mathbb{Q}$ の拡大体であり，実数体 $\mathbb{R}$ は有理数体 $\mathbb{Q}$ と複素数体 $\mathbb{C}$ の中間体である．このように体にはいくつもの包含関係が成り立っているが，どの体にも含まれるような体というのがある．

定義 A-26（素体） 体 K の部分体が K だけであるとき，K を**素体**という． ◁

補題 A-27 素体は $\mathbb{Q}$ か $\mathbb{Z}/p\mathbb{Z}$（p は素数）に同型で，任意の体は素体をただ 1 つ含む． ◁

定義 A-28（標数） 体 K に含まれる素体 K_0 が $\mathbb{Q}$ と同型のとき，K の**標数**は

0 であるといい，K_0 が $\mathbb{Z}/p\mathbb{Z}$ と同型のとき，K の**標数**は p であるという. ◁

p を素数とすると，体 K の標数が p であることの必要十分条件は，$\forall a \in K$, $pa = a + \cdots + a$ (p 個の和) $= 0$ となる（環準同型は零元 0 を零元 0 に移すことに注意）．また，このことから，2 項展開に関して，$\forall x, y \in K, (x+y)^p = x^p + y^p$ が成り立つこともわかる．

定義 A-29（商体） 整域 R に対し，次の条件を満たす体 K が同型を除いただ 1 つ存在する．このとき，$\forall a \in R$ と $f(a) \in f(R)$ を同一視して，すなわち，$R \subseteq K$ と見なして，K を R の**商体**または**分数体**という．

1. 単射準同型写像 $f : R \to K$ が存在する．
2. $\forall x \in K, \exists a, b \in R \ (b \neq 0), x = f(a)f(b)^{-1}$ ◁

補題 A-30 L が整域 R を含む体ならば，L は R の商体 K を含む．すなわち，K は R を含む最小の体である． ◁

A.3 多項式環とその性質

計算機代数でもっとも頻繁に現れる多項式環を導入する．

定義 A-31（多項式環） R を単位的可換環とする．R の元を係数とする変数 x の多項式全体の集合は，通常の加法と乗法に関して単位的可換環となる．この環を R 上の（1 変数 x の）**多項式環**といい，$R[x]$ で表す．なお，変数は不定元ともいう． ◁

定義 A-32（約元と倍元） R を単位的可換環とする．$a, b \in R, b \neq 0$ に対して，$a = bc$ となる元 $c \in R$ が存在するとき，a は b で**割り切れる**という．また，b は a の**約元**，あるいは a は b の**倍元**であるという．これを記号「$|$」を使って「$b \mid a$」と表す．一方，そのような元 c が存在しないことを「$b \nmid a$」と表す．なお，多項式環では，約元のことを因子，倍元のことを倍多項式ということもある． ◁

定義 A-33（公約元と公倍元） R を整域とする．$x_1, \ldots, x_n \in R$ に対して $d \mid x_1,$

..., $d \mid x_n$ となる $d \in R$ を $x_1, \ldots, x_n$ の**公約元**という．$x_1, \ldots, x_n$ のすべてが 0 でないときに，$x_1 \mid m, \ldots, x_n \mid m$ となる $m \in R$ を $x_1, \ldots, x_n$ の**公倍元**という．$x_1, \ldots, x_n$ の公約元の中で，それら公約元の公倍元となっているものを**最大公約元**といい，公倍元の中で，それら公倍元の公約元となっているものを**最小公倍元**という．また，最大公約元が 1 であることを，**互いに素**であるという． ◁

定義 A-34（同伴） R を単位的可換環とする．$a, b \in R, b \neq 0$ に対して，$a = bc$ となる単元 $c \in R$ が存在するとき，a と b は**同伴**であるといい，$a \sim b$ で表す． ◁

定義 A-35（既約と可約） R を単位的可換環とする．単元でない $p \in R, p \neq 0$ が，次の条件を満たすとき**既約**，**既約元**であるといい，満たさないとき**可約**，**可約元**であるという．

$a \in R$ について，$a \mid p$ ならば，a は単元であるか，$a \sim p$ である．

なお，多項式環では，既約元のことを既約多項式（因子の場合は既約因子），可約元のことを可約多項式ということもある． ◁

定義 A-36（素元） R を単位的可換環とする．単元でない $p \in R, p \neq 0$ が，次の条件を満たすとき**素元**であるという．

$a, b \in R$ について，$p \mid ab$ ならば，$p \mid a$ であるか，$p \mid b$ である． ◁

R が整域のとき，$p \in R$ が素元ならば p は既約元となるため，整域である整数環 $\mathbb{Z}$ では，既約元と素元の違いはなくわかり辛い．

A.3.1 多項式環の性質

数体上や整域上の多項式環は，計算をする上で重要な性質をいくつも満たしている．その中でも，本書で重要と考えられる性質を導入しておく．

定義 A-37（単項イデアル環） 単位的可換環 R のイデアル I が，ただ 1 つの元で生成されるとき，I を**単項イデアル**という．すべてのイデアルが単項イデアルである単位的可換環を**単項イデアル環**，特に R が整域であるときは，**単項イデアル整域** (principal ideal domain) といい，**PID** と略記する． ◁

任意の体は単項イデアル整域である．体はその定義により，0 以外の元がすべて単元であり，イデアルに含まれる 0 以外の生成元に対して乗法の単位元も含むことになり，そのイデアルは $\langle 1 \rangle$ と $\langle 0 \rangle$ のみとなる．

定理 A-38 体上の 1 変数多項式環 $K[x]$ は，単項イデアル整域である． ◁

この定理や整数環 $\mathbb{Z}$ が単項イデアル整域であることの証明をする上で，いわゆる除算と呼ばれる操作が可能なことが重要であり，次のような環の性質につながる．

定義 A-39（ユークリッド整域） R を整域とする．$R \setminus \{0\}$ で定義された負でない整数の値をとる関数 φ で，次の条件を満足するものが存在するとき，R を**ユークリッド整域（Euclid 整域）**という．

1. $\forall a, b \in R, b \neq 0, \exists q, r \in R, a = qb + r \ (r = 0 \lor \varphi(r) < \varphi(b))$
2. $\forall a, b \in R, a, b \neq 0 \implies \varphi(a) \leq \varphi(ab)$

また，このとき関数 φ を**ユークリッド関数**という． ◁

系 A-40 ユークリッド整域は単項イデアル整域である． ◁

絶対値並びに次数をとる関数を φ とすることで，整数環も体上の 1 変数多項式環もユークリッド整域になることを簡単に確認できる．また，因数分解などを考える上で重要な性質として次があげられる．

定義 A-41（一意分解整域） R を整域とする．次の 2 つの条件（分解可能性と分解の一意性）を満たすとき，R を**一意分解整域** (unique factorization domain) といい，**UFD** と略記する．

1. 0 でも単元でもない $\forall x \in R$ は，既約元 $p_1, \ldots, p_r \in R$ の積 $x = p_1 \cdots p_r$ で表される．
2. 上の分解は，積に現れる既約元の順序と同伴の差を除き一意的である． ◁

定理 A-42 R を一意分解整域とする．このとき，$R[x]$ は一意分解整域である． ◁

系 A-43 R を一意分解整域または体とする．このとき，$R[x_1, \ldots, x_n]$ は一意分解整域である． ◁

A.3.2 ガウスの補題と多項式の既約性

身近な多項式の集合である $\mathbb{Z}[x]$ などにおける計算において，重要な役割を果たすガウス (Gauss) の補題について紹介しておく．

定義 A-44（係因数と原始的な多項式）　$R[x]$ を整域 R 上の 1 変数多項式環とする．$R[x] \ni f(x) = a_m x^m + \cdots + a_1 x + a_0 \neq 0$ に対して，$\gcd(a_0, a_1, \ldots, a_m)$ を $f(x)$ の**係因数 (content)** あるいは**内容**といい，本書では $\mathrm{cont}(f)$ と書く．$\mathrm{cont}(f) = 1$ のとき，$f(x)$ は**原始的**あるいは**原始多項式**であるという．また，$f(x)$ から係因数を取り除いた $f(x)/\mathrm{cont}(f)$ を $f(x)$ の**原始的部分 (primitive part)** といい，本書では $\mathrm{pp}(f)$ と書く． ◁

補題 A-45（ガウスの補題）　$R[x]$ を一意分解整域 R 上の 1 変数多項式環とし，$f(x), g(x) \in R[x]$ は $f(x)g(x) \neq 0$ を満たすとする．このとき，$\mathrm{cont}(f \cdot g)$ と $\mathrm{cont}(f) \cdot \mathrm{cont}(g)$ は同伴であり，$f(x), g(x)$ が原始的であれば，積 $f(x)g(x)$ も原始的である． ◁

補題 A-46（商体上の多項式と整域上の原始的な多項式）　R を UFD，K をその商体とする．このとき，$K[x]$ の多項式 $f(x)$ は，K の元 u と $R[x]$ の原始多項式 $g(x)$ によって，$f(x) = u \cdot g(x)$ と表され，$g(x)$ は R の単元を除いて一意的に定まる． ◁

定理 A-47（整域上と商体上の既約性の一致）　R を UFD，K をその商体とする．このとき，$f(x) \in R[x]$ が $K[x]$ において多項式の積に分解されれば，$R[x]$ においても同じ次数の多項式に分解される．すなわち，$f(x)$ は $K[x]$ で可約であれば，$R[x]$ においても可約である．また，$R[x] \subseteq K[x]$ なので，この逆も成り立つ． ◁

A.3.3 代数的拡大と超越的拡大

最後に，体の拡大についてまとめておく．

定義 A-48（元の添加と単純拡大体）　L を体，K をその部分体，$x_1, \ldots, x_n \in L$ とする．このとき，$x_1, \ldots, x_n$ を不定元とした多項式の全体 $K[x_1, \ldots, x_n]$ のことを，K に $x_1, \ldots, x_n$ を**添加して得られる環**という．$K[x_1, \ldots, x_n]$ の商体で L

に含まれる下記の集合を，$K(x_1,\ldots,x_n)$ と書き，K に $x_1,\ldots,x_n$ を**添加して得られる体**という．

$$K(x_1,\ldots,x_n) =$$
$$\left\{ \frac{f(x_1,\ldots,x_n)}{g(x_1,\ldots,x_n)} \,\middle|\, \begin{array}{l} f(X_1,\ldots,X_n),\ g(X_1,\ldots,X_n) \in K[X_1,\ldots,X_n], \\ g(x_1,\ldots,x_n) \neq 0 \end{array} \right\}$$

特に，$L = K(x)$ と表されるとき，L は K の**単純拡大**（体）という． ◁

定義 A-49（拡大次数） L を体 K の拡大体とする．このとき，L を K 上の線形空間と見なすことができ，K 上の線形空間としての L の次元を，L の K 上の**次数**といい，$[L:K]$ で表す．$[L:K] < \infty$ であれば**有限次拡大体**，$[L:K] = \infty$ であれば**無限次拡大体**という． ◁

定理 A-50 M を体 K とその拡大体 L の中間体とする．このとき，$[L:K] = [L:M][M:K]$ が成り立つ． ◁

定義 A-51（代数的と超越的） L を体 K の拡大体とする．L の元 α に対し，0 でない多項式 $f(x) \in K[x]$ が存在して，$f(\alpha) = 0$ となるとき，α は K 上**代数的**であるという．L のすべての元が K 上代数的であるとき，L は K 上**代数的**である．L は K の**代数拡大**または**代数拡大体**であるという．一方，代数的でないとき，**超越的**，**超越拡大**，**超越拡大体**であるという． ◁

定義 A-52（最小多項式） L を体 K の拡大体，α を K 上代数的な L の元とする．$f(\alpha) = 0$ となる $f(x) \in K[x]$ のうち，0 でない多項式で次数が最小のものを α の K 上の（または $K[x]$ における）**最小多項式**という． ◁

定理 A-53 L を体 K の拡大体とする．$[L:K] < \infty$（有限次拡大）ならば，L は K の代数拡大体である． ◁

定理 A-54 L を体 K の拡大体，α を L の元とする．このとき，α が K 上代数的であることと $K(\alpha) = K[\alpha]$ は同値であり，α の K 上の最小多項式の次数が m 次ならば，$[K(\alpha):K] = m$ が成り立つ． ◁

定義 A-55（代数閉体と代数閉包） 2 次以上の代数拡大体を持たない体を**代数閉体**という．また，体 K の代数拡大体で代数閉体であるものを L とするとき，L は K の**代数閉包**であるという． ◁

体 L が代数閉体であることと，任意の 1 変数多項式 $f(x) \in L[x]$ のすべての根が L に存在することは同値である．例として，複素数体 $\mathbb{C}$ は代数閉体であり，実数体 $\mathbb{R}$ の代数閉包である．複素数体 $\mathbb{C}$ は有理数体 $\mathbb{Q}$ の超越拡大のため，有理数体 $\mathbb{Q}$ の代数閉包とはならないが，その拡大体にはなっている．すなわち，任意の整数係数多項式，有理数係数多項式，実数係数多項式，複素数係数多項式のすべての根は，複素数の範囲に必ず存在する（代数学の基本定理）．

参考文献

[1] J. Abbott, V. Shoup, and P. Zimmermann. Factorization in $\mathbb{Z}[x]$: The searching phase. In *Proceedings of the 2000 International Symposium on Symbolic and Algebraic Computation*, ISSAC '00, pp. 1–7, New York, NY, USA, 2000. ACM.

[2] P. Alvandi, M. Ataei, and M. Moreno Maza. On the extended Hensel construction and its application to the computation of limit points. In *Proceedings of the 2017 ACM on International Symposium on Symbolic and Algebraic Computation*, ISSAC '17, pp. 13–20, New York, NY, USA, 2017. ACM.

[3] S. Basu, R. Pollack, and M.-F. Roy. *Algorithms in Real Algebraic Geometry (Algorithms and Computation in Mathematics)*. Springer-Verlag New York, Inc., Secaucus, NJ, USA, 2006.

[4] E. Berlekamp. *Algebraic coding theory*. World Scientific Publishing Co. Pte. Ltd., Hackensack, NJ, revised edition, 2015.

[5] E. R. Berlekamp. Factoring polynomials over finite fields. *Bell System Tech. J.*, 46:1853–1859, 1967.

[6] D. A. Bini and P. Boito. Structured matrix-based methods for polynomial ϵ-gcd: analysis and comparisons. In *ISSAC 2007*, pp. 9–16. ACM, New York, 2007.

[7] A. Bostan, G. Lecerf, B. Salvy, E. Schost, and B. Wiebelt. Complexity issues in bivariate polynomial factorization. In *ISSAC 2004*, pp. 42–49. ACM, New York, 2004.

[8] B. F. Caviness and J. R. Johnson eds. *Quantifier elimination and cylindrical algebraic decomposition*, Texts and Monographs in Symbolic Computation. Springer-Verlag, Vienna, 1998.

[9] G. E. Collins. Subresultants and reduced polynomial remainder sequences. *J. Assoc. Comput. Mach.*, 14:128–142, 1967.

[10] G. E. Collins and A. G. Akritas. Polynomial real root isolation using descarte's rule of signs. In *Proceedings of the Third ACM Symposium on Symbolic and*

Algebraic Computation, SYMSAC '76, pp. 272–275, New York, NY, USA, 1976. ACM.

[11] D. Coppersmith. Solving homogeneous linear equations over GF(2) via block Wiedemann algorithm. *Math. Comp.*, 62(205):333–350, 1994.

[12] D. Coppersmith and S. Winograd. Matrix multiplication via arithmetic progressions. *J. Symbolic Comput.*, 9(3):251–280, 1990.

[13] R. M. Corless, S. M. Watt, and L. Zhi. QR factoring to compute the GCD of univariate approximate polynomials. *IEEE Trans. Signal Process.*, 52(12):3394–3402, 2004.

[14] J. de Kleine, M. Monagan, and A. Wittkopf. Algorithms for the non-monic case of the sparse modular GCD algorithm. In *ISSAC '05*, pp. 124–131. ACM, New York, 2005.

[15] D. K. Dunaway. Calculation of zeros of a real polynomial through factorization using Euclid's algorithm. *SIAM J. Numer. Anal.*, 11:1087–1104, 1974.

[16] I. Z. Emiris, A. Galligo, and H. Lombardi. Certified approximate univariate GCDs. *J. Pure Appl. Algebra*, 117/118:229–251, 1997. Algorithms for algebra (Eindhoven, 1996).

[17] R. Fukasaku, H. Iwane, and Y. Sato. Real quantifier elimination by computation of comprehensive Gröbner systems. In *ISSAC '15—Proceedings of the 2015 ACM International Symposium on Symbolic and Algebraic Computation*, pp. 173–180. ACM, New York, 2015.

[18] S. Gao. Factoring multivariate polynomials via partial differential equations. *Math. Comp.*, 72(242):801–822, 2003.

[19] S. Gao, E. Kaltofen, J. May, Z. Yang, and L. Zhi. Approximate factorization of multivariate polynomials via differential equations. In *ISSAC 2004*, pp. 167–174. ACM, New York, 2004.

[20] K. O. Geddes, S. R. Czapor, and G. Labahn. *Algorithms for computer algebra.* Kluwer Academic Publishers, Boston, MA, 1992.

[21] R. W. Gosper, Jr. Decision procedure for indefinite hypergeometric summation. *Proc. Nat. Acad. Sci. U.S.A.*, 75(1):40–42, 1978.

[22] W. Hart, M. van Hoeij, and A. Novocin. Practical polynomial factoring in polynomial time. In *ISSAC 2011—Proceedings of the 36th International Sympo-

sium on Symbolic and Algebraic Computation, pp. 163–170. ACM, New York, 2011.

[23] C.-J. Ho and C. K. Yap. The Habicht approach to subresultants. *J. Symbolic Comput.*, 21(1):1–14, 1996.

[24] H. Iwane, H. Higuchi, and H. Anai. An effective implementation of a special quantifier elimination for a sign definite condition by logical formula simplification. In *Computer algebra in scientific computing*, Vol. 8136 of *Lecture Notes in Comput. Sci.*, pp. 194–208. Springer, Cham, 2013.

[25] G. Jaeschke. On strong pseudoprimes to several bases. *Math. Comp.*, 61(204):915–926, 1993.

[26] E. Kaltofen. Factorization of polynomials. In *Computer algebra*, pp. 95–113. Springer, Vienna, 1983.

[27] E. Kaltofen, R. M. Corless, and D. J. Jeffrey. Challenges of symbolic computation: my favorite open problems. *J. Symbolic Comput.*, 29(6):891–919, 2000.

[28] E. Kaltofen and J. May. On approximate irreducibility of polynomials in several variables. In *Proceedings of the 2003 International Symposium on Symbolic and Algebraic Computation*, pp. 161–168. ACM, New York, 2003.

[29] E. Kaltofen, J. P. May, Z. Yang, and L. Zhi. Approximate factorization of multivariate polynomials using singular value decomposition. *J. Symbolic Comput.*, 43(5):359–376, 2008.

[30] E. Kaltofen and B. D. Saunders. On Wiedemann's method of solving sparse linear systems. In *Applied algebra, algebraic algorithms and error-correcting codes (New Orleans, LA, 1991)*, Vol. 539 of *Lecture Notes in Comput. Sci.*, pp. 29–38. Springer, Berlin, 1991.

[31] E. Kaltofen, Z. Yang, and L. Zhi. Structured low rank approximation of a Sylvester matrix. In *Symbolic-numeric computation*, Trends Math., pp. 69–83. Birkhäuser, Basel, 2007.

[32] P. Khungurn, H. Sekigawa, and K. Shirayanagi. Minimum converging precision of the QR-factorization algorithm for real polynomial GCD. In *ISSAC 2007*, pp. 227–234. ACM, New York, 2007.

[33] L. Kronecker. Grundzüge einer arithmetischen Theorie der algebraische Grössen. *J. Reine Angew. Math.*, 92:1–122, 1882.

[34] H. T. Kung and J. F. Traub. All algebraic functions can be computed fast. *J. Assoc. Comput. Mach.*, 25(2):245–260, 1978.

[35] A. K. Lenstra, H. W. Lenstra, Jr., and L. Lovász. Factoring polynomials with rational coefficients. *Math. Ann.*, 261(4):515–534, 1982.

[36] R. Lidl and H. Niederreiter. *Finite fields*, Vol. 20 of *Encyclopedia of Mathematics and its Applications*. Cambridge University Press, Cambridge, second edition, 1997. With a foreword by P. M. Cohn.

[37] R. Loos. Generalized polynomial remainder sequences. In *Computer algebra*, pp. 115–137. Springer, Vienna, 1983.

[38] R. Loos and V. Weispfenning. Applying linear quantifier elimination. *Comput. J.*, 36(5):450–462, 1993.

[39] J. L. Massey. Shift-register synthesis and BCH decoding. *IEEE Trans. Information Theory*, IT-15:122–127, 1969.

[40] J. P. May. *Approximate factorization of polynomials in many variables and other problems in approximate algebra via singular value decomposition methods*. ProQuest LLC, Ann Arbor, MI, 2005. Thesis (Ph.D.)–North Carolina State University.

[41] M. Mignotte. An inequality about factors of polynomials. *Math. Comp.*, 28:1153–1157, 1974.

[42] B. Mishra. *Algorithmic algebra*. Texts and Monographs in Computer Science. Springer-Verlag, New York, 1993.

[43] J. Moses and D. Y. Y. Yun. The EZGCD algorithm. In *Proc. 1973 ACM National Conference*, pp. 159–166. ACM, 1973.

[44] D. R. Musser. *Algorithms for Polynomial Factorization*. Ph.D. Thesis, Technical Report #134. Computer Science Department, University of Wisconsin, 1971.

[45] K. Nabeshima, K. Ohara, and S. Tajima. Comprehensive Gröbner systems in PBW algebras, Bernstein-Sato ideals and holonomic D-modules. *J. Symbolic Comput.*, 89:146–170, 2018.

[46] K. Nabeshima and S. Tajima. Algebraic local cohomology with parameters and parametric standard bases for zero-dimensional ideals. *J. Symbolic Comput.*, 82:91–122, 2017.

[47] K. Nabeshima and S. Tajima. Comprehensive Gröbner systems aprroach to b-functions of μ-constant deformations. *Saitama Mathematical Journal*, 31:115–136, 2017.

[48] K. Nagasaka. Towards more accurate separation bounds of empirical polynomials. II. In *Computer algebra in scientific computing*, Vol. 3718 of *Lecture Notes in Comput. Sci.*, pp. 318–329. Springer, Berlin, 2005.

[49] K. Nagasaka and T. Masui. Extended QRGCD algorithm. In *Computer Algebra in Scientific Computing*, Vol. 8136 of *Lecture Notes in Comput. Sci.*, pp. 257–272. Springer, Cham, 2013.

[50] M. Noda and T. Sasaki. Approximate GCD and its application to ill-conditioned algebraic equations. *J. Comput. Appl. Math.*, 38(1-3):335–351, 1991.

[51] M. Noro and K. Yokoyama. Factoring polynomials over algebraic extension fields. *Josai Univ. Info. Sci. Res.*, 9(1):11–33, 1998.

[52] A. Novocin. *Factoring Univariate Polynomials over the Rationals*. Ph.D. Thesis. Department of Mathematics, Florida State University, 2008.

[53] M. Ochi, M. Noda, and T. Sasaki. Approximate greatest common divisor of multivariate polynomials and its application to ill-conditioned systems of algebraic equations. *J. Inform. Process.*, 14(3):292–300, 1991.

[54] V. Y. Pan. Approximate polynomial gcds, Padé approximation, polynomial zeros and bipartite graphs. In *Proceedings of the Ninth Annual ACM-SIAM Symposium on Discrete Algorithms (San Francisco, CA, 1998)*, pp. 68–77. ACM, New York, 1998.

[55] V. Y. Pan. Computation of approximate polynomial GCDs and an extension. *Inform. and Comput.*, 167(2):71–85, 2001.

[56] M. Petkovšek, H. S. Wilf, and D. Zeilberger. $A = B$. A K Peters Ltd., Wellesley, MA, 1996.

[57] L. Robbiano. Term orderings on the polynomial ring. In *EUROCAL '85, Vol. 2 (Linz, 1985)*, Vol. 204 of *Lecture Notes in Comput. Sci.*, pp. 513–517. Springer, Berlin, 1985.

[58] K. H. Rosen. *Elementary number theory and its applications*. Addison-Wesley, Reading, MA, fourth edition, 2000.

[59] W. M. Ruppert. Reducibility of polynomials $f(x,y)$ modulo p. *J. Number Theory*, 77(1):62–70, 1999.

[60] M. Sanuki. Computing approximate GCD of multivariate polynomials. In *Symbolic-numeric computation*, Trends Math., pp. 55–68. Birkhäuser, Basel, 2007.

[61] T. Sasaki. Approximate multivariate polynomial factorization based on zero-sum relations. In *Proceedings of the 2001 International Symposium on Symbolic and Algebraic Computation*, pp. 284–291. ACM, New York, 2001.

[62] T. Sasaki and F. Kako. Solving multivariate algebraic equation by Hensel construction. *Japan J. Indust. Appl. Math.*, 16(2):257–285, 1999.

[63] T. Sasaki and M. Noda. Approximate square-free decomposition and root-finding of ill-conditioned algebraic equations. *J. Inform. Process.*, 12(2):159–168, 1989.

[64] T. Sasaki, T. Saito, and T. Hilano. Analysis of approximate factorization algorithm. I. *Japan J. Indust. Appl. Math.*, 9(3):351–368, 1992.

[65] T. Sasaki and M. Sasaki. A unified method for multivariate polynomial factorizations. *Japan J. Indust. Appl. Math.*, 10(1):21–39, 1993.

[66] T. Sasaki and M. Suzuki. Three new algorithms for multivariate polynomial GCD. *J. Symbolic Comput.*, 13(4):395–411, 1992.

[67] T. Sasaki, M. Suzuki, M. Kolář, and M. Sasaki. Approximate factorization of multivariate polynomials and absolute irreducibility testing. *Japan J. Indust. Appl. Math.*, 8(3):357–375, 1991.

[68] A. Schönhage. Quasi-GCD computations. *J. Complexity*, 1(1):118–137, 1985.

[69] M. Shaw and J. F. Traub. On the number of multiplications for the evaluation of a polynomial and some of its derivatives. *J. Assoc. Comput. Mach.*, 21:161–167, 1974.

[70] K. Shirayanagi. Floating point Gröbner bases. *Math. Comput. Simulation*, 42(4-6):509–528, 1996. Symbolic computation, new trends and developments (Lille, 1993).

[71] K. Shirayanagi and M. Sweedler. *A Theory of Stabilizing Algebraic Algorithms*. Mathematical Sciences Institute, Cornell University, 1995. Technical Report 95-28.

[72] V. Shoup. *A computational introduction to number theory and algebra*. Cambridge University Press, Cambridge, second edition, 2009.

[73] V. Strassen. Gaussian elimination is not optimal. *Numer. Math.*, 13:354–356, 1969.

[74] Y. Sun and D. Wang. An efficient algorithm for factoring polynomials over algebraic extension field. *Sci. China Math.*, 56(6):1155–1168, 2013.

[75] A. Tarski. A decision method for elementary algebra and geometry. In *Quantifier elimination and cylindrical algebraic decomposition (Linz, 1993)*, Texts Monogr. Symbol. Comput., pp. 24–84. Springer, Vienna, 1998.

[76] A. Terui. An iterative method for calculating approximate GCD of univariate polynomials. In *ISSAC 2009—Proceedings of the 2009 International Symposium on Symbolic and Algebraic Computation*, pp. 351–358. ACM, New York, 2009.

[77] B. M. Trager. Algebraic factoring and rational function integration. In *Proceedings of the Third ACM Symposium on Symbolic and Algebraic Computation*, SYMSAC '76, pp. 219–226, New York, NY, USA, 1976. ACM.

[78] M. van Hoeij. Factoring polynomials and the knapsack problem. *J. Number Theory*, 95(2):167–189, 2002.

[79] J. von zur Gathen and J. Gerhard. *Modern computer algebra*. Cambridge University Press, Cambridge, third edition, 2013.

[80] J. von zur Gathen and E. Kaltofen. Factoring sparse multivariate polynomials. *J. Comput. System Sci.*, 31(2):265–287, 1985. Special issue: Twenty-fourth annual symposium on the foundations of computer science (Tucson, Ariz., 1983).

[81] P. S. Wang. The EEZ-GCD algorithm. *SIGSAM Bull.*, 14(2):50–60, May 1980.

[82] P. S. Wang and L. P. Rothschild. Factoring multivariate polynomials over the integers. *SIGSAM Bull.*, (28):21–29, Dec. 1973.

[83] P. S. Wang and L. P. Rothschild. Factoring multivariate polynomials over the integers. *Math. Comput.*, 29:935–950, 1975.

[84] V. Weispfenning. Quantifier elimination for real algebra—the quadratic case and beyond. *Appl. Algebra Engrg. Comm. Comput.*, 8(2):85–101, 1997.

[85] D. H. Wiedemann. Solving sparse linear equations over finite fields. *IEEE*

Trans. Inform. Theory, 32(1):54–62, 1986.

[86] W. Wu and Z. Zeng. The numerical factorization of polynomials. *Found. Comput. Math.*, 17(1):259–286, 2017.

[87] D. Y. Yun. On square-free decomposition algorithms. In *Proceedings of the Third ACM Symposium on Symbolic and Algebraic Computation*, SYMSAC '76, pp. 26–35, New York, NY, USA, 1976. ACM.

[88] H. Zassenhaus. On Hensel factorization. I. *J. Number Theory*, 1:291–311, 1969.

[89] D. Zeilberger. The method of creative telescoping. *J. Symbolic Comput.*, 11(3):195–204, 1991.

[90] Z. Zeng. The numerical greatest common divisor of univariate polynomials. In *Randomization, relaxation, and complexity in polynomial equation solving*, Vol. 556 of *Contemp. Math.*, pp. 187–217. Amer. Math. Soc., Providence, RI, 2011.

[91] Z. Zeng and B. H. Dayton. The approximate GCD of inexact polynomials. II. A multivariate algorithm. In *ISSAC 2004*, pp. 320–327. ACM, New York, 2004.

[92] R. Zippel. Probabilistic algorithms for sparse polynomials. In *Symbolic and algebraic computation (EUROSAM '79, Internat. Sympos., Marseille, 1979)*, Vol. 72 of *Lecture Notes in Comput. Sci.*, pp. 216–226. Springer, Berlin-New York, 1979.

[93] 穴井宏和, 横山和弘.『QE の計算アルゴリズムとその応用—数式処理による最適化』. 東京大学出版会, 2011.

[94] 新井紀子, 車中竜一郎 編.『人工知能プロジェクト「ロボットは東大に入れるか」—第三次 AI ブームの到達点と限界』. 東京大学出版会, 2018.

[95] D. コックス, J. リトル, D. オシー (大杉英史, 北村知徳, 日比孝之 訳).『グレブナー基底・1』. 丸善出版, 2012.

[96] D. コックス, J. リトル, D. オシー (大杉英史, 北村知徳, 日比孝之 訳).『グレブナー基底・2』. 丸善出版, 2012.

[97] D. コックス, J. リトル, D. オシー (落合啓之, 示野信一, 西山 享, 室 政和, 山本敦子 訳).『グレブナー基底と代数多様体入門・上』. 丸善出版, 2012.

[98] D. コックス, J. リトル, D. オシー (落合啓之, 示野信一, 西山 享, 室 政和, 山本敦子 訳).『グレブナー基底と代数多様体入門・下』. 丸善出版, 2012.

[99] 塚田康弘, 佐々木建昭. 一変数多項式の因数分解の効率化：因子の個々の係数上限の利用（数式処理における理論と応用の研究）.『数理解析研究所講究録』, (986):110–117, Apr. 1997.

[100] 高木貞治.『代数学講義』. 共立出版, 1965.

索引

▌記号

[·], 50, 108
card, [6](#), 135, 158, 169, 178
cont, [7](#), 40, 101, 132, [222](#)
δ, 147, 173
det, 32, 70, 75, 148, 187
diag, [159](#)
dim, 117, 161
discrim, [78](#), 82
dpol, [70](#), 71, 72
∃, 14, 116, 158, [195](#), 217
$\mathfrak{F}_\ell^+$, [14](#), 32
∀, 14, 158, [195](#), 214
gcd, [7](#), 34, 74, 106, 135, 176, [222](#)
im, [215](#)
ker, [215](#)
lc, [7](#), 41, 51, 83, 135, 174
mod, [6](#)
O, [14](#), 38, 113, 129, 186
φ_p, 49, 56
pmat, [71](#), 72, 73
pp, [7](#), 40, 100, 132, [222](#)
pquo, [41](#)
prem, [41](#), 45, 72, 87, 174
psc, [86](#), 90, 92
quo, [38](#), 48
rem, [38](#), 40, 110, 176
sign, [169](#), 175, 178, 183
span, [161](#)
sres, [83](#), 84, 86, 87, 100, 174
sth, [174](#), 179
var, [169](#), 171, 175, 180, 181
$\overline{\text{var}}$, [174](#), 178, 179

▌欧文

f-簡約多項式, 105, [107](#)
　　　自明な—, [107](#), 111, 114, 116

L^3 アルゴリズム, 143, [150](#)
LLL アルゴリズム, 149
LLL 簡約, [147](#), 149, 154, 160, 164

O 記法, 14

size-reduced, 145
size-reduce アルゴリズム, 145

▌あ行

アダマールの不等式, 150
アルキメデス的, 80, [213](#)
アルゴリズム, 7, [9](#)
　　　continue, [111](#)
　　　except, [111](#)
　　　for-end for, [8](#)
　　　for each-end for, [57](#)
　　　goto line, [8](#)
　　　if-then-end if, [8](#)
　　　loop-end loop, [8](#)
　　　repeat-until, [80](#)
　　　return, [8](#)
　　　while-end while, [8](#)

位数, 50, 103, 122, 123, [218](#)
一次独立, 144
イデアル, 49, 105, 189, 193, [214](#)
　　　—所属問題, 193
　　　—の生成系, 214
　　　単項—, 220
因子係数上界, 133

索 引

因子次数分離分解, <u>118</u>, 120, 121
因数定理, 10
因数分解, 128, 132, 189, 191, 202
　　　　有限体上の—, 103

か行

カーマイケル数, 27
外部算法, 210
ガウスの補題, 39, 156, <u>222</u>
拡大次数, 223
確率的アルゴリズム, <u>26</u>, 118
可約, 220
　　　—多項式, 220
カラツバ法, 23, 185
環, 212
　　可換—, 213
　　多項式—, 6, 34, 219
　　単項イデアル—, 220

偽因子, <u>131</u>, 137, 144, 190
擬商, <u>41</u>, 73
擬剰余, <u>41</u>, 72
擬除算, <u>41</u>, 43, 49
擬素数, 27
基本対称式, 155
既約, 220
　　　—因子, 104, 131, <u>220</u>
　　　—多項式, 220
　　　—分数, 11
逆元, 49, <u>211</u>
共通因子, <u>35</u>, 41, 90, 106
　　自明でない—, <u>35</u>, 70, 74, 172
　　　—問題, 56
行列式, 32, 75
行列式多項式, <u>70</u>, 84
虚根, <u>167</u>, 181

区間, <u>6</u>, 80, 170, 172, 182, 203
　　　—演算, 203
　　分離—, <u>80</u>, 167, 168

組合せ爆発, <u>137</u>, 190
グラム・シュミットの直交化, <u>144</u>, 147, 149, 160
グラム行列式, 148
グレブナー基底, 3, <u>193</u>, 194
　　包括的—系, 194, 196
群, 211
　　可換—, 211

係因数, 7, 44, 131, <u>222</u>
計算機代数, <u>1</u>, 12, 37, 80, 143
計算代数, see 計算機代数
計算量, <u>13</u>, 38, 190
　　空間—, 13
　　最悪時間—, 19
　　時間—, 13
　　平均時間—, 19
係数膨張, <u>43</u>, 100, 189
決定的アルゴリズム, <u>26</u>, 104
原始的, 40, 41, 57, 62–64, 80, 132, 156, <u>222</u>
　　　—部分, 44, 55, 140, <u>222</u>
限量子消去, 69, 167, 195

格子, 144
　　　—の基底, 144
　　　—の体積, 148
　　整数—, <u>144</u>, 147, 150
　　ナップザック—, <u>159</u>, 161, 164
公倍元, 219
公約元, 219
根, 7, 76, 80, <u>167</u>, see 零点
　　　—の限界, 138, 158, <u>168</u>, 169

さ行

最小公倍因子, <u>35</u>, <u>40</u>
最小公倍元, <u>35</u>, 220
最小多項式, 114, 187, 191, 223
最大公約因子, <u>34</u>, 36, <u>40</u>, 73, 88, 100, 113, 114, 188, 200

236　索　引

最大公約元, <u>34</u>, 220
最大公約数, 35
最短ベクトル問題, 144
ザッセンバウスアルゴリズム, 128, 131, <u>134</u>

次数, 7
指数時間, 25
実根, 80, <u>167</u>
　　　—の数え上げ, 168, 196, 197
　　　—の分離, <u>167</u>, 198
終結式, 57, <u>75</u>, 150, 191
集合, 210
主係数, <u>7</u>, 42, 183
　　　—問題, 55
準同型
　　　環の—写像, 93, 216
　　　環の—定理, 216
　　　群の—写像, 215
　　　群の—定理, 216
　　　評価—, 95, 174
商, 38
剰余, 38
　　　—環, 49, 105, 215
　　　—類, 49, 108, 214
剰余列, 42
　　　多項式—, <u>42</u>, 46, 70, 172
　　　負係数多項式—, <u>171</u>, 179
シルベスター
　　　—行列, <u>74</u>, <u>82</u>, 88
　　　—写像, <u>74</u>, 75

スウィナートン・ダイアー多項式, <u>137</u>, 144
数式処理, see 計算機代数
　　　システム, <u>4</u>, 184, 193
スツルム・ハビッチ列, <u>173</u>, 196
　　　—の圧縮された列, 177
スツルム列, <u>170</u>, 179

整域, 213
　　　一意分解—, 34, 78, 128, <u>221</u>

単項イデアル—, 220
ユークリッド—, 34, 101, <u>221</u>
正規化, 52, 134
正則, <u>86</u>, 91, 96, 98, 175
セル, 194, 196
零点, 7, 37, 69, 77, 115, 138, 154, see 根

素元, 220

▌た行
体, 213
　　　拡大—, 7, 66, 79, 103, 191, 198, <u>218</u>
　　　商—, 7, 128, <u>219</u>
　　　素—, 66, 191, <u>218</u>
　　　中間—, 218
　　　有限—, 49, 66, 103, 128, <u>218</u>
代数拡大, 223
代数系, 210
代数的, 223
　　　—数, 79, 179, 191
代数閉体, 194, <u>224</u>
代数閉包, 157, 190, <u>224</u>
代数方程式, <u>167</u>, 199
第二主係数
　　　—上界, 138
　　　—チェック, 139
代表系, 6, 51, 109, 134
代表元, 49, 51, 103, 109, 131
互いに素, 27, <u>34</u>, 43, 56, 60, 62, 114, 121, 220
多項式時間, <u>25</u>, 26, 132, 143
多項式ノルム, 7, <u>50</u>, 133
単元, 35, 55, <u>213</u>
単純拡大, 79, <u>222</u>

中国剰余定理, 28, 60, 61, 105, <u>217</u>
超越的, 223
重複因子, <u>62</u>, 131
重複度, 67, 142, <u>167</u>, 170, 180
直積, 210, 216

索　引

直和, 210, 216

デカルトの符号律, 182

導関数, 7, 63, 172, 180, 207
同型写像
　　　環の―, 216
　　　群の―, 215
同次因子分離分解, <u>118</u>, 121
同伴, 39, 112, <u>220</u>

▍な 行
内部算法, 210
ナップザックアルゴリズム, 144, <u>154</u>, 190

ニュートンの恒等式, 155

▍は 行
バールカンプ・ヘンゼルアルゴリズム, 134, 143
バールカンプアルゴリズム, <u>104</u>, 114
倍元, 219
判別式, <u>78</u>, 198

ピーター・バールカンプ行列, 110
筆算, 21
標数, 63, 66, 103, 122, 123, 137, <u>218</u>

フェルマーテスト, 27
フェルマーの小定理, 27, 104
符号, <u>169</u>, 179
　　　―変化の数, <u>169</u>, <u>174</u>, 182
ブダン・フーリエの定理, 181
部分終結式, 44, <u>83</u>, 87, 93, 173
　　　―主係数, <u>86</u>, 92
　　　―列, <u>84</u>, 84, 92, 95
　　　―列の定理, <u>97</u>, 100, 173
分割統治法, 129

分離区間, see 区間
分離多項式, <u>122</u>, 125

冪和多項式, <u>155</u>, 158, 161
ヘンゼル構成, 52, 54, 58, 128, 129
　　　一般―, 189, 190
　　　複数因子版の―, 130
ヘンゼルの補題, <u>52</u>, 56

包含関係, 210
ホーナー法, 118, 185

▍ま 行
ミグノットの上界, 51
ミラーの判定法, 29
ミラー・ラビン素数判定法, 30

無平方, <u>62</u>, 63, 78, 104, 118, 132, 172, 182, 189, 191
　　　―因子, <u>62</u>, 140
無平方分解, <u>62</u>, 162, 200
　　　標数 0 の体上の―, 63
　　　有限体上の―, 66

モジュラー法, <u>49</u>, 60, 213
モニック, <u>7</u>, 55, 104, 112, 151, 189

▍や 行
約元, 219

ユークリッド整域, see 整域
ユークリッドの互除法, 35, <u>37</u>, 42, 172, 189
　　　拡張―, 46, <u>48</u>, 131, 188

▍ら 行
ラグランジュの補間法, 60
ランダウ・ミグノットの上界, 51

【編著者紹介】

長坂 耕作(ながさか こうさく)
主な担当：第1,6章，付録，企画，主編集
2002年　筑波大学大学院博士課程数学研究科 修了
現　在　神戸大学大学院人間発達環境学研究科 准教授
　　　　博士（理学）
専　門　計算機代数，数値・数式融合計算
著　書　『入門 Mathematica【決定版】Ver.7対応』（分担執筆，東京電機大学出版局，2009）ほか

岩根 秀直(いわね ひでなお)
主な担当：第4,7章，副編集
2014年　九州大学大学院数理学府数理学専攻博士後期課程 修了
現　在　株式会社富士通研究所 シニアリサーチャー
　　　　国立情報学研究所 客員准教授
　　　　博士（数理学）
専　門　計算機代数，最適化，強化学習
著　書　『人工知能プロジェクト「ロボットは東大に入れるか」』（分担執筆，東京大学出版会，2018）

【著者紹介】

北本 卓也(きたもと たくや)
主な担当：第8章
1992年　筑波大学大学院工学研究科 中途退学
現　在　山口大学教育学部 教授
　　　　博士（数学）
専　門　数式処理，制御工学
著　書　『Scilab プログラミング入門』（ピアソン・エデュケーション，2009）
　　　　『Octaveを用いた数値計算入門』（ピアソン・エデュケーション，2002）

讃岐 勝(さぬき まさる)
主な担当：第3章
2008年　筑波大学大学院数理物質科学研究科数学専攻 修了
現　在　筑波大学医学医療系 助教
　　　　博士（理学）
専　門　数値・数式融合計算，医療情報学
著　書　『曲線の事典』（共著，共立出版，2009）

照井 章(てるい あきら)
主な担当：第5章
1999年　筑波大学大学院博士課程数学研究科 中途退学
現　在　筑波大学数理物質系 准教授
　　　　博士（理学）
専　門　計算機代数，数値・数式融合計算

鍋島 克輔(なべしま かつすけ)
主な担当：第2章
2007年　ヨハネス・ケプラー大学応用数学科博士課程 修了
現　在　徳島大学大学院社会産業理工学研究部 准教授
　　　　Ph.D.
専　門　計算機代数，特異点論

計算機代数の基礎理論
Fundamentals of Computer Algebra

2019 年 3 月 30 日　初版 1 刷発行

編著者　長坂耕作・岩根秀直　　　Ⓒ 2019
著　者　北本卓也・讃岐　勝
　　　　照井　章・鍋島克輔
発行者　南條光章
発行所　**共立出版株式会社**
〒 112-0006
東京都文京区小日向 4 丁目 6 番 19 号
電話 03-3947-2511（代表）
振替口座 00110-2-57035
www.kyoritsu-pub.co.jp

印　刷　錦明印刷
製　本

検印廃止　　　　　　　　　　　　　一般社団法人
NDC 411, 418, 007.64　　　NSPA　自然科学書協会
　　　　　　　　　　　　　　　　　 会員
ISBN 978-4-320-11373-2　Printed in Japan

JCOPY ＜出版者著作権管理機構委託出版物＞

本書の無断複製は著作権法上での例外を除き禁じられています．複製される場合は，そのつど事前に，出版者著作権管理機構（TEL：03-5244-5088, FAX：03-5244-5089, e-mail：info@jcopy.or.jp）の許諾を得てください．

新井仁之・小林俊行・斎藤　毅・吉田朋広 編

「数学探検」「数学の魅力」「数学の輝き」の三部構成からなる新講座創刊！

共立講座

数学の基礎から最先端の研究分野まで現時点での数学の諸相を提供!!

数学探検 全18巻
数学を自由に探検しよう！

1 微分積分
吉田伸生著‥‥494頁・本体2400円

2 線形代数
戸瀬信之著‥‥‥‥‥‥‥‥続　刊

3 論理・集合・数学語
石川剛郎著‥‥206頁・本体2300円

4 複素数入門
野口潤次郎著‥‥160頁・本体2300円

5 代数入門
梶原　健著‥‥‥‥‥‥‥‥続　刊

6 初等整数論 数論幾何への誘い
山崎隆雄著‥‥252頁・本体2500円

7 結晶群
河野俊丈著‥‥204頁・本体2500円

8 曲線・曲面の微分幾何
田崎博之著‥‥180頁・本体2500円

9 連続群と対称空間
河添　健著‥‥‥‥‥‥‥‥続　刊

10 結び目の理論
河内明夫著‥‥240頁・本体2500円

11 曲面のトポロジー
橋本義武著‥‥‥‥‥‥‥‥続　刊

12 ベクトル解析
加須栄篤著‥‥‥‥‥‥‥‥続　刊

13 複素関数入門
相川弘明著‥‥260頁・本体2500円

14 位相空間
松尾　厚著‥‥‥‥‥‥‥‥続　刊

15 常微分方程式の解法
荒井　迅著‥‥‥‥‥‥‥‥続　刊

16 偏微分方程式の解法
石村直之著‥‥‥‥‥‥‥‥続　刊

17 数値解析
齊藤宣一著‥‥212頁・本体2500円

18 データの科学
山口和範・渡辺美智子著‥‥‥続　刊

数学の魅力 全14巻 別巻1
確かな力を身につけよう！

1 代数の基礎
清水勇二著‥‥‥‥‥‥‥‥続　刊

2 多様体入門
森田茂之著‥‥‥‥‥‥‥‥続　刊

3 現代解析学の基礎
杉本　充著‥‥‥‥‥‥‥‥続　刊

4 確率論
髙信　敏著‥‥320頁・本体3200円

5 層とホモロジー代数
志甫　淳著‥‥394頁・本体4000円

6 リーマン幾何入門
塚田和美著‥‥‥‥‥‥‥‥続　刊

7 位相幾何
逆井卓也著‥‥‥‥‥‥‥‥続　刊

8 リー群とさまざまな幾何
宮岡礼子著‥‥‥‥‥‥‥‥続　刊

9 関数解析とその応用
新井仁之著‥‥‥‥‥‥‥‥続　刊

10 マルチンゲール
髙岡浩一郎著‥‥‥‥‥‥‥続　刊

11 現代数理統計学の基礎
久保川達也著‥‥324頁・本体3200円

12 線形代数による多変量解析
柳原宏和・山村麻理子他著‥‥続　刊

13 数理論理学と計算可能性理論
田中一之著‥‥‥‥‥‥‥‥続　刊

14 中等教育の数学
岡本和夫著‥‥‥‥‥‥‥‥続　刊

別「激動の20世紀数学」を語る
猪狩　惺・小野　孝他著‥‥続　刊

「数学探検」各巻：A5判・並製
「数学の魅力」各巻：A5判・上製
「数学の輝き」各巻：A5判・上製
※続刊の書名、執筆者、価格は変更される場合がございます。
（税別本体価格）

数学の輝き 全40巻予定
専門分野の醍醐味を味わおう！

1 数理医学入門
鈴木　貴著‥‥270頁・本体4000円

2 リーマン面と代数曲線
今野一宏著‥‥266頁・本体4000円

3 スペクトル幾何
浦川　肇著‥‥350頁・本体4300円

4 結び目の不変量
大槻知忠著‥‥288頁・本体4000円

5 $K3$曲面
金銅誠之著‥‥240頁・本体4000円

6 素数とゼータ関数
小山信也著‥‥300頁・本体4000円

7 確率微分方程式
谷口説男著‥‥236頁・本体4000円

8 粘性解 比較原理を中心に
小池茂昭著‥‥216頁・本体4000円

9 3次元リッチフローと幾何学的トポロジー
戸田正人著‥‥328頁・本体4500円

10 保型関数 古典理論とその現代的応用
志賀弘典著‥‥288頁・本体4300円

11 D加群
竹内　潔著‥‥324頁・本体4500円

●主な続刊テーマ●
ノンパラメトリック統計‥‥前薗宜彦著
多変数複素解析‥‥‥‥‥‥辻　　元著
非可換微分幾何学の基礎　前田吉昭他著
楕円曲線の数論‥‥‥‥‥‥小林真一著
ディオファントス問題‥‥‥平田典子著
保型形式と保型表現‥‥‥‥池田　保他著
可換環とスキーム‥‥‥‥‥小林正典著
有限単純群‥‥‥‥‥‥‥‥北詰正顕著
代数群‥‥‥‥‥‥‥‥‥‥庄司俊明著
カッツ・ムーディ代数とその表現
‥‥‥‥‥‥‥‥‥‥‥‥山田裕史著
リー環の表現論とヘッケ環　加藤　周他著
リー群のユニタリ表現論‥‥平井　武著
対称空間の幾何学‥‥‥‥田中真紀子他著
シンプレクティック幾何入門　高倉　樹著
力学系‥‥‥‥‥‥‥‥‥‥林　修平著

※本三講座の詳細情報を共立出版公式サイト「特設ページ」にて公開・更新しています。

共立出版

https://www.kyoritsu-pub.co.jp/
https://www.facebook.com/kyoritsu.pub